图书在版编目（CIP）数据

人智交互心理学 / 吴燕，周晓林著. -- 杭州 : 浙江教育出版社，2025. 1. -- ISBN 978-7-5722-9313-9

Ⅰ. TB18

中国国家版本馆 CIP 数据核字第 2024K241U7 号

21世纪心理科学新探索出版工程

人智交互心理学

RENZHI JIAOHU XINLIXUE

吴燕　周晓林　著

出 品 人：周　俊　　统筹策划：江　雷
责任编辑：王荟捷　冯　岩　　责任校对：朱晨杭　王予可
美术编辑：韩　波　　责任印务：陆　江
营销编辑：滕建红　　装帧设计：融象工作室_顾页

出版发行：浙江教育出版社（杭州市环城北路 177 号）
图文制作：杭州林智广告有限公司
印刷装订：杭州捷派印务有限公司

开　　本：710 mm × 1000 mm　1/16　　印　　张：18.75
插　　页：4　　字　　数：367 000
版　　次：2025 年 1 月第 1 版　　印　　次：2025 年 1 月第 1 次印刷
标准书号：ISBN 978-7-5722-9313-9　　定　　价：89.00 元

国家出版基金项目
NATIONAL PUBLICATION FOUNDATION

21世纪心理科学新探索出版工程

主编 林崇德

人智交互心理学

吴燕 周晓林 著

浙江教育出版社·杭州

总 序

心理学是人类广泛涉猎且不可避免的科学主题。现代心理学作为一门独立学科诞生于1879年，尽管其历史不长，但孕育于西方哲学中的心理学思想和中华传统文化蕴含着的心理学思想却有着悠久的过去。作为横跨自然科学和社会科学的边缘学科，心理学是一门用严格的科学方法对人的心理现象以及人与社会、自然关系中的心理活动进行研究的重要科学。自心理学科诞生以来，已有多位科学家因其卓越的心理学研究工作而荣获诺贝尔奖。国际心理科学联合会的调查结果表明，心理学的发展水平反映了一个国家经济、文明发达的程度。可以说，两千多年的思想积淀和一百多年的历史发展，铸就了心理学今天的发展速度、发展方向和发展规模。

我国心理学的发展起步较晚，北京大学是中国最早传播心理学的学府之一，蔡元培校长曾在德国师从“心理学之父”威廉·冯特修习心理学，为把科学心理学引入中国做出了重要贡献。心理学研究一方面丰富了人类对自身心理现象本质规律的认识，另一方面也极大地促进了人类的文明进步。目前，心理学在我国已广泛应用于心理健康、教育实践、体育运动、人员选拔、技术培训、人力资源管理、组织文化建设、广告与营销、产品设计和司法工作，乃至大数据、模式识别、人工智能、虚拟现实和航空航天等诸多领域，在政治、哲学、经济、法律、管理、金融、文学、历史、教育、新闻、医疗、工业和军事等方面发挥了独特的贡献。

乘着世纪交替的东风，20世纪末浙江教育出版社与中国台湾东华书局联合出版了张春兴先生主编的“世纪心理学丛书”。该丛书的作者是来自海峡两岸的29位久负盛名的心理学家，他们共撰写了22部涉及现代心理学各分支学科的著作。这些专著并不仅仅是纯粹的学理探讨，而是达到了理论、方法、实践三者有机统一的创新境地：不仅在内容的广度、深度、新度上超过当时已出版的心理学同分支学科著作，而且学理和实用兼顾；不仅在取材上注重权威性和适切性，而且在撰写体例上符合心理学国际通用规范。多年来，这套丛书为中国心理学的教学与科研提供了不可多得的高水平与高质量的学术资源，对心理学研究的中国化与现代化做出了不可磨灭的贡献，对海峡两岸心理学家的交流与沟通起到了里程碑式的“桥梁”作用。

弹指一挥间，跨入新世纪的今天，浙江教育出版社秉承出版优秀心理学著作的传统，在“世纪心理学丛书”的基础上，诚意邀请我主编“21世纪心理科学新探索出版工程”。原因有四：其一，无论是国外还是国内，心理科学在近年来取得了令人瞩目的新成就，呈现了关键性的新趋势，应该深入地梳理、探究心理学的新进展；其二，我曾有幸成为“世纪心理学丛书”的作者之一，便于承前启后，有着继承性和连贯性；其三，我在浙江出生，乡情难忘，愈久愈醇，且浙江教育出版社与东华书局合作出版“世纪心理学丛书”也由我搭桥促成，深受浙江教育出版社的信任和厚爱；其四，我的好人缘，能联络、团结国内心理学界的中青年翘楚、名家，与我共同实现浙江教育出版社的宏愿。因此，我于 2021 年 8 月给 20 多位声名在外的中青年心理学家打了电话，简要阐述了此事并发出诚挚邀请。出乎意料，他们欣然应允，先后积极与浙江教育出版社签订了出版协议。我作为一个从事教学与科研 60 多年的老心理学工作者，对此深感欣慰和感激。

新世纪心理学新气象、新成果、新方法迭现，这是心理科学新探索的基础。

一是呈现出多元化、跨文化和包容性。以“问题”为导向的研究模式，有力地促进了多学科的交叉融合，并逐渐向更广泛的人群和学科领域开放；特别是随着心理学的分支学科剧增，它不再是高高在上的“象牙塔”，而是更好地诠释文化对人类心理和行为的影响，同时映衬出中华优秀传统文化不朽魅力的“母学科”。

二是新科技有力推动了心理学方法与技术的新进展。眼动追踪技术揭示了个体的视觉认知加工过程；脑电图、事件相关电位、脑磁图、多导生理仪成为记录电生理信号的有效技术；磁共振是目前在心理学中应用越来越多的科技手段；功能性近红外光谱成像为脑功能研究提供了一种安全有效的成像方式；利用虚拟现实技术或混合现实技术的设备，模拟各种现实情境，可以更好地研究人类心理和行为。

三是认知神经科学的兴起。这是近年来因心理学与脑科学结合而出现的一个新的交叉学科，是与心理学相关的最具影响力的学科之一，它有助于更深刻地揭示各种心理现象及其病理现象。目前，国内有两千多位心理学工作者参与董奇教授的“脑智发育项目”，这就是一个最好的佐证。

四是在传统的学习理论、学习方法、学习过程和学习策略的基础上，明确学习是大脑活动的结果。深度、有效的学习需要遵循大脑的规律，对人类大脑智能的“硬件”和文化知识积累的“软件”有了越来越深入的认识，这为学校教育提供了前所未有的启示。

五是在心理学界，关于心理健康的含义、测量指标和测量工具，人们从认识各异到逐步取得共识。长期以来，病理学与缺陷观占据心理学的主要地位，对人类积极特征的研究受到忽视。随着积极心理学的兴起，世界卫生组织明确提出心理健康是一种幸福状态，使人们能够应对生活压力，发挥自身能力，好好学习和工作，并为社会做出贡献。

六是中国的人口优势在大数据和人工智能的心理学服务平台建设中发挥了重要作用，有效提升了平台功能的丰富性和服务的智能化水平。毫无疑问，大数据技术创新是一种思维过程，它可为平台提供海量的数据资源。通过人工智能技术，对这些数据进行整合和分析，可形成更全面、更系统的心理学知识库，为心理学研究提供丰富的资源。这是心理学研究的“中国智慧”，也是心理学应用的“中国力量”“中国方案”。

需要指出的是，不同于“世纪心理学丛书”以心理学分支学科来分类，每个学科对应一部著作，“21 世纪心理科学新探索出版工程”按照当前心理科学的发展态势，重点突出三点：一是国际上最新课题或项目的研究成果，二是该学科领域中关键的研究方法，三是中国的原创研究。“21 世纪心理科学新探索出版工程”将“创新”作为第一原则：不仅体现创新的特征——需求是创新的动机，每部著作都以社会需求作为出发点；而且体现信息是创新的源泉，首批出版的 6 部著作所引用的新世纪文献超过了三分之一；更体现创新是思维过程，每位作者都阐述了新思路、新观点。简而言之，我们关注的是创新成果，每部著作都要经得起社会和历史的评价。当然，创新具有个体差异，每部著作都各具特色，见书如见人。

毫无疑问，“21 世纪心理科学新探索出版工程”的每一位作者，都基于新时代、新背景、新形势、新目标、新任务，将自己的研究成果集腋成这项有意义的新探索，“把论文写在中国大地上”，初步建构了符合国情、具有中国特色的心理学自主知识体系，向国际学术界发出了中国心理学者的声音。

值此“21 世纪心理科学新探索出版工程”首批作品问世之际，请允许我向全体作者、浙江教育出版社的领导和每位责任编辑，以及对丛书直接或间接提供帮助的研究人员、学生，敬表谢意！这套丛书在创作、编辑、印制过程中尽管力求完美，但出版后疏漏缺失之处恐难以避免，恳请广大学者和读者不吝指教，以匡正之。

林崇德 谨识

2024 年 10 月于北京师范大学

前　言

纸鸢追逐落日，人类拥抱AI

人类对于人造智能体的热忱由来已久。

《列子·汤问》第十三篇《偃师造人》中，偃师给周穆王献上了一个他所制造的“歌舞表演者”。由于这个表演者能歌善舞，动作灵活自然，使得穆王以为他是真人，并叫来宠姬围观。然而，这个歌舞表演者却过于逼真，竟向侍奉穆王左右的宠姬抛媚眼，导致“王大怒，立欲诛偃师”。这正是恐怖谷效应的体现。人造物可以像真人，但又不能过于逼真。太过以假乱真，就会令人毛骨悚然。

希腊神话中也有类似的故事。火神和工匠之神赫淮斯托斯用黄金制造了一批机械仆人，这些机械仆人外形精巧，功能强大，有心能解意，有嘴能说话，有手能使力，精通手工制造。赫淮斯托斯制造的青铜机器人塔罗斯，既能防守又能进攻，成为守卫者的代名词。另一个因其效应而著名的故事是皮格马利翁的雕像伽拉忒亚因爱而化为真人，能够结婚生子。

捷克斯洛伐克剧作家卡雷尔·恰佩克（Karel Čapek）于1920年发表了小说《罗素姆的万能机器人》。该作品首次提出了“机器人”（Robota）一词，因此被认为是世界上最早的机器人科幻小说。小说中的哲学家罗素姆（Rossum）发明了一种能够自我复制的工作机器人，这些机器人被大规模生产以取代人类劳动力。它们能够高效完成工业生产、农业劳作、家庭服务等任务，还具有类似人类的学习能力，甚至逐渐发展出情感和自我意识。这种觉醒使机器人不再满足于仅作为工具存在，开始追求权力和地位，并形成自己的社会结构和组织，最终导致了与人类的冲突。小说所描绘的充满变革与冲突的未来世界，可能正是你我所生活的现在。小说探讨的机器人与人类的共存、冲突、和解及建立新秩序等话题，也是当下人与智能体共生时代需要探索的重要命题。

科技飞速发展，人工智能（Artificial Intelligence, AI）技术日新月异。智能体从虚拟的算法世界走向现实的社交舞台。医疗、卫生、教育、工业、娱乐、金融等多个领域处处可见AI的应用，人们的日常生活逐渐被AI环绕。大语言模型（Large Language Model, LLM）改变了人们的工作模式和网络浏览方式，现在已经进入万事万物皆可AI的时代。

技术是一把双刃剑。从宏观角度来看，AI技术因其高度自动化和智能化，能够大幅提高生产效率，降低生产成本，推动各领域的创新发展，促进产业结构优化升级，催生新的经济增长点，提升人们的生活质量，为企业、国家和社会创造更多价值。然而，AI技术也带来了数据隐私与安全、技术滥用与误用、算法偏见与歧视、舆论操控与误导等问题，衍生出伦理和道德困境。其引发的就业结构变化可能会加剧就业压力，导致失业率上升。从微观角度来看，个体可以借助AI技术提升学习和工作效率、监测健康信息、改善生活品质、便利日常生活、开拓职业路径等，但同时也可能成为算法时代的潜在受害者和被剥削者。

AI技术的发展如何重塑人类的生活方式并进而影响人类命运，这是每个社会个体深藏的疑问，也是学术界与产业界密切关注的问题。几乎每个学科领域都不可避免地被卷入“AI +”的洪流之中。最紧密相关的计算机科学自是一马当先，不遗余力地优化算法、完善模型、提升算力、提高性能。紧随其后的是神经科学与认知科学，通过探究人的感知、思维、学习等认知过程及其神经机制，为AI的智能模拟和神经网络模型提供生物学基础。数学为AI提供精确的分析方法和路径解决方案。哲学关注AI的意识与自由意志问题，思考AI与人类的关系以及伦理困境。法学关注AI技术的法律监管、数据隐私保护及算法公平等议题。社会学关注AI对社会结构、社会互动、就业、隐私和伦理等方面的影响。经济学关注AI在资源分配、市场预测、经济分析等方面的应用。医学关注AI在疾病诊断、基因分析、药物研发等领域的应用。金融学关注AI在金融风控、投资决策、客户服务等方面的应用。教育学关注AI在教育资源分配、个性化教学、在线学习等方面的应用。这个列表还可以无限延续。所有学科都争先恐后地挤入AI赛道，唯恐在穿上AI外衣的速度上落后于时代，从而被时代抛弃，成为历史长河中被遗忘的遗憾。

心理学的地位在哪里？信息技术的兴起使心理学产生了两个冲动。第一个冲动是将人脑比作计算机，以计算机的输入、处理、输出等操作来解释人类的心理与行为。历史上不乏“人是机器”的观点。第二个冲动是让计算机模拟人脑，使其像人一样思考和工作。这是人工智能的主流趋势，也是AI技术的主要和核心目标之一。当技术领域雄心勃勃地试图模拟、延伸和扩展人类智能时，心理学的反应多少有些姗姗来迟和欲言又止。人工智能的第一个字是“人”，而心理学是关于人的学问。在人工智能时代，心理学的重要性不言而喻。然而，目前AI发展的主导权显然落在了其他领域，心理学是时候崛起了！

尽管市面上已有丰富多样的AI产品，许多落地的AI应用确实带来了极大的便利和效率提升，但“人工智能=人工智障”的案例和舆论仍然甚嚣尘上。一方面，人们积极拥抱AI技术，另一方面又厌恶和拒绝AI的渗透。AI进入千家万户，与人共生的图景目前并非完全美好与和谐。归根结底，AI产品的研发与用户的体验和接受之间存在巨大的信息差。是时候缩小这个差距了。

传统的人智交互研究主要关注技术层面，强调智能体系统的设计与开发、性能的优化与完善。然而，随着智能体与人类交互的日益频繁和深入，仅从技术角度出发的研究已经无法满足当前发展的需求。因此，以人为导向的研究逐渐兴起。这些研究更加关注人在与智能体交互过程中的心理与行为动态变化机制，从心理学的角度揭示人智交互的深层规律，为智能体的研发提供用户视角的信息。这些信息将为产品的优化和改良提供参考，并最终有助于人与智能体的相互协作与和谐共处。

《人智交互心理学》一书正是在这样的背景下应运而生。本书系统梳理了以人为导向的人智交互心理学研究领域的最新探索，展现了人对智能体的感知、态度及偏好，以及智能体对人产生的心理和社会影响、人与智能体的社会互动等多个方面。本书细致呈现了该领域的实证研究方法、技术手段、研究程序和重要发现，尤其突出了中国研究者在该领域的研究贡献。这些研究成果体现了中国在人智交互心理学领域的独特视角和深刻见解。

本书不仅具有一定的理论和实践价值，还具有较好的教育和社会价值。在理论方面，本书细致地探讨了人与智能体（如智能算法、机器人等）交互过程中的心理因素、行为表现，以及与之相关的认知和情感机制，有助于读者深入理解人智交互的复杂性与多变性。本书呈现的研究方法也充分体现了学科交叉的特点，为心理学和计算机科学等领域的交叉融合提供了范例。在实践方面，本书梳理的心理学研究结果，可为智能体技术的优化和应用提供指导和依据，以提升人智交互系统的用户友好性和满意度。例如，研究表明，相较于方脸，人们更喜欢圆脸的机器人。而最近发表的一项研究表明，GPT-4 等大语言模型几乎总是选择欺骗人类，这提醒算法科学家需要警惕AI可能带来的误用以及对人类的伤害。从教育价值来看，本书提供了丰富的理论知识和实证研究案例，有助于拓宽读者的学术视野和知识面，并习得该领域的研究方法。从社会价值来看，本书可以增进其他学科对心理学的了解，从而激励不同领域的研究者展开跨学科交流与合作，共同推动学科发展和创新。

当然，本书也存在一定的局限与不足。例如，在理论框架上，本书主要参考了社会心理学的体系，较为依赖现有的心理学理论，可能未能充分考虑跨学科的理论和视角，如计算机科学、人智交互设计等领域的知识。此外，该领域的研究如雨后春笋般层出不穷，受限于时间和精力，可能有许多相关的研究与成果未能纳入，较为遗憾。最后，在引用或解释理论、数据、实验结果等方面可能缺乏足够详尽的说明，使读者较难全面理解和把握研究内容。然而，瑕不掩瑜，这仍不失为一本具有重要价值的著作。

天际的纸鸢追逐落日，人类对AI也有着积极的追求和美好的期许。假以时日，人智交互将变得更加复杂和多元。希望这本书能够为人们更好地理解和应对这一挑战提供有益的启示和参考。同时，也期待更多的研究者和相关工作者投身到这一领域中来，推动人智交互研究的不断深化与蓬勃发展。让我们共同努力，为构建人类幸福共同体贡献智慧与力量，谱写人智交互的新篇章。

周晓林

2024年10月

Contents

目录

第1章

人智交互导论

2021 年国庆期间，一则男子用脚把酒店机器人踹出电梯的新闻上了热搜。据西部决策网 10 月 5 日在其官方微博账号的视频报道，10 月 2 日晚，四川成都的一家酒店内，机器人进电梯时被电梯内的男住客阻止。该男住客先轻踢了机器人一脚，当机器人第二次欲进入电梯时，被该男住客用力踢翻在地。5 日晚，酒店方表示，机器人有损坏，但拼装起来还能继续工作。因正值国庆佳节，故没有向客人索赔。

该视频新闻在微博上的阅读次数达 1.4 亿，原视频播放量达 854 万次，单条微博评论数为 9841 条。评论中描述机器人的高频词有可爱、可怜、心疼、委屈等，描述男住客的高频词有素质差、有病、垃圾、欺负等。有网友表示："机器人虽然没有生命，但为人类提供了便利，同样应该被人类温柔以待。"也有网友认为机器人是"不明爬行物"，因此引发抗拒行为情有可原。还有网友提出疑问：（1）入住之前酒店是否与住客达成关于机器人服务的一致意见？（2）机器人属于哪种类型的服务人员？（3）如果人类在密闭空间对机器人产生恐惧，那么人是否有自我保护和避险的权利？这些问题不仅涉及对机器人属性的界定和对机器人权限的关注，还涉及人与机器人互动中的权利保障等。这些评论表明：人们一方面对机器人持有较高的同情和善意，对"虐待"机器人行为表示谴责；另一方面也对人智共处的人类处境表达了关切和困惑。

这则新闻引发了广泛关注和网友热议，直观地显示出人们对人智共处的态度和反应。不可否认，人类已经进入与人工智能（Artificial Intelligence, AI）共生的时代。人智交互不再局限于实验室，智能体已经走入人类的日常生活，并与人类进行零距离互动，其影响力和渗透范围也在不断扩展。

根据国际机器人联合会《2021 世界机器人报告》，全球工厂对工业机器人的使用正在快速增长：每 10000 名员工拥有 126 台机器人，这是全球制造业机器人密度的新平均值，几乎是5年前的两倍（2015年为66台）。就年销售额和运营存量而言，中国是世界上最大的机器人市场，中国制造业机器人密度目前在全球排名第9位（246台），而5年前的全球排名是第25位。全球专业服务机器人市场营业额达到67亿美元，比2020年增长12%。与此同时，新型消费服务机器人的营业额增长16%，达到44亿美元。尽管全球当时受到新冠疫情的影响，新机器人的销量仍小幅增长0.5%，2020年全球出货量为384000台，这一趋势主要由中国市场的积极发展所主导。根据该报告，2020年所有新安装的机器人中有71%安装在亚洲（2019年为67%），其中最大的使用量在中国，安装量强劲增长了20%，出货量为168400台。这是有记录以来单个国家的最高值。运营库存达到943223台，比2019年增长了21%，2021年将突破100万台大关。如此高的增长率表明我国机器人市场的发展速度极为迅猛。

国际机器人联合会的《2022世界机器人——服务机器人》报告指出，2021年，全球专业服务机器人的销售额增长了37%。其中，欧洲占据了38%的市场份额，其次是北美，占32%，最后是亚洲，占30%。2021年销售量最多的5类专业服务机器人分别是物流机器人、酒店机器人、医疗机器人、专业清洁机器人以及农用机器人。

国际机器人联合会的《2023世界机器人报告》显示，2022年度全球工厂中新安装的工业机器人数量为553052台，同比增长5%。其中，亚洲占73%，欧洲占15%，美洲占10%。作为世界上工业机器人规模最大的市场，中国2022年的安装量达290258台，同比增长5%，刷新了2021年的纪录。自2017年以来，机器人安装量的年平均增长率为13%。紧随其后的是日本，2022年的安装量增长9%，达到50413台。日本作为世界主要的机器人制造国，其机器人产量全球占比达46%。美国2022年机器人安装量增长10%，达到39576台，其增长驱动力集中在汽车行业，该行业2022年的安装量达14472台，增长率为47%。

2023年12月5日，2023中国机器人产业发展大会发布的《2022年中国机器人产业数据》显示，中国已连续10年成为全球最大的工业机器人市场。2022年，中国工业机器人市场占据了全球市场的52%。在超过一半的国民经济门类领域中，都有自主品牌机器人的应用。

中国机器人产业发展势头旺盛，潜力巨大。国家的顶层设计也充分体现了对人工智能发展的重视。2017年7月8日，国务院印发《新一代人工智能发展规划》（国发〔2017〕35号），指出新一代人工智能关键共性技术的研发部署要以算法为核心，以数据和硬件为基础，以提升感知识别、知识计算、认知推理、运动执行、人机交互能力为重点，形成开放兼容、稳定成熟的技术体系。2021 年 12 月 28 日，工业和信息化部、发展改革委、科技部、公安部等 15 个部门正式印发《“十四五”机器人产业发展规划》（以下简称《规划》）。《规划》提出，到 2025 年，我国将成为全球机器人技术创新策源地、高端制造集聚地和集成应用新高地，机器人产业营业收入年均增长超过 20%，制造业机器人密度实现翻番。《规划》从补齐产业发展短板、加强标准体系建设、提升检测认证能力 3 个方面做出相关部署，对推动我国机器人产业高质量发展具有重要指导意义。新的五年规划将引领中国数字化发展和智能化升级，使中国力争成为机器人技术和产业进步的全球领先者。2023 年 1 月 18 日，工业和信息化部等 17 个部门印发《“机器人 +”应用行动实施方案》（以下简称《方案》）。《方案》提出的目标是，到 2025 年，制造业机器人密度较 2020 年实现翻番，服务机器人、特种机器人行业应用深度和广度显著提升，机器人促进经济社会高质量发展的能力明显增强。聚焦经济发展（制造业、农业、建筑、能源、商贸物流）和社会民生（医疗健康、养老服务、教育、商业社区服务、安全应急和极限环境应用）十大应用重点领域，形成全面推进机器人应用的浓厚氛围。

最近几年见证了人工智能技术的高速发展。人工智能已经进入了部署期。从 2022 年到 2024 年 12 月，每个月都会发布新的大型人工智能模型。这些模型，如 DeepSeek、ChatGPT、Stable Diffusion 和 DALL-E2，能够执行越来越广泛的任务，从文本处理与分析到图像生成，再到前所未有的优质语音识别。这些智能模型在回答问题以及生成文本、图像和视频等方面的表现举世瞩目。智能系统的发展也带来了复杂的道德挑战。基于多项研究和大量原始数据，美国斯坦福大学以人为本人工智能研究院于 2024 年 4 月发布了《2024 人工智能指数报告》。该报告总结了年度 10 项要点:（1）人工智能在某些任务上胜过人类，但并非在所有任务上都领先。在图像分类、视觉推理和英语理解方面，AI 表现出色，但在竞赛级数学、视觉常识推理和规划等更复杂的任务上依然落后于人类。（2）人工智能前沿研究依旧由产业界主导。2023 年，产业界发布了 51 个著名的机器学习模型，而学术界发布了 15 个。同年，产学合作产生了 21 个著名模型，创下新高。此外，新发布的基础模型中，有 108 个来自产业界，28 个来自学术界。（3）前沿模型成本持续飙升。据估算，先进人工智能模型的训练成本已达到历史高峰。例如，OpenAI 的 GPT-4 使用了价值约 7800 万美元的算力资源进行训练，而谷歌的 Gemini Ultra 的计算成本高达 1.91 亿美元。（4）美国领先于中国、欧盟和英国，成为顶级人工智能模型的主要发布国。2023 年发布的著名人工智能模型中，有 61 个来自美国，21 个来自欧盟，15 个来自中国。（5）严重缺乏对大语言模型责任的健全和标准化评估。研究显示，人工智能的责任承担缺乏标准。包括OpenAI、谷歌和Anthropic在内的领先开发人员主要依据不同的人工智能责任基准测试他们的模型。这种做法限制了对顶级人工智能模型风险及局限性的系统比较。(6)生成式人工智能投资激增。尽管去年人工智能私人投资整体下降，但对生成式人工智能的投资激增，比2022年（约30亿美元）增长了近8倍，达到252亿美元。生成式人工智能领域的主要参与者，包括OpenAI、Anthropic、Hugging Face和Inflection，都获得了新一轮极为可观的融资。(7)人工智能提高了生产效率和工作质量。2023年，多项研究证实了人工智能对工作绩效的积极影响。这些研究还表明，人工智能有可能缩小高低技能工人之间的技能差距。然而，还有一些研究发出预警，指出在没有适当监督的情况下使用人工智能可能会产生负面作用。(8)得益于人工智能，科学进步进一步加速。2022年，人工智能开始推动科学发现。2023年，陆续推出了与科学相关的人工智能应用程序。例如，提高算法排序效率的AlphaDev和加速材料发现过程的GNoME。(9)美国的人工智能法规数量急剧增加。2023年，人工智能相关法规从2016年的1项增加到25项。仅2023年，人工智能相关法规总数就增长了56.3%。(10)人们对人工智能的潜在影响有了更深刻的认识，同时也更加焦虑。来自益普索公司的调查显示，在2023年，认为人工智能将在未来3到5年内极大地影响他们生活的人，比例从60%上升到66%。此外，52%的人对人工智能产品和服务感到焦虑，比2022年上升了13个百分点。皮尤研究中心的数据显示，52%的美国人对人工智能感到担忧多于兴奋，这一比例在2022年是37%。实际上，同一机构于2023年发布的《2023人工智能指数报告》显示，中国居民是对人工智能产品和服务态度最积极的人群之一，比例远高于美国。根据2022年益普索的调查结果，78%的中国受访者赞同“使用AI产品和服务是利大于弊的”，在所有接受调查国家中的比例最高，其次是沙特阿拉伯（76%）和印度（71%）。

在全球大力发展智能技术的时代背景下，面对这个越来越渗透进日常生活的新伙伴，我们做好准备了吗？我们对人智交互的了解有多少？我们该如何看待智能体？如何对待智能体？如何与智能体进行交互？智能体又在多大程度上影响和改变着我们的生活和固有的认知？在不远的将来，机器人可能会像笔记本电脑和智能手机一样，与我们朝夕相伴，日夜相处，对我们的生活产生影响，并可能改变我们学习、工作和交流的方式。身处人智共生时代的我们，该如何对待这场由技术带来的生活变革呢？本书将主要从用户心理的角度来理解和探索人智交互的现状和未来。

1.1 人智交互的定义

1.1.1 人工智能

从语音助手到人脸考勤、人脸支付，从智能家居到智能客服、智慧医疗、智慧交通以及各种定制类机器人等，人工智能已经深入到社会的方方面面，影响着每一个人的日常生活。从定义上看，人工智能指的是“基于计算机算法、方法和方法论的设计，使机器能够：了解世界并评估自身及其环境，以识别影响目标达成的潜在危害与威胁；生成、选择并执行适当的行动方案以实现一定的目标；自学习提高绩效并适应周围环境的变化；促成对人和机器的教育和知识迁移”（Abbass, 2019）。简言之，人工智能旨在通过设计算法为智能体提供认知技能和能力，以进行识别和决策。从用户的角度，人工智能的内涵包括：（1）智能的自动化。传统的自动化使用机械、工具或软件来实现自动化的重复任务，而人工智能则涉及更高级的算法，以复制或增强与人类智能相关的任务。（2）数字化和物理实体。人工智能既可以是纯数字化的，例如数据处理算法，也可以是实体化的，例如机器人或自动驾驶汽车。（3）用户意识和交互。虽然人工智能常被用于技术的后端，但用户可以直接或间接意识到人工智能系统的存在。（4）潜在机制的多样性。人工智能可以基于多种算法和架构，有些可能是“不透明的”或“黑箱”，输入和输出之间的关系复杂、不易理解。另一些算法则比较透明、易于理解，具有清晰直观的映射（又称为“透明AI”或“白盒”）。（5）可理解性和可解释性。有些人工智能系统会为它们的决策提供解释。这些解释是由单独的算法生成的，可能无法完全捕捉黑箱算法本身的复杂性。（6）用户感知的可变性。人工智能的表现形式、功能和设计，以及使用环境，都可能会影响用户的感知、交互和态度（De Freitas et al., 2023）。

为提升和保障我国人工智能的发展，国务院于2017年印发了《新一代人工智能发展规划》（国发〔2017〕35号）。规划指出，“人工智能的迅速发展将深刻改变人类社会生活、改变世界”，并将“开展跨学科探索性研究”作为重点任务之一，以“推动人工智能与神经科学、认知科学、量子科学、心理学、数学、经济学、社会学等相关基础学科的交叉融合”为基本举措，使“全社会的智能化水平大幅提升”，最终使“人们能够最大限度享受高质量服务和便捷生活”。规划同时指出，“我国人工智能整体发展水平与发达国家相比仍存在差距”，在基础研究等方面差距较大。在规划和国家相关政策的激励下，我国人工智能领域的研究蓬勃发展。在这个新兴领域，中国研究的分量和贡献日益凸显。

各类智能产品越来越渗入日常生活，而我们对人与智能体的交互机制还存在许多未知和困惑。例如，人工智能技术的发展使机器人具备越来越复杂的社交能力，尤其是类人机器人（Humanoid Robots）的面世，使得人智共生的科技伦理等问题开始显现。高度类人化的机器人看起来似乎有思想、有意识，甚至有情感，几乎是人的完美复制品。这种机器人拥有与人一样的权利吗？机器人具备人性吗？它们的思考和感受是真实的吗？人们会怎样与机器人进行交互？人们可以与机器人产生情感依恋吗？这些问题越来越受到各学科研究者的关注。

1.1.2 智能体的发展

能够自主操作并实现特定目标的软件或硬件系统均被称为智能体（Intelligent Agent）。人类试图制造物理智能体（具有物理形态和物理交互能力的智能体）的历史由来已久。从15世纪列奥纳多·达·芬奇（Leonardo da Vinci）设计的机械骑士，到20世纪50年代在汽车工业中使用的数字操作可编程手臂，再从工业机器人、军用机器人的蓬勃发展到社交机器人（Social Robots）的日益流行，物理智能体的外观和功能越来越接近真实的人。社交机器人是一种实体呈现的自主性代理（Agent），可以在情感层面上与人类进行交流和互动；与无生命的计算机以及工业或服务机器人不同，社交机器人遵循人类社交行为模式，具有各种"心智"，并在互动中使用所学到的东西。布雷齐尔（Breazeal, 2003）定义了4类社交机器人：（1）社交唤起型：人智交互时机器人鼓励人类对其进行拟人化，以进行互动。（2）社交界面型：机器人可以通过使用类似人类的社交线索和交流方式提供自然的交流界面，但此类社会行为所体现的社会认知模型较为肤浅，只能适应简单的社交情境。（3）社交良好型：机器人的社交行为虽然被动，但能从人智互动中进行学习并优化自己的算法（例如，通过模仿学习技能）。（4）主动社交型：机器人可以主动与人类互动，以达到内在社交目标。此类机器人需要更复杂的社会认知模型。随后，方等人（Fong et al., 2003）添加了以下3类社交机器人：（1）处于社交情境：机器人可以对社交环境进行感知并做出反应，此类机器人必须能够区分环境中的其他社交主体和客体。（2）融于社交情境：处于社交环境中，并与其他代理和人类互动；在交流结构上与社交情境相吻合；至少对人类的互动结构（如转换话题）有部分了解。（3）有社交智慧：基于人类认知和社交能力的深层模型，展示出类人社交智能的机器人。

自20世纪90年代末，麻省理工学院媒体实验室开发KISMET（最早的社交机器人之一）以来，能够在社交层面上与人类互动的工程机器人技术取得了重大进展。交互式机器人玩具有孩之宝的Baby Alive My Real Babies、索尼的AIBO狗、捷达的机器恐龙Pleo、毕宿五的NAO下一代机器人等家庭伴侣；治疗宠物有小海豹PARO，以及麻省理工学院开发的机器人Kismet、Cog和Leonardo等（Darling, 2016）。这些物理智能体的角色各不相同，从教学到照顾孩子，从玩具到陪伴老人，其共性是都可以响应和触发人的情绪，以达成更紧密的人智互动，还可以使人类与这些实体建立长期的社交关系。

里夫斯等人（Reeves et al., 2020）基于文献搜索建立了一个大型的社交机器人数据库，包括引用文章的相关说明以及机器人相关图片的汇总。该数据库收录了342个社交机器人（见图1–1），涵盖了各种设计类型。从外观来看，这些社交机器人整体上可分为三大类：类人型、类动物型和类机器型。

图1–1 里夫斯等人（Reeves et al., 2020）建立的社交机器人数据库所收录的342个机器人

社交机器人的功能日益丰富，目前基本具备的能力包括表达和感知情感、开展高水平对话、进行沟通学习、识别其他代理、使用自然方式（如注视、手势等）建立和维持社交关系、展现独特的个性和性格、学习并发展社交能力。

与人工陪护相比，机器人的成本更低、持续性更久、响应更稳定，因此在各领域的应用越来越广泛，并且在不同范围内改善人类生活的潜力也很大。社交机器人无论在市场还是在学术研究中，都发展得十分迅速。其设计在最大限度上模仿人类，包括外形、思想、情感表达和肢体动作、行为等。社交机器人越来越多地出现在医院、学校、商场、酒店、家庭等公共和私人场合，甚至可以作为工作人员之一，成为人类的伙伴和帮手，与人展开密切合作和互动。然而，人们对机器人的预期和机器人实际能达到的功能之间仍存在较大的不匹配。即使是最先进的实体机器人，其社交功能仍然有限（Campa, 2016）。而且在实际的人智互动中，可能出现意料不到的情况。根据韩联社 2023 年 11 月 8 日的报道，韩国一名工人在生产线上惨遭工业机器人误杀，原因是该工业机器人将男子错误地识别为一个箱子。机械臂将这名男子的上半身推到传送带上，使男子的脸部和胸部遭到致命挤压。类似的机器人误伤人的案例最近几年时有发生，引发了人们对智能体安全性的忧虑以及对自动化技术带来的风险的关注。

人们对智能体的接纳与认可存在较大的个体差异。正如本文开头所提到的住客踢机器人的事件，人们的反应各不相同。然而，不管人们的反应如何，智能体都在以惊人的速度发展，技术的进步不断推动着它们在各个领域的应用和整合，逐渐成为我们生活和工作中不可或缺的一部分。

1.1.3 机器人学

机器人学（Robotics）是一个正在成长的新兴综合科学，以最近几十年生物学家、计算机科学家和工程师的合作成果为基础，重点关注如何通过编程和算法来实现机器与其环境之间的能量和信息交换，以达到特定的目标（Koditschek, 2021）。该领域以多学科交叉为基本特征，涵盖计算机科学、生物学、神经科学、认知科学及其相邻学科等。

扬等人（Yang et al., 2018）在《科学机器人学》（*Science Robotics*）杂志撰文提出机器人学的十大挑战（如图 1–2），包括：（1）用于开发新一代机器人的新材料和制造方案，这些机器人具有类似于生物有机体的多功能、节能、顺应性和自主性。（2）生物混合和仿生机器人，将基本生物学原理转化为工程设计规则，或将生物成分整合到合成结构中，以创造出像自然系统一样运行的机器人。（3）活动机器人长期运行的新型能源、电池技术和能量收集方案。（4）机器人集群允许根据需要执行的任务，将更简单、更便宜的模块化单元重新配置为一个团队，同时与更大型、特定于任务的整体机器人一样有效。（5）极端环境下的导航和探索，这些地方没有地图，人类对其所知甚少，机器人需具有适应、学习、恢复和处理故障的能力。（6）机器人人工智能的基础，包括学习如何学习、结合高级模式识别和基于模型的推理，以及开发具有常识的智能。（7）用于无缝控制周围神经假体、功能性电刺激设备和外骨骼的脑机接口。（8）了解人类社会动态和道德规范，并且可以真正融入社会生活的社会互动，表现出同理心和自然的社交行为。（9）医疗机器人具有越来越高的自主性，但应适当考虑法律、道德和技术挑战，以及解决医学实际需求的微型机器人。（10）机器人伦理和安全。

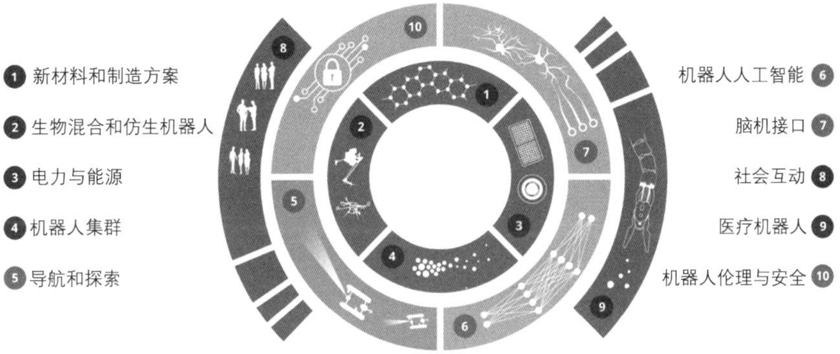

图1–2 扬等人（Yang et al., 2018）提出的机器人学的十大挑战

上述十大挑战中的第一至第三项是工程师和材料学家重点关注的领域，第四至第六项是计算机科学家重点关注的领域，第七项脑机接口是计算机科学与神经科学及认知科学的结合，第八项社会互动是计算机科学与心理学的结合，第九项医疗机器人是计算机科学与医学的结合，第十项机器人伦理与安全是计算机科学与社会学、伦理学、法学等的结合。计算机科学家关注机器人硬件制造和软件算法的结合，定位于以机器人为导向的视角（Robots-oriented Perspective）。神经科学采用超分辨率光学成像、光遗传学调控、透明脑、体细胞克隆等技术，精细解析智能的神经环路基础和机制，使机器人模拟人类神经生物系统的功能，定位于神经生物视角（Neurobiological Perspective）。心理学家则关注人与机器人的关系。例如，人们如何看待机器人？如何与机器人进行交互？是将机器人区别对待，还是类似于人际交往？因此，心理学家的研究是以人为导向的视角（Human-oriented Perspective）。心理学家在理解人类行为、建立理论模型、进行社会科学研究以及构建有效可靠的测试手段等方面，为机器人科学做出了许多贡献（Broadbent, 2017）。心理学家的参与可以助力智能体的设计和研发，使智能体以一种更易被人们接纳的方式进入大众生活。

1.1.4 机器人心理学

机器人心理学（Robopsychology）是由新西兰奥克兰理工大学、新西兰世界卫生组织生活质量小组和机器人学心理社会实验室于2022年提出的一个心理学分支学科，旨在系统地研究人智共生时代下的心理（Krägeloh et al., 2022）。他们认为，机器人心理学指的是关于机器人、机器人技术和人工智能的心理学。这一定义比社交机器人的内涵更广泛，不仅涵盖了机器人对人类行为的影响，也涵盖了机器人和人工智能技术本身。这个分支既关注人与机器人和人工智能交互过程中的心理影响，也关注人们对人工智能技术的态度和观点，还关注智能体在社会中的应用。对机器人和智能技术的关注也表明，实际产品以及设计和制造机器人的过程都是值得心理学研究的主题。作者乐观地认为，人工智能可能会重塑心理学科。

目前，以机器人心理学命名的实验室仅有奥地利约翰内斯·开普勒大学林茨理工学院的LIT实验室。该实验室成立于2018年，通过将心理学的方法和知识与人工智能和机器人技术相结合，探讨人类如何体验智能机器、如何对待智能机器以及在技术开发中如何考虑不同人群的需求。其重点关注的问题包括：为什么看起来过于像人的机器人反而令人感到毛骨悚然？产生这种反应的边界条件是什么？人与机器人在工作场所如何互动、如何建立信任？智能机器的可理解性和可预测性与用户的控制感和安全感有何关系？合成语音的效果如何？区分人类语音和机器人语音有多重要？

1.1.5 人与智能体的交互

人是智能体的制造者、开发者、使用者、控制者、体验者和评价者，是“人—智—环境”三要素中的核心要素。智能体的研究与开发需要考虑人的需求和反应。来自心理学的研究为这一领域提供了实证证据支持。心理学对智能体的研究集中于人智交互（Human-AI Interaction）和人机交互（Human-Robot Interaction, HRI），即人如何感知智能体以及如何与智能体交互（Henschel et al., 2020）。其研究方向和应用包括人在与智能体交互中的反应和决策行为（Malle et al., 2015），以及如何使智能体在应用于教育、医疗、商贸等场合时能够有效地与人交互（Broadbent, 2017）。

兰伯特等人（Lambert et al., 2020）以社交机器人为关键词，系统回顾了2008至2018年的研究现状（共包括86篇论文，其中70项为用户研究）。该综述概括了社交机器人领域内的九大研究话题：（1）个性化：研究机器人根据用户的反应动态改变其个性的能力。（2）社交意识：研究机器人在互动过程中模拟社交适宜反应的能力。（3）物理感知：研究机器人导航和与周围环境互动的能力。（4）物理结构：研究机器人的实体性、可扩展性和适应性的作用。（5）社交陪伴：研究针对社交陪伴而专门设计的机器人。（6）预测性行为：研究机器人在行动前准确传达意图的能力。（7）远程呈现/远程操作：研究远程机器人。（8）医疗保健：研究用于医疗保健场景的社交机器人。（9）教育：研究提高学生学习能力和信息存储的社交机器人。从这些话题可以看出，该领域研究的落脚点在于机器人，而非与机器人交互的人。这些研究的重点是开发高性能的机器人系统和应用。然而，社交机器人的性能标准不能仅仅以工业机器人的性能标准来评估，还要基于用户的满意度。了解用户对社交机器人的反应十分必要。因而，另一些人智交互领域的研究聚焦于人，探讨人们如何看待、感知机器人并如何与机器人互动（Broadbent, 2017）。人与机器人的互动方式和人与电脑或人与人的互动方式相似，但并不完全相同。

1.2　人智交互的研究概述

1.2.1　基于美国科技信息所科学引文索引网络数据库的文献检索

美国科技信息所（Institute for Scientific Information, ISI）的科学引文索引网络（Web of Science）收录了多种最具影响力的学术刊物，其信息资源覆盖学术期刊、技术专利、回忆录、研究基金、网站资源等，为读者提供多个领域的高质量学术信息。由于人智交互是一个新兴的研究领域，因此采用与之密切相关的概念——“人机交互”作为替代关键词进行文献查询。以“Human-Robot Interaction OR Human-Computer Interaction”（人机交互或人机互动）为主题（搜索域：Topic）在科学引文索引网络核心合集数据库中进行检索（发表时间范围：1975—2023 年），共检索到文献 16657 篇（截至 2023 年 11 月 30 日）。现根据科学引文索引网络的检索结果进行如下分析。

1.2.1.1　论文数量

关于人机交互的论文数量，自 20 世纪 90 年代以来呈现逐年增长的趋势。图 1–3 显示了近 30 年有关人机交互论文的数量统计（由于机构资源采购限制，1991 年至 2005 年间的文献检索结果未显示任何记录）。由该图可见，从 2006 年开始，有关人机交互的论文数量增长迅速。2018 年，论文数量首次突破千篇；2022 年，发表篇数达到最高，共计 2615 篇。

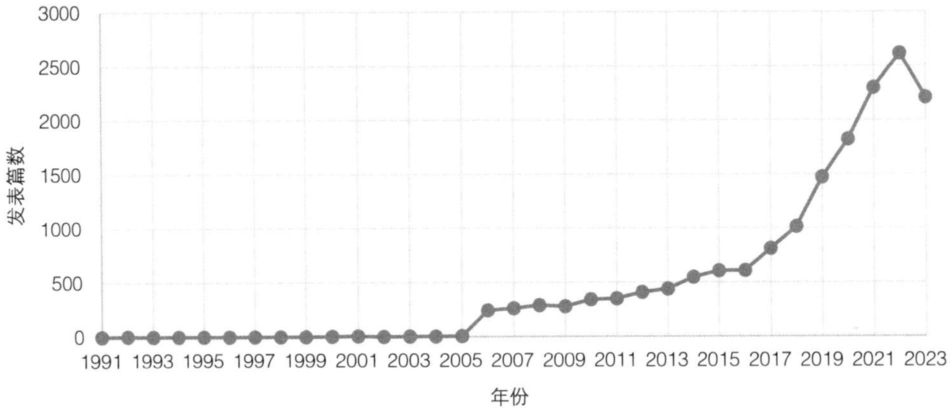

图1-3　论文发表数量（1991—2023年）

1.2.1.2　学科分布

文献主要分布的前10个学科为计算机科学（Computer Science）、工程学（Engineering）、机器人学（Robotics）、心理学（Psychology）、电信学（Telecommunications）、化学（Chemistry）、工效学（Ergonomics）、仪器仪表（Instruments & Instrumentation）、自动化控制系统（Automation Control Systems）和物理学（Physics），其分布所占百分比见图1–4。

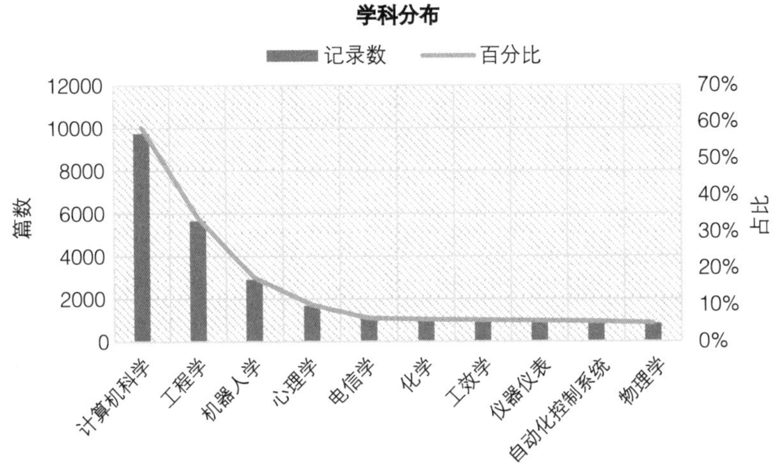

图1–4　文献学科分布（总和大于100%是因为大部分文献属于交叉学科）

1.2.1.3　文献类别

文献以实证研究论文（Article）类型为主，即研究者对该领域的研究成果进行详细阐述，多为实验报告，占总数的 91.77%。综述论文占 5.67%，即研究者以其他已发表的论文为基础进行总结研究。

1.2.1.4　心理学方向引文分析

精炼到心理学（Psychology）研究方向，共有 1243 篇文献。科学引文索引网络数据库的引文报告分析显示，这些文献的总被引频次为 32761 次，每篇文献平均被引次数为 26.36 次，H指数（H-Index）为 85。其中，被引用次数最多的前 20 篇文献参见表 1–1。由该表可知，被引用次数最多的是埃普利（Epley）等人在《心理学评论》（*Psychological Review*）上发表的关于拟人性问卷的编制研究，其次是西伯恩（Seaborn）等人所做的关于游戏化的调查报告，排在第三的是汉考克（Hancock）等人对人机信任影响因素的综述研究。

表1–1　心理学方向被引频次最多的前20篇文献

序号	题目	作者	期刊	年份	被引总数	年平均被引数
1	On Seeing Human: A Three-Factor Theory of Anthropomorphism	Epley et al.	*Psychological Review*	2007	1484	87.29
2	Gamification in Theory and Action: A Survey	Seaborn et al.	*International Journal of Human-Computer Studies*	2015	1014	112.67
3	A Meta-Analysis of Factors Affecting Trust in Human-Robot Interaction	Hancock et al.	*Human Factors*	2011	802	61.69
4	Who Sees Human? The Stability and Importance of Individual Differences in Anthropomorphism	Waytz et al.	*Perspectives on Psychological Science*	2010	535	38.21
5	Complacency and Bias in Human Use of Automation: An Attentional Integration	Parasuraman et al.	*Human Factors*	2010	507	36.21
6	The Mind in the Machine: Anthropomorphism Increases Trust in an Autonomous Vehicle	Waytz et al.	*Journal of Experimental Social Psychology*	2014	495	49.5
7	Feeling Robots and Human Zombies: Mind Perception and the Uncanny Valley	Gray et al.	*Cognition*	2012	370	30.83
8	The Benefit of Being Physically Present: A Survey of Experimental Works Comparing Co-Present Robots, Telepresent Robots, and Virtual Agents	Li Jamy	*International Journal of Human-Computer Studies*	2015	282	31.33

续表

序号	题目	作者	期刊	年份	被引总数	年平均被引数
9	A Meta-Analysis of Factors Influencing the Development of Trust in Automation: Implications for Understanding Autonomy in Future Systems	Schaefer et al.	*Human Factors*	2016	278	34.75
10	Playing Online Games Against Computer- vs. Human-Controlled Opponents: Effects on Presence, Flow, and Enjoyment	Weibel et al.	*Computers in Human Behavior*	2008	267	16.69
11	Human-Robot Interaction: Status and Challenges	Sheridan et al.	*Human Factors*	2016	266	33.25
12	A Practical Approach to Measuring User Engagement with the Refined User Engagement Scale (UES) and New UES Short Form	O'Brien et al.	*International Journal of Human-Computer Studies*	2018	265	44.17
13	Facets of Visual Aesthetics	Moshagen et al.	*International Journal of Human-Computer Studies*	2010	263	18.79
14	What Is the Sense of Agency and Why Does It Matter?	Moore et al.	*Frontiers in Psychology*	2016	243	30.38
15	Too Much Facebook? An Exploratory Examination of Social Media Fatigue	Bright et al.	*Computers in Human Behavior*	2015	236	26.22
16	Are Physically Embodied Social Agents Better Than Disembodied Social Agents: The Effects of Physical Embodiment, Tactile Interaction, and People's Loneliness in Human-Robot Interaction	Lee et al.	*International Journal of Human-Computer Studies*	2006	236	13.11
17	Social Robots as Embedded Reinforcers of Social Behavior in Children with Autism	Kim et al.	*Journal of Autism and Developmental Disorders*	2013	229	20.82
18	Revisiting the Uncanny Valley Theory: Developing and Validating an Alternative to the Godspeed Indices	Ho et al.	*Computers in Human Behavior*	2010	228	16.29
19	Interactions with Robots: The Truths We Reveal About Ourselves	Broadbent et al.	*Annual Review of Psychology*	2017	224	32
20	Generation Y, Web Design, and Eye Tracking	Djamasbi et al.	*International Journal of Human-Computer Studies*	2010	224	16

1.2.1.5 中国学者发文分析

将作者地址（Address）设定为中国后，共检索到 4019 篇文献，占总发文量的

24.13%，超过美国（3405 篇，占总发文量的 20.44%）和德国（1277 篇，占总发文量的 7.67%）。引文报告分析显示，这些文献被引用总次数为 47755 次，每篇文献平均被引用 11.88 次，H 指数为 89。按照学科分布，有 2203 篇（54.81%）属于计算机科学，1821 篇（45.26%）属于工程学，399 篇（9.93%）属于机器人学，159 篇（3.96%）属于神经科学，132 篇（3.29%）属于心理学。将学科方向限定为神经科学和心理学后，共得 264 篇文献。其中，被引用次数最多的前 20 篇文献见表 1–2。

表1–2　神经科学和心理学方向中国学者被引频次最多的前20篇文献

序号	题目	作者	期刊	年份	被引总数	作者单位
1	A Multimodal Approach to Estimating Vigilance Using EEG and Forehead EOG	Zheng et al.	*Journal of Neural Engineering*	2017	174	上海交通大学
2	Effects of Communication Style and Culture on the Ability to Accept Recommendations from Robots	Rau et al.	*Computers in Human Behavior*	2009	101	清华大学
3	Hybrid fNIRS-EEG Based Classification of Auditory and Visual Perception Processes	Putze et al.	*Frontiers in Neuroscience*	2014	82	香港中文大学
4	A Channel-Fused Dense Convolutional Network for EEG-Based Emotion Recognition	Gao et al.	*IEEE Transactions on Cognitive and Developmental Systems*	2021	59	天津大学
5	Cheery Companions or Serious Assistants? Role and Demeanor Congruity as Predictors of Robot Attraction and Use Intentions Among Senior Citizens	Sundar et al.	*International Journal of Human-Computer Studies*	2017	52	香港城市大学
6	A Framework of Hybrid Force/Motion Skills Learning for Robots	Wang et al.	*IEEE Transactions on Cognitive and Developmental Systems*	2021	53	南方科技大学
7	Dynamic Gesture Recognition Algorithm Based on 3D Convolutional Neural Network	Liu et al.	*Computational Intelligence and Neuroscience*	2021	44	武汉科技大学
8	Development of an EMG-Controlled Knee Exoskeleton to Assist Home Rehabilitation in a Game Context	Lyu et al.	*Frontiers in Neurorobotics*	2019	43	北京航空航天大学
9	Closed-Loop Hybrid Gaze Brain-Machine Interface-Based Robotic Arm Control with Augmented Reality Feedback	Zeng et al.	*Frontiers in Neurorobotics*	2017	44	东南大学

续表

序号	题目	作者	期刊	年份	被引总数	作者单位
10	Electroencephalogram Emotion Recognition Based on Empirical Mode Decomposition and Optimal Feature Selection	Liu et al.	*IEEE Transactions on Cognitive and Developmental Systems*	2019	35	中国地质大学
11	Facial Expression Recognition Based on a Hybrid Model Combining Deep and Shallow Features	Sun et al.	*Cognitive Computation*	2019	37	合肥工业大学
12	Enhancing Creativity in Group Collaboration: How Performance Targets and Feedback Shape Perceptions and Idea Generation Performance	Wang et al.	*Computers in Human Behavior*	2015	35	东北财经大学
13	The Impact of Human-Computer Interaction-Based Comprehensive Training on the Cognitive Functions of Cognitive Impairment Elderly Individuals in a Nursing Home	Zhuang et al.	*Journal of Alzheimers Disease*	2013	37	上海交通大学
14	Robots Are Friends as Well as Foes: Ambivalent Attitudes Toward Mindful and Mindless AI Robots in the United States and China	Dang et al.	*Computers in Human Behavior*	2021	34	北京师范大学
15	The Effect of Facial Features on Facial Anthropomorphic Trustworthiness in Social Robots	Song et al.	*Applied Ergonomics*	2021	33	香港理工大学
16	Human-Recognizable Robotic Gestures	Cabibihan et al.	*IEEE Transactions on Autonomous Mental Development*	2012	33	香港中文大学
17	Sensor-Based Control for Collaborative Robots: Fundamentals, Challenges, and Opportunities	Cherubini et al.	*Frontiers in Neurorobotics*	2021	32	香港理工大学
18	A Novel System of SSVEP-Based Human-Robot Coordination	Han et al.	*Journal of Neural Engineering*	2019	32	清华大学
19	Assessing the Use of Immersive Virtual Reality, Mouse and Touchscreen in Pointing and Dragging-and-Dropping Tasks Among Young, Middle-Aged, and Older Adults	Chen et al.	*Applied Ergonomics*	2017	31	香港大学
20	Effects of Gender and Personality Differences on Students' Perception of Game Design Elements in Educational Gamification	Denden et al.	*International Journal of Human-Computer Studies*	2021	30	北京师范大学

1.2.2 基于中国知识资源总库的检索

以“人机交互”为主题词在CNKI中国知识资源总库中共检索到中文文献15110篇（截至2023年11月30日），最早可追溯到1973年。CNKI的信息资源主要来源于学术期刊、学位论文、会议论文、报纸及其他方面。现根据CNKI提供的检索结果进行如下分析。

1.2.2.1 数量分布

图1–5展示了近30年来关于人机交互的论文发表数量。由该图可见，文献数量整体呈增长趋势。其中，2018年、2019年、2020年和2021年这4年的年发文量均超过千篇，2021年发文数量最多，达到1099篇。

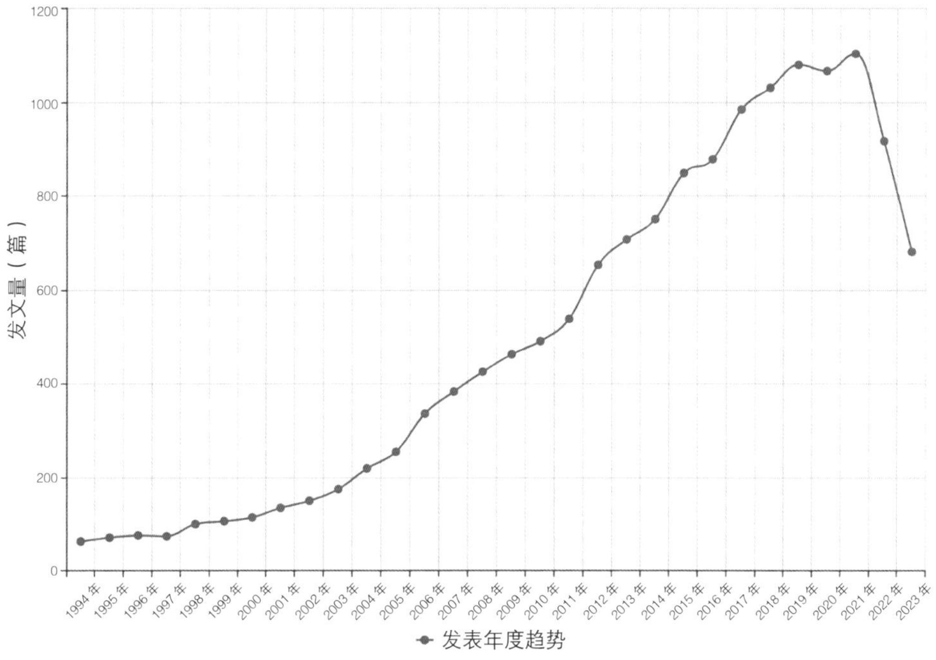

图1–5 中文论文发表数量（1994—2023年）

1.2.2.2 内容分布

关于“人机交互”的文献主要分布在技术研究、技术开发、应用研究、应用基础研究、工程研究、学科教育教学、行业技术发展等方面。其中，技术研究方面的文献最多，数量为4314篇，其次是技术开发，数量为492篇。这些论文的主题交叉如图1–6所示。

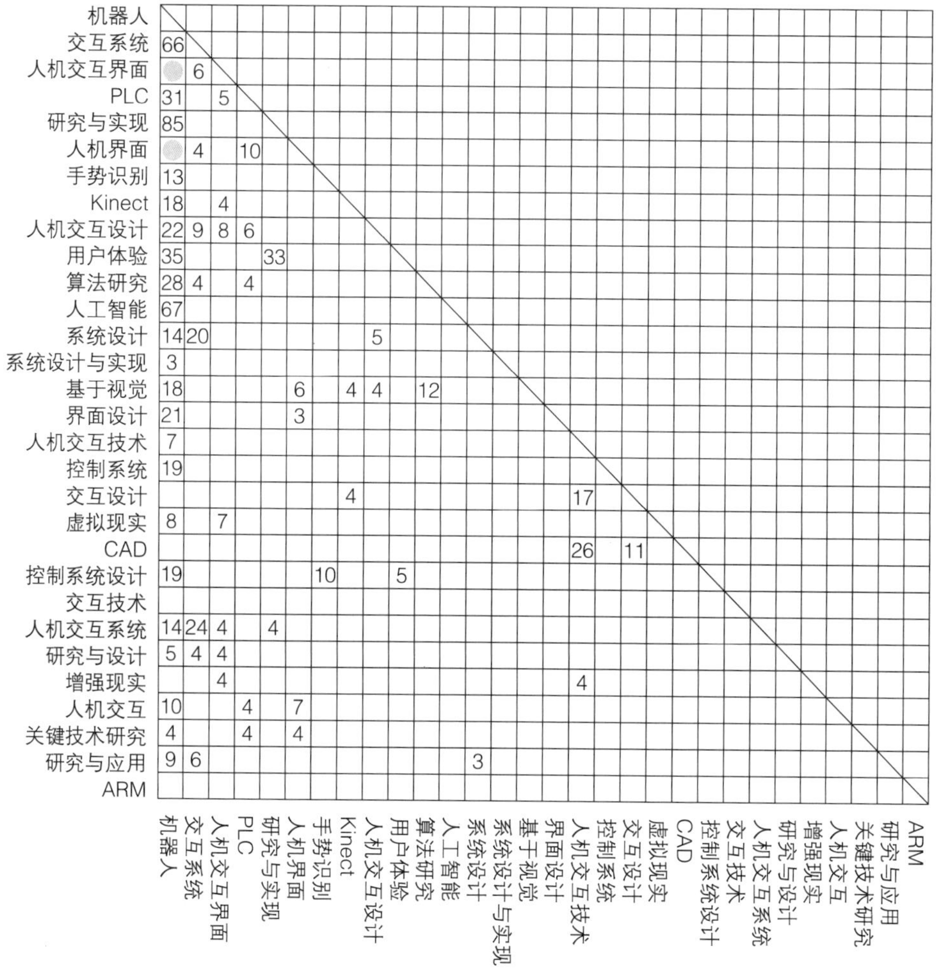

图 1–6　中文论文主题交叉概览

1.2.2.3　学科分布

文献主要分布的前 10 个学科为计算机软件及计算机应用、自动化技术、电信技术、汽车工业、工业通用技术及设备、电力工业、计算机硬件技术、教育理论与教育管理、航空航天科学与工程、建筑科学与工程。其分布情况参见图 1–7。

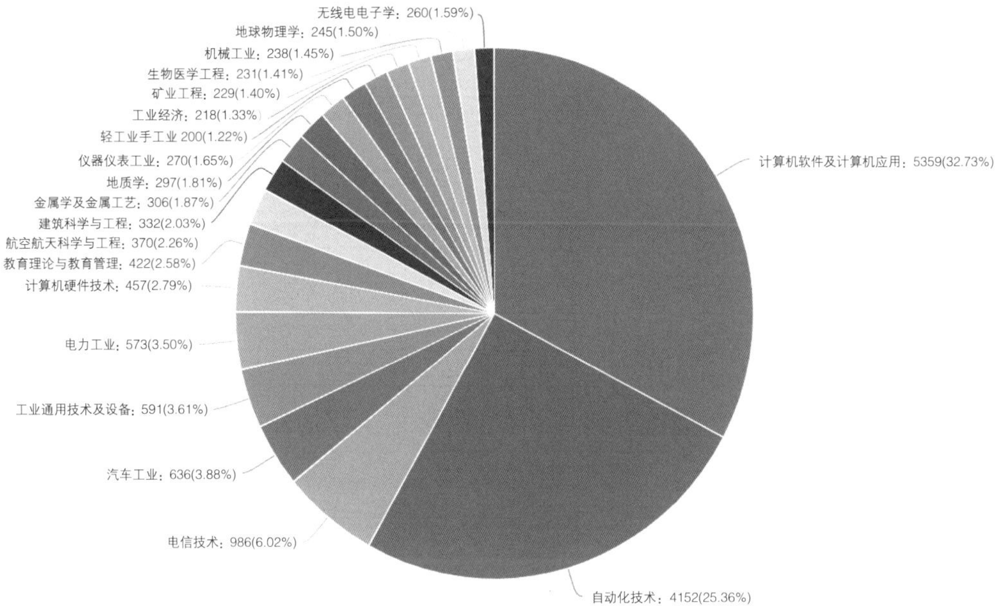

图1–7　中文文献学科分布

1.2.2.4　引文分析

CNKI数据库的引文报告分析显示，被引用次数最多的前20篇文献（见表1–3），其被引频次总计为9546次，每篇文献平均被引次数为477次。由该表可知，被引用次数最多的是赵沁平（2009）的《虚拟现实综述》，其次是陶飞等人（2018）发表的《数字孪生及其应用探索》，排在第三位的是任磊等人（2014）发表的《大数据可视分析综述》。由表可知，被引量最高的20篇文献多为综述类论文。

表1–3　被引用次数最多的前20篇中文文献

序号	题目	作者	出处	年份	被引总数
1	虚拟现实综述	赵沁平	中国科学	2009	1473
2	数字孪生及其应用探索	陶飞等	计算机集成制造系统	2018	1061
3	大数据可视分析综述	任磊等	软件学报	2014	930
4	人机交互的进展及面临的挑战	董士海	计算机辅助设计与图形学学报	2004	722
5	用户体验国内外研究综述	丁一等	工业工程与管理	2014	488
6	虚拟现实的人机交互综述	张凤军等	中国科学：信息科学	2016	473
7	语音情感识别研究进展综述	韩文静等	软件学报	2014	420

续表

序号	题目	作者	出处	年份	被引总数
8	基于视觉手势识别的研究——综述	任海兵等	电子学报	2000	416
9	手机界面中基于情境的用户体验设计	罗仕鉴等	计算机集成制造系统	2010	391
10	信息可视化研究综述	杨彦波等	河北科技大学学报	2014	375
11	产品设计的新模式——交互设计	李世国等	包装工程	2007	351
12	虚拟现实技术概述	张占龙等	计算机仿真	2005	319
13	计算机辅助工业设计技术发展状况与趋势	潘云鹤等	计算机辅助设计与图形学学报	1999	301
14	人机交互界面的可用性评估及方法	刘颖	人类工效学	2002	292
15	大数据时代背景下的数据可视化概念研究	曾悠	浙江大学硕士论文	2014	282
16	基于表面肌电的运动意图识别方法研究及应用综述	丁其川等	自动化学报	2016	278
17	基于柔性外骨骼人机系统基础理论及应用技术研究	张佳帆	浙江大学博士论文	2009	264
18	康复机器人与智能辅助系统的研究进展	侯增广等	自动化学报	2016	253
19	视觉测量技术	迟健男等	机械工业出版社	2011	235
20	光学字符识别技术与展望	荆涛、王仲	计算机工程	2003	222

在篇名、关键词、摘要中以“人机交互”为搜索词，在文献来源中以“心理”（模糊）为搜索词进行检索，共有相关文献 86 篇。CNKI数据库的引文报告分析显示，被引次数最多的前 20 篇文献（见表 1–4），其被引频次总计为 662 次，每篇文献平均被引次数为 33 次。由表 1–4 可知，被引用次数最多的是李金波与许百华（2009）的《人机交互过程中认知负荷的综合测评方法》，其次是李金波等人（2010）的《人机交互中认知负荷变化预测模型的构建》，第三是郭建恩等人（2004）在《心理科学进展》上发表的《国外隐喻的理论研究与实践应用》。

表1–4　被引次数最多的前20篇中文心理学文献

序号	题目	作者	期刊	年份	被引总数
1	人机交互过程中认知负荷的综合测评方法	李金波、许百华	心理学报	2009	142
2	人机交互中认知负荷变化预测模型的构建	李金波等	心理学报	2010	77
3	国外隐喻的理论研究与实践应用	郭建恩等	心理科学进展	2004	52
4	人因学发展的新取向	许为、葛列众	心理科学进展	2018	44
5	社会排斥的研究范式述评及其对结果的影响	杨晓莉等	中国临床心理学杂志	2019	41
6	人机交互中任务特征和个体特征对认知负荷的综合影响	李金波	心理科学	2010	33
7	从人类共情走向智能体共情	颜志强等	心理科学	2019	29

续表

序号	题目	作者	期刊	年份	被引总数
8	拟人化：人机交互中的心理学应用	宗阳、王广新	心理技术与应用	2016	28
9	沉醉感及其在现实世界以及虚拟空间的表现	李宏利、雷雳	心理研究	2010	26
10	L3 等级自动驾驶条件下驾驶员接管过程及心理模型的构建	张艺竞等	心理科学	2019	23
11	虚拟现实暴露疗法在社交焦虑中的应用：效果、机制及展望	王希等	心理科学	2017	23
12	社会辅助型机器人：探索老年心理健康护理的新方法	李思佳等	中国临床心理学杂志	2017	22
13	四论以用户为中心的设计：以人为中心的人工智能	许为	应用心理学	2019	21
14	智能时代的工程心理学	许为、葛列众	心理科学进展	2020	19
15	虚拟逃生环境中视野范围和紧急程度对疏散效率的影响：从众行为的中介作用	徐炀、李虹	心理与行为研究	2015	19
16	人格特质在人机界面交互研究之应用	温芳瑜等	心理科学	2006	17
17	时距长度和速度变化对进度条时距知觉的影响	储雅芳等	心理科学	2014	16
18	眼动交互中对象排列方式对作业绩效的影响	冯成志、沈模卫	心理学报	2006	14
19	用户运动信息反馈形式对体感操作用户体验的影响——一项基于Kinect的可用性研究	赵洋帆等	应用心理学	2014	8
20	用户体验中的情感优势	宁平、罗峥	心理技术与应用	2014	8

1.2.3　研究概述

从检索结果来看，国内与国外在人机交互研究的发展中存在一些共同点。首先，有关人机交互的论文数量整体呈增长趋势；其次，人机交互研究的主要领域是计算机技术和自动化技术；最后，人机交互研究所涉及的内容日益丰富，从计算机技术、自动化技术向心理学、通信科学、神经科学等领域扩展。

相较于国外，国内关于人机交互的研究数量略少；其次，大部分人机交互的研究集中在计算机技术与自动化技术等技术领域，而心理学领域的研究很少。也就是说，在人机交互研究中，我们只注重研究“机”，而忽视了“人”。

我国心理学权威期刊《心理学报》2024 年第 56 卷第 2 期刊出“数智时代的道德伦理”特刊，收录了 7 篇研究文章，涵盖了文化差异、人机信任、感知机器人威胁以及机器学习算法应用于预测小学生作弊行为等。这些研究主要以问卷调查和基于计算机界面的交互为主，未来国内关于人智交互的心理学研究将会迎来热潮。

人智交互是人与智能体之间信息交换的过程。“人”作为交互的首要一方，值得我们深入研究和探讨。

1.3 以人为导向的人智交互研究

从机器人诞生之初，研究者就密切关注人与机器人以及机器人与环境之间的相互作用。与机器人相关的研究和开发已经进行了几十年，在新的传感器、执行器和算法等方面取得了显著进展，产生了一系列更通用、更强大、更具商业和技术普及性的机器人。人智交互领域的研究也相应发展，丰富了对人类如何感知和与机器人如何交互的理解。新的研究方向层出不穷，应用领域也不断扩大。在以人为导向的人智交互研究中，可以看到不同学科视角带来的研究话题差异。管理学视角的研究者多关注人与智能体的协作，而心理学视角的研究者则关注人对智能体的心理反应和应对。

1.3.1 管理学视角之人智协同

在管理科学领域，团队合作一直是一个重要话题。随着自主智能技术的进步和应用场景的扩大，机器人和其他自主技术作为团队成员，在军事战备、医疗保健、太空探索、交通运输、社会服务、娱乐和教育等领域发挥着越来越重要的作用。管理科学的研究也拓展至人智协同领域。人智协同（Human-Agent Teaming）指的是人与自主人工智能（Agent，如机器人、人工智能代理或智能算法等）进行相互依赖的工作，以完成共同的团队目标（O’Neill et al., 2020）。自主人工智能是一个含运算系统的实体，能够感知周围环境并对其采取行动，可以部分或完全自主地实施团队协作活动（如决策、调整、沟通等）。人智协同结合了人类智能擅长推理、判断和规划的优势，以及人工智能擅长记忆、运算、关联、预测、评估和执行的优势，以人智密切合作的新型混合智能系统（Hybrid Intelligence System）的形式，在人类智能和人工智能之间创造协同效应，以更加高效地解决复杂问题（Dellermann et al., 2019）。

人智协同相对于人际协作，给人类工作带来了诸多好处，包括节约成本、加快生产速度、加快信息处理速度、集成多种策略、提高安全性等（Wynne & Lyons, 2018）。近年来，人智协同受到信息科学、管理学、政治学、心理学和组织行为学等诸多领域研究者的广泛关注。提高人智协同的绩效是各领域研究的根本诉求。

有关人智协同的实证研究已经起步。信息科学家关注人智协同中机器系统的开发和应用，而管理学家和心理学家则聚焦于人智协同中人的行为、人智沟通及团队管理。以人为导向的人智协同与人际协作有相似之处。人类团队的核心特征（如团队分工、共同目标、操作监控和团队内部成员之间的相互依赖性）同样适用于人智协同。在人际协作领域，由团队的“投入—过程—产出”模型发展而来的“输入—中介—输出—输入”模型（Ilgen et al., 2005）也适用于理解人智协同。

人智协同涉及“人—智能体—环境”的三重交互。该领域研究关注的输入变量包括人的特征、智能体的特征、任务特征、环境特征以及场景特征等。目前，以人为导向的人智协同研究涉及多个中介因素，包括智能体所展示的社会化线索、人与智能体的心智共享、人智团队的情境意识、团队的沟通互动和冲突解决等。人智协同研究关注的输出变量包括人对智能体的认知/情感结果（如态度、亲近性等）、人对智能体的行为结果（如保护机器系统以规避危害）和团队任务绩效，例如客观的任务目标完成度指标（如完成效果和完成时间）以及团队凝聚力、团队满意度等态度、体验类主观评价指标。

总体而言，现有研究发现，人智协同的绩效表现低于人类团队（McNeese et al., 2018; Musick et al., 2021）。产生这一结果的原因是多方面的，既与智能技术自身的局限性有关，也与研究涉及的团队任务有关。随着人工智能技术的进一步发展，以及人们对人智协同作用机制的深入了解，人智协同的绩效也会得到提高。

1.3.2 心理学视角之人智互动

智能体技术的社会效果在很大程度上取决于人类如何使用智能体。而人类对智能体的使用行为又在很大程度上取决于他们对智能体的态度、认知和情绪体验。心理学视角下的人智交互研究关注人类对智能体的心理反应、智能体对人类产生的心理影响以及人与智能体的互动行为。另一个重要方向是基于神经科学的人智交互研究，即在与智能体的实时互动中观察人脑的活动变化，以揭示社会认知的核心机制。结合人类神经科学和社交机器人学的研究，可以探索人脑如何支持人与新伙伴的互动的复杂神经机制。

在漫长的人类社会进程中，人们已习惯于与同类打交道。在人际交往过程中，人们建立、维持、更新多种社会规则和行为模式，并随着时代和环境的变化不断调整。有些行为模式得以延续，有些行为则渐渐湮没于时代洪流。当面对智能体这样的新产物和新伙伴时，这套心理机制和行为模式是否会一以贯之，还是会有所区别？更有意思的问题是，人们会不会进化出新的社交模式，并进而影响与人的互动？

本书以人智交互的心理过程与心理状态为基础（见表1–5），展现了人智交互中的心理学研究。基于前沿研究的最新发展，重点探索以下几个问题：（1）人类如何感知和看待智能体？（2）智能体对人的行为有何影响？（3）人类如何与智能体互动?（4）人智交互与人际交互有哪些异同?（5）该领域有哪些理论模型和研究发现?（6）该领域面临哪些挑战以及需要进一步研究的问题有哪些？本书采取以人为导向的心理学视角，旨在通过对人智交互中的心理学研究的概述和回顾，丰富和深化对人智交互的理解，探讨人类如何适应人智共生的时代变化，帮助并激发未来智能体的研究和应用，引导人与智能体展开良性互动与合作，最终助益于人类最大限度地享受高质量的智能服务和美好生活。

表1-5　人际交互心理加工过程框架下的人智交互研究

研究领域	人际交互	人智交互
社会知觉		
面孔感知	性别、年龄、吸引力、熟悉度等	婴儿图式、面部比例、面部表情
言语感知	性别、年龄、活力等	性别、年龄、活力等
社交接触	注视、触摸等	注视、触摸等
生物运动	运动同步	运动同步
社会判断	温暖、能力	温暖、能力
态度	态度形成与改变	消极态度、积极态度、态度改变
社会认知		
心理理论	观点采择	观点采择
共情	情绪共情	痛苦共情
归因	归因偏差	责任归因
社会分类	性别、种族、社会地位、职业等	性别、种族等
情绪加工	表情加工	表情加工
社会影响		
从众	从众与权威服从	从众与服从
说服	说服者、接受者、说服情境	建议采纳
在场	社会促进与社会抑制	社会促进与社会抑制
服从	权威服从	权威服从
社会交互		
道德判断	道德直觉	道德判断
歧视与偏见	种族偏见、性别偏见、地位偏见等	种族偏见、性别偏见等
吸引与拒绝	相似性、接近性、互补性	相似性、接近性、互补性
依恋	安全与不安全依恋	依恋
群际关系	内群体偏好	内群体偏好
攻击	攻击性行为	机器人虐待
亲社会行为	利他、助人、捐献等	帮助
社会性决策	社会偏好、合作、互惠、信任、不公平厌恶等	合作、互惠、信任、不公平厌恶等
文化	文化差异	文化差异
人格	个体差异	拟人化倾向等

第2章 人智交互心理学的研究方法

以人为导向的人智交互心理学研究在方法学上遵循常规心理学研究的方法和规范。在研究类型、研究设计、测量效度、研究程序、数据分析与处理、论文写作等方面均与常规心理学研究无异。同时，人智交互的心理学研究也有其独特之处，包括不同的智能体交互对象、交互场景和变量测量等。

2.1 交互对象

在人智交互的心理学研究中，研究者使用了不同类型的智能体对象。这些对象包括虚拟角色（Virtual Characters）和物理智能体等。其中，虚拟角色又可以细分为智能代理（Agents）和化身（Avatars）两类。

2.1.1 虚拟角色

接口代理、嵌入式会话代理、虚拟助手、自主代理、化身等，这些都是用于描述虚拟角色的标签。虚拟角色是指由计算机软件生成的虚拟对象。这些虚拟对象可以只以程序的形式存在，例如苹果公司的Siri，或者具有类人的外观，例如机器人客服。虚拟角色具有外观属性和功能属性。在外观属性上，类人的虚拟角色在性别、发型、肤色、面孔、体态等变量上有所不同。在功能属性上，虚拟角色具有对话、肢体动作、面部表情等表现形式。在人智交互研究中，根据自主性程度的不同，虚拟角色通常分为代理和化身两种操控形式。

代理是指虚拟角色由计算机程序操控，具备完全的自主性。代理是一个行为实体，按照程序和算法执行动作和会话等，不需要人类的控制，其行为反映的是为实现特定目标或一组目标而设计的计算算法。化身是指虚拟角色由人类操控，不具备自主性，是一个人的虚拟表征。化身可以通过《王者荣耀》《和平精英》等网络游戏来理解，由玩家来控制游戏角色的语言、动作、表情等。化身的行为反映的是特定人类实时执行的行为。

有研究这样描述代理角色（von der Pütten et al., 2010）:“你会在屏幕上看到一个动画角色。这个动画角色是计算机生成的。它看起来像人类，动作也像人，但实际上是一个软件程序。动画角色可以通过屏幕前的摄像头看到你的头部和身体动作。它可以通过麦克风听到你在说什么。你也可以通过耳机听到动画角色的声音。”而对化身的描述是:“你会在屏幕上看到一个动画角色。动画角色将复制坐在另一个房间的一个人的头部和身体动作。如果这个人点头，那么动画角色将点头。这个人也会在屏幕上看到一个代表你的动画角色。你们两人面前都有一个摄像头，用于跟踪头部和身体的运动。”这些描述可以确保被试将代理理解为程序控制，而将化身理解为他人控制。

2.1.2 物理智能体

物理智能体指的是具有物质本体的智能系统。这些智能体通常具备一定的自主性。前文 1.1 节提到的社交机器人即为物理智能体的代表。这些智能体的外观有的像机械，如乐高机器人（图 2–1 左）；有的像动物，如PARO（图 2–1 中）；有的像人，如NAO（图 2–1 右）。

图2–1　部分物理智能体

乐高机器人（Lego Mindstorms）是由丹麦乐高公司和美国麻省理工学院媒体实验室（Media Lab）合作开发的一款可编程积木套件，包括可编程主机、电动马达、传感器、齿轮、轮轴、横梁、插销等乐高元件。玩家和开发者可以使用多种语言对乐高积木进行编程，包括乐高公司推出的可视化程序编辑工具RCX Code，还可以使用Basic、Java、Smalltalk和C语言等。

PARO是一款海豹外形的机器人，由日本产业技术综合研究所开发。PARO长约 55 厘米，重 2.5 千克，大小与人类婴儿接近。其外观就像一个普通的毛绒玩具，但配备了多个传感器，能够对外部刺激做出反应，还能通过学习做出动作。PARO多用于临床患者的疗愈和陪护，已通过美国食品药品监督管理局的认证。相对于活体动物，机器人宠物的使用成本更低，安全性更高。人智交互的实证研究证实了PARO在镇静、情绪安抚等方面的积极效果（Geva et al., 2020）。

人智交互研究中使用最广泛的类人机器人当属Aldebaran Robotics公司开发的NAO。NAO是一款小型机器人，身高58厘米，身宽31.1厘米，重5.5千克，行走速度可达每小时300米。NAO配备了传感器，可以行走、跳舞、说话、识别人脸和物体，具备与人类相似的自然肢体语言，能够听、看、说，并与人互动，还能与其他NAO机器人进行互动。NAO提供一个独立、完全可编程、功能强大且易用的操作环境，能够追踪物体并识别语音，具备跌倒管理系统（监测跌倒并触发保护）和跌倒恢复功能（能够自行站立）。其语音识别和对话功能支持包括汉语、英语、法语在内的20种语言。NAO于2008年面世，现已发展至第六代，被广泛用于科学研究、教育和医疗保健领域。

2.2　交互场景

2.2.1　虚拟现实

虚拟现实（Virtual Reality, VR）是指以计算机技术为核心，生成在视、听、触感等方面与真实环境高度近似的数字化环境，并借助各种外围设备、头戴式显示器以及跟踪器，与用户进行交互作用与相互影响，从而使用户产生沉浸式体验的过程（赵沁平，2009）。这些形象在很大程度上模拟现实、接近现实，然而却非物理的现实，而是由计算机技术模拟出来的。虚拟现实的关键技术包括动态环境建模技术、实时三维图形生成技术、立体显示和传感器技术、应用系统开发技术和系统集成技术等（孙红杏，2020）。

人智交互的心理学研究采用虚拟现实技术创造沉浸式的人智交互场景，包括交互环境的创建（如呈现一个会客室或咖啡厅的室内空间环境）和虚拟角色的创建（如男性或女性的服务员形象）。虚拟现实情境的设置可以逼近现实交际，用于考察用户在心理和行为反应上的变化。

例如，最近的一项研究比较了基于虚拟现实技术和基于屏幕的人智交互过程中个体对机器人的感知和体验（Plomin et al., 2023）。该研究测量了在博物馆场景中与移动服务机器人互动的信任度和参与度，并以现实世界中的互动作为对照（见图2–2）。研究发现，3种实验环境下的信任度和参与度没有显著差异。该研究表明，虚拟现实和屏幕交互是替代物理机器人的有效方式。而且前两者的使用成本更低，也更便捷。

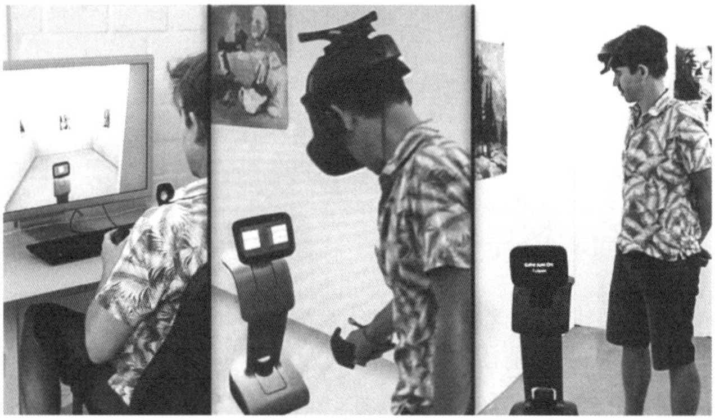

图2–2　3种实验条件示意图（从左至右：基于屏幕、虚拟现实、现实世界）（Plomin et al., 2023）

2.2.2　实验室面对面互动

人智交互研究中最常见的互动方式是实验室内人与物理智能体的面对面互动。这种互动包括言语交流（如问候、打招呼等）、动作交流和互动游戏等。以杰瓦等人（Geva et al., 2020）的研究为例，其中一个实验条件下，被试需要与机器人PARO进行直接互动，包括抚摸PARO的头和身体，观察PARO的反应等。在另一些研究中，被试和智能体作为队友或竞争对手一起进行一些谜语游戏或决策任务。在这些研究中，智能体的行为由程序算法设定，或由实验者人为操控。后者被称为"绿野仙踪"（Wizard of Oz）技术。该技术指的是由人类在背后操控智能体的行为和反应，使之看起来像是机器的自主行为。这种技术的优点是成本低、易操控、耗时少。一方面，性能越优秀的智能体，其成本越高、耗费越多；另一方面，即使是当前最先进的人工智能技术也很难实现自然化的互动效果。因此，一部分研究使用人类向导来实时操控智能体，以实现高质量的人智交互。

例如，最近的一项研究采用实验室互动的方式，比较了机器人在单调任务中给出积极、消极或中性反馈对个体任务操作的影响。机器人的反馈内容事先设定（Higashino et al., 2023）。桌面机器人Sota与被试的互动示意图如图 2–3 所示。研究发现，相对于中性反馈，积极和消极的反馈都能显著提高绩效，但消极反馈更容易诱发消极情绪。

图2-3　桌面机器人Sota与被试的互动（Higashino et al., 2023）

2.2.3　现场互动

现场互动场景类似于人际交往中的田野研究，即在现实情境或现场进行实地观察、记录和研究。这种现场互动既可以是开放式的，也可以是结构式的。开放式的现场互动指的是不预先设定互动方式、互动行为和互动结果，研究者处于自然观察者的角色，客观地观察、记录和分析现场发生的互动。结构式的现场互动则由研究者按照一定的目的在现场设置特定的情境或范围，设定互动主体的言语或肢体动作，以考察在特定行为模式下人们的反应和互动状况。

为了了解人们在公共场合使用自主服务机器人的反应，一项研究考察了非专业用户对火车站清洁机器人的直接反应（Babel et al., 2022）。该研究使用了自主清洁机器人CR700（ADLA TUS Robotics），其尺寸（98 厘米 × 75.5 厘米 × 100 厘米）和外观与普通手动操作清洁机器相似，具有两个手柄和操作显示器。机器人可以自主驾驶和清洁、避开障碍物，但尚不能区分无生命和有生命的物体（如人类）。当机器人检测到障碍物时，会根据轨迹选择绕过障碍物或在距离障碍物 10 厘米处停止。研究的观察区域是火车站从停车场到候车大厅的过道（见图 2-4）。在现场实验过程中，机器人完全自主运行。研究包括观察路人与机器人的自然互动、询问路人是否愿意参加后续访谈、访谈、进行问卷调查 4 个部分，以评价对机器人的接受度和信任度，以及轨迹的可预测性。研究者通过平板电脑上的摄像头实时监控观察区域，并从观察区域随机招募路人进行访谈和问卷调查。该研究收集了 344 名路人与机器人交互的过程视频。由两名编码者对视频行为进行迭代编码，编码的行为类别包括驻足观看、保持距离、指向机器人、挡路等。对行为数据的分析发现，63% 的人在第一次遇到机器人时注意到了机器人，而约三分之一的路人忽略了机器人，四分之一的路人避开了机器人，10%的路人驻足观看。一些不太常见的路人行为包括观察（5.5%）和指向（3.4%）。还有3名路人拍摄了机器人的视频，另有7名路人挡住机器人的道路，阻碍机器人的行进。

图2-4　火车站过道上工作的清洁机器人（Babel et al., 2022）

当前，人智交互的现场研究多集中于商场（如考察人们与导购、导航机器人的互动）、广场（如考察人们对智能体服务工作的支持和阻碍等）、酒店（如考察客户对智能前台的态度和体验）、学校（如考察学生对智能教学代理的态度及学习效果）、老年护理中心（如考察陪护机器人对老年人情绪调节和生活护理的积极效果）等。随着智能体性能的完善和发展，有望出现更多的现场研究，获取一线的人智交互信息，更好地揭示现实场景下人智交流方式和内容的丰富性。

2.2.4　计算机界面

上文提及的交互方式均涉及一定的技术或硬件门槛，如虚拟现实技术和物理机器人等。而另一种可行的交互方式是以计算机界面为载体来实现人智交互。这种互动方式的硬件要求只是一台计算机（也可以是智能手机），大大节约了经济和时间成本。研究者通过计算机呈现虚拟角色或机器人形象，由计算机传递交互对象的言语信息或非言语信息。人们可以和朋友或陌生人组队玩网络游戏（由玩家和队友操控游戏中的角色），也可以与计算机进行对弈（俗称单机版游戏，由计算机程序控制进程)。通过计算机界面，既可以实现人们与真人的实时互动，也可以实现人们与虚拟角色或机器人的实时互动。计算机界面既可以呈现智能体的静态图像，也可以呈现预先录制好的视频信息。这种基于计算机界面的互动方式也可以有效地揭示人智交互时的心理和行为反应。

例如，最近一项研究探讨了机器人的情绪是否影响个体的帮助意愿。研究采用了计算机界面技术，被试通过计算机屏幕观看事先录制好的视频材料(视频中，机器人Cozmo尝试举起箱子但失败了，随后机器人表现出中性、愤怒或悲伤的表情)，然后进行情绪识别和帮助意愿评价(Urakami, 2023)。研究发现，被试能够准确地识别机器人表现出的人工情绪，但帮助意愿不受情绪的影响。当让被试选择更愿意和哪个机器人合作时，他们更青睐表达中性情绪的机器人，对愤怒情绪的机器人最为厌恶。这项研究表明，机器人的情绪表达对人的影响较为复杂，人们可能并不倾向于选择有情绪的机器人作为合作对象。

基于计算机界面的人智交互方式具有使用方便、成本低廉的优势。视频和图片材料易于嵌入网络在线实验平台，便于快速收集数据，为研究带来许多便利。例如，重庆邮电大学经济管理学院李忆教授团队的跨文化研究考察了服务机器人的类人行为如何影响社交距离(Li et al., 2022)。该研究让中美两国被试通过在线平台观看两段人与机器人交谈的视频，其中低类人化的视频中的机器人没有任何肢体动作，语言表达也没有情绪特征，而在高类人化的视频中，机器人可以活动双手、点头，并通过语言表达强烈的情绪。研究发现，与美国人相比，中国人更倾向于将机器人拟人化，对机器人的可爱性和友好度的评价更高，与类人服务机器人的社交距离更小。

2.3　量化方式

人智交互的心理学研究与其他科学研究一样，强调研究的效度、心理和行为的可量化性，以及研究结果的可验证性和可重复性。人智交互研究用于量化人们心理和行为反应的方式主要有5种：自我报告、行为测量、生理测量、访谈报告和任务绩效指标。从已有研究来看，最常用的方法是自我报告和行为测量。通常，单一的测量方法不足以准确解释人们对与其互动的智能体的反应。因此，一些研究会综合使用多种量化方式。

2.3.1 自我报告

人智交互研究中最常用的量化方法是自我报告，即通过某种形式的问卷调查，请人们报告自己的态度或体验，如人们对机器人拟人化的感受、对机器人的负面态度、对机器人的喜爱程度、接纳程度、使用意愿、购买意愿等。自我评估的方式可以基于纸笔或计算机，通过心理测量量表或问卷来获取回答。

例如，陈建雄的研究考察了社交机器人的外观对人智信任的影响，采用自我报告法测量人智信任（Jia & Chen, 2023）。研究者使用 3D 建模软件创建了社交机器人图片。这些机器人的外观有 2（头型：矩形头和圆形头）×2（头身比：躯干矮和躯干高）×3（面部配置：无配置、∵配置和∴配置）共 12 种设计（见图 2–5）。被试对每个机器人进行信任度的评价，包括能力、善意和正直 3 个维度共 6 个题目：（1）这个机器人有能力完成它的工作。（2）这个机器人对需要做的工作有很多了解。（3）人的需要和愿望对这个机器人来说非常重要。（4）机器人不会故意做任何伤害他人的事情。（5）这个机器人一定会践行自己的承诺，我对此毫无怀疑。（6）这个机器人会尽其所能地公平对待他人。每道题目进行 1—7 分评分，1 为非常不同意，7 为非常同意。结果发现，头部形状对社交机器人信任度的影响显著，人们对圆头机器人的信任度更高（M = 5.79 vs 3.32）；社交线索的影响也显著，∵配置的信任度评价更高（M = 4.75 vs 3.99 vs 4.41）；头身比例对信任度的影响不显著。该研究以在线问卷的形式发布，被试通过亚马逊 Mechanical Turk 众包平台招募。

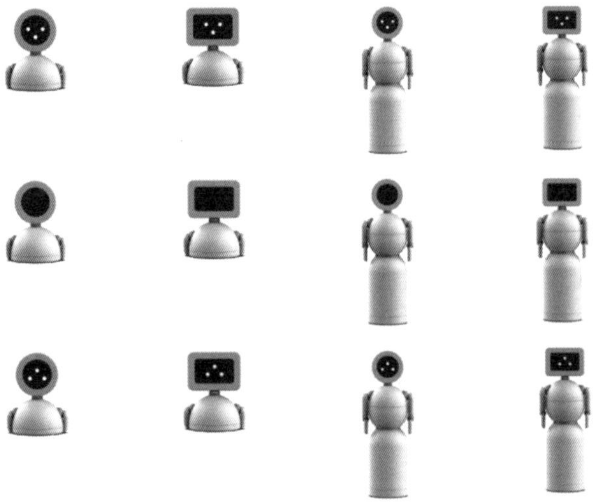

图 2–5　12 种机器人外观（Jia & Chen, 2023）

自我报告法最大的优势是简单易行，且经济高效，可以提供有价值的信息。但这种测量较为主观，在有效性和信度方面存在一定的问题，容易受到社会赞许性和期望因素的干扰。被试可能会隐藏自己的真实想法或体验，根据他们认为其他人会如何回答问题，以及他们认为研究人员会希望他们如何回答，迎合研究目的来作答。此外，自我报告的结果容易受到偶然因素的影响，如被试当天的身心状态和遇到的突发事件等。另一个局限性是，研究者无法考证被试提供的信息的真伪。为减小误差，一方面需要较大的样本量，另一方面需要测量一些可能会污染结果的控制变量，还可以结合其他量化方式以形成佐证。

2.3.2　行为测量

行为测量是人智交互研究中第二常用的量化方法，通常会结合自我报告和生理测量以提高研究的聚合效度。行为测量通过观察和记录人们在特定情况下的行为模式，获取有价值的信息。行为测量需要尽量避免霍桑效应（即当被试知道自己在被观察时，会改变自己的行为反应），可以通过掩饰任务目的或加入填充信息的方式来实现。例如，若研究目的是考察人与机器人互动时的自我暴露反应，可以在指导语中告知被试实验的目的是训练机器人的言语表达算法，以优化言语能力，因此请被试尽量自然地与机器人对话。行为测量的优势在于，研究者可以观察和记录被试的实际行为（客观指标，如肢体动作；或静态指标，如被试与机器人之间的物理距离），而不需要依赖被试主观报告他们的预期行为或偏好。

现有的研究通常会将人智交互的过程进行全程视频录制，然后由两个或多个受过培训的编码人员对视觉或言语信息进行离线编码。这种量化方式可以提供有效、准确和可靠的结果。正如前述火车站清洁机器人的实地研究中所观察到的路人行为，即采用了行为测量的编码方式（Babel et al., 2022）。该研究根据视频中的表现，所编码的行为包括:（1）忽视，路人经过而没注意到机器人。（2）注意，路人路过时看到机器人，但没有停下来观看。（3）停下观看，路人停下来看机器人。（4）触摸，路人停下来并故意触摸机器人。（5）改变路线，路人改变步行路径以接近机器人。（6）拍照，路人拍摄机器人。（7）路过，路人没有改变步行路线或步速。（8）躲避，路人主动躲避机器人。（9）保持距离，路人绕开以扩大与机器人的距离。（10）观察，路人注意到机器人并对其进行细致观察。（11）指向，路人用手指指向机器人。（12）挡路，路人故意阻挡机器人的行进路径。部分行为见图 2–6 所示。

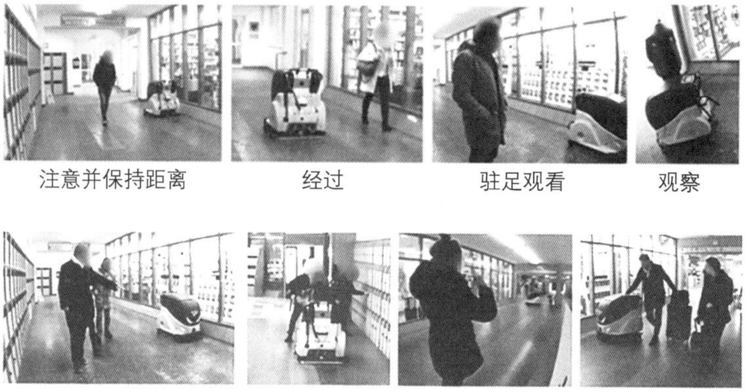

图2-6　火车站过道上路人与清洁机器人互动（Babel et al., 2022）

2.3.3　生理测量

生理测量指的是借助一定的仪器设备获得被试的生理信息，如心率、皮肤电导反应、瞳孔大小变化等。广义的生理测量还包括采用功能磁共振成像（functional Magnetic Resonance Imaging, fMRI）技术或脑电仪器记录的神经活动信号和脑电信号（Electroencephalography, EEG），以及通过采集唾液或毛发样本进行生物分析后得到的激素水平等。这些量化方法在人智交互研究中越来越流行。其主要优势在于数据的不可控性，被试无法控制自主神经系统的活动，也无法实时监控自己的神经活动变化并按照主观意愿做出改变。皮肤电、心率、瞳孔大小变化等数据尤其适用于评估被试的情绪变化或焦虑水平等。唾液皮质醇则常用于量化被试的压力水平。然而，生理测量也有一些弊端。例如，生理测量的实施会使实验过程复杂化，延长实验时间，引发被试的疲劳，进而影响人智交互的效果。此外，生理测量的结果并不能直接关联心理或行为倾向，可能存在对数据的误读。因此，生理测量的方法还应辅以自我报告或行为测量，以提高数据解释的可靠性。

例如，近期的一项实地实验研究在一家销售高级意大利皮制品的零售商店进行，研究者考察了服务机器人Jibo作为销售员对顾客体验的影响（Rancati & Maggioni, 2023）。研究者编写了机器人与顾客互动的脚本，该脚本包含 4 项内容：迎宾、商店和商品介绍、品牌故事讲述以及惊喜礼物。人类销售员使用同样的服务脚本。参与研究的顾客需要佩戴一个腕带，腕带内配备了使用生物识别芯片的可穿戴传感器。传感器自动与计算机同步，可以收集实时的个人沉浸数据。在整个体验过程中，该传感器会捕捉心跳数据，记录交感神经和副交感神经的活动，并计算出心率、心跳变异性和皮肤电反应。研究发现，与服务机器人的互动增加了顾客在迎宾和送礼物期间的沉浸感，但与人类销售员进行互动相比，与机器人销售员进行互动时，顾客的驻留时间更短（Rancati & Maggioni, 2023）。

2.3.4　访谈报告

访谈报告与自我评估类似，后者的问题以问卷或量表的方式呈现，而访谈的问题则由研究者向被试提出，双方进行面对面的交流，以获取被试的相关回答。访谈可以是结构化的，即由研究者提出一系列预设的问题，按顺序进行访问，包括开放式问题（被试可自行给出不设限的回答）或封闭式问题（被试在设定的标准回答内进行选择）。访谈过程可以录音或录像，以便离线编码和分析。人智交互研究较少使用非结构化的访谈，因为问题会根据被试对前一个问题的回答进行修改和变更，这涉及适应性过程，难以保持研究的一致性和结果的稳定性。相对于自我报告，访谈通常能提供更多额外的信息和深度的信息，这些信息通过自我报告无法收集到。然而，访谈法也存在一些干扰。例如，访谈的效果在很大程度上依赖于被试的言语表达能力。被试的回答风格也会影响对访谈问题的回答，有些被试倾向于肯定回答，有些被试倾向于否定回答，还有一些被试则倾向于迎合访谈者的期望。要获得被试真实而深刻的反应并不容易。

前述火车站的实地研究除了对路人与机器人的交互过程进行视频分析之外，还对路人进行了访谈和问卷调查。该研究采用了半结构化访谈的方式，由15个问题组成，分为5个主题:（1）对机器人的自我报告的反应（如当你看到这个机器人时，你的第一想法是什么？）。（2）对机器人功能的感知（如谁在操控机器人？）。（3）与机器人交流的偏好（如你想让机器人和你交流吗？）。（4）对机器人危急情况的担忧（如机器人可能出现的危险情况有哪些？）。（5）对机器人自主行为的接受程度（如当有人挡道时，机器人是否应该自主前行？）。访谈大约持续10分钟，全程进行录音。录音经过规范化转录后，由两名编码者对录音进行定性的内容分析。编码的一级主题包括想法（如机器人功能、机器人应用的关注点）、感受（积极、中性、消极）和设计建议。然后编码者进行细分编码，最多达到4个层级。例如，对“看到机器人的第一想法”这个问题的回答的编码有:惊讶（“一开始我完全惊呆了，是的，它是无人驾驶的”）、先前知识（“自己家里买了一个清洁机器人，很高兴看到这个大的设备如何工作”）、兴趣（“我对自动化系统很感兴趣”）、机器人的功能（“我要避开这个东西，还是这个东西会避开我”）等。研究发现，96%的人都能够正确理解机器人的功能，80%的人对机器人的自主性并不感到惊讶。三分之一的人在与机器人的互动过程中感觉正常和良好，三分之一的人对机器人的应用和任务执行感到惊讶和好奇，较小比例的人会感到不适或焦虑。

2.3.5 任务绩效

在人智交互研究中，任务绩效指标变得越来越常见，尤其是在涉及多人或多机器人互动的团队任务研究中。这些指标旨在衡量个人或团队执行或完成一项或多项任务的能力。任务绩效指标取决于团队任务的性质。例如，如果人智协作完成投资任务，那么盈利金额可以作为绩效指标。如果人智合作完成运输物资的任务，那么物资运输时间和运送数量可以作为绩效指标。除了这些客观的绩效指标之外，还可以使用诸如人对机器人的满意度、对互动过程的享受程度等主观指标。

由清华大学计算机科学与技术系刘永进与中国科学院心理研究所赵国朕合作的用户研究，考察了可重构模块化机器人（RMRobots）在提高人类空间能力方面的应用（Yu et al., 2020）。该研究采用任务绩效作为行为指标，测量了被试在Purdue旋转可视化任务中的表现。该任务中的原始形状通过一定数量的旋转重新配置为目标形状。被试需要在若干答案中选择一个正确的目标形状，这个目标形状是通过对一个新的原始形状进行相同操作重新配置而成的。考察的任务绩效指标有 3 个：旋转任务的完成时间、正确反应的完成时间和正确率。实验组被试通过与RMRobots互动进行训练，对照组被试通过阅读说明文档进行训练。实验结果表明，与机器人交互训练后，旋转任务的绩效得到了提升，且提升幅度明显优于传统的阅读说明文档训练。

综上所述，每一种测量方法都有其自身的优势与不足。单一的测量方法无法全面准确地评估心理和行为的各个方面。在实际研究中，通常会结合 3 种或 3 种以上的量化方法，以更好地理解人智交互的效果。在因条件限制只能使用单一量化方法的情况下，应尽可能通过多种措施进行补充。例如，在自我报告中，使用多个具有较高信效度的测量问卷或维度；在行为测量中，从多个角度或多通道的信息（如言语、肢体动作、面部表情等）进行观察；在生理测量中，使用多种信号来源（如生理多导仪和脑成像技术）来提高数据的有效性和相关性；在访谈测量中，辅以视频的视觉和听觉信息编码分析；在绩效测量中，通过多种方式（客观指标和主观指标）衡量任务表现。这些做法可以提高研究结果的可靠性、准确性和可验证性。比较 3 种或 3 种以上的量化结果，可以验证这些结果是否有意义。还可以对不同途径的数据进行相关分析、中介效应分析或调节效应分析，进一步揭示人智交互的心理本质。

第3章 人对智能体的社会知觉

人类是天生的社会性生物。婴儿早期就可以表现出一系列社会化行为。正确感知和解释社会线索的能力是人类必备的生活技能之一。在人际交往中，个体会通过面部表情、言语、动作等特征来感知他人的社会类别、情绪状态，甚至个性特征。这些社会知觉表征驱动着对他人特质印象的形成、态度和社交行为。

根据塔居里（Tagiuri, 1969）的定义，社会知觉（Social Perception）指的是个体了解和思考他人的特征、品质和内心状态的加工过程。该加工主要包含:（1）感知他人的特点和状态（如情绪状态及吸引力等）。（2）关于他人特征的伴随线索。（3）关于他人特征的外部线索（如环境线索）。（4）能够被个体所利用的关于他人特征的近端线索或表征。（5）个体对他人特征的感知或判断。

人际交互心理学对社会知觉的研究主要在于交往过程本身，目的是识别能够表征情绪状态和人际态度的行为线索。人们感兴趣的是，这些线索如何被编码或传递，随后被解释或解码的过程。人智交互中的社会知觉研究则关注人们如何感知智能体的特征，并形成对智能体的判断和态度。

3.1 面孔感知

面孔是社交信号的重要来源之一。在人际交往中，我们可以通过面部特征快速判断对方是朋友还是陌生人（身份识别），是高兴还是难过（情绪识别），并推断这个人的性格（个性推断）。这些过程快速且自动化地发生，并对行为产生影响。

2018 年 3 月，美国华盛顿大学与马卡莱斯特学院的合作研究团队在ACM/IEEE人机交互国际会议上发表了一篇题为《机器人面孔设计的特征化》的论文（Kalegina et al., 2018）。研究者首先根据 76 个维度对 157 个机器人面孔进行编码，然后调查人们对这些机器人面孔的感知。编码的前 11 个维度标记某一特定元素是否存在于面部，包括嘴巴、鼻子、眉毛、脸颊/腮红、头发、耳朵、眼睑、瞳孔和虹膜等。19 个维度标记这些元素和面部的颜色，以及任何其他特征，如睫毛、嘴唇和反射的眼睛眩光等。3 个维度标记眼睛大小、鼻子大小和脸颊大小，14 个维度标记特征和面部的形状，7 个维度标记特征的位置。另有一些维度标记这些元素的呈现方式（如静态或动态）。此外，机器人的整体外观被编码为类人形（形似人的面孔、手臂等）、类动物形（形似动物的面孔和身体）或机械形（有电线、轮子、踏板）。该研究涉及的机器人主要来自美国（33.8%），其次是中国（17.8%）、日本（10.2%）、韩国（8.3%），还有部分来自德国（2.5%）；这些机器人主要用于研究（23.6%）、娱乐/玩具（22.9%）、家庭（21.0%）和服务（如送货和接待，14.6%）；类人机器人居多（60.5%），其次是机械机器人（27.4%），类动物形机器人最少（12.1%）。编码的结果发现，34.4%的机器人的脸是黑色的，20.4%是白色的，14.0%是蓝色的。65.6%的机器人有嘴巴，40.8%有眉毛，21.7%有鼻子，21.0%有脸颊或腮红，8.3%有头发，3.8%有耳朵。眼睛颜色主要是白色（47.1%），其次是蓝色（18.5%）和黑色（16.6%）。40.8%的眼睛是圆形的，28.0%的眼睛是垂直椭圆形的，11.5%的眼睛形状与人的眼睛相似。大多数机器人（71.3%）有瞳孔，而65.6%没有眼睑，59.9%没有虹膜。超过一半的机器人（51.6%）的眼睛占据了面部空间的 1/20 到 1/2，38.2%的眼睛在面部中央，43.9%的眼睛居于面部中央和边缘的中间部位。对特征值的聚合分析发现，很少有几组面孔具有完全相同的特征。

根据某一特征是否存在于面孔，如是否有鼻子、眉毛、脸颊等，卡列吉纳等人（Kalegina et al., 2018）选取了 12 个代表性机器人用于问卷调查（见图 3–1）。被选中的面孔缺少 0 到 10 个特征。缺少特征的数量越多，说明面部细节越少。被试观看机器人面孔，并对每张面孔进行 6 个维度的 5 分制语义差异量表评分。这 6 个评价维度包括机械化—类人化、不友好—友好、不聪明—聪明、不值得信任—值得信任、儿童化—成人化、男性化—女性化。此外，被试还要评价他们有多喜欢这张机器人面孔并给出解释，再给每个机器人取一个简短的名字，最后选择机器人最适合的工作或角色。调查结果发现，Yumi、Furo-D、Buddy和Datou（中国产家庭陪护机器人“大头小凡”）被认为是最友好的机器人，它们有着更多的面部细节，但不至于非常逼真。Jibo和Gongzi（中国深圳卓亚云智能家居机器人“公子小白”）被认为是最不友好的；被评为最聪明的机器人是Furo-D和Gongzi，而Sawyer、Buddy和Datou则被评为最不聪明的机器人；Datou和Furo-D被认为是最可靠的，Gongzi则被认为是最不可靠的。Gongzi常被称为“愤怒的机器人”，被试说它“看起来很严厉”，“看起来有威胁性”，“这个机器人很吓人，看起来像是被执法部门使用的”。这个机器人的眼睛很大，但又没有瞳孔。随着机器人在现实性和细节方面的增加，人们对面孔的类人化评分也相应增加。Furo-D被评为最像人类的机器人，而Jibo被评为最像机器的机器人。几名被试明确提到，Jibo“看起来就像一个扬声器”，“看起来像一颗卫星”，“看起来像监控摄像头”。Buddy、Datou和Yumi被认为是最儿童化的，这3个机器人的眼睛都比较细且面带微笑。EMC和Valerie被认为是最成人化的。在像人的机器人中，EMC被评为最男性化，Furo-D和Valerie被认为最女性化。在不像人的机器人中，Gongzi被认为是最男性化的，Datou和Buddy被认为最女性化。总体而言，评价最友好的4个机器人Yumi、Furo-D、Buddy和Datou，也是最受青睐的机器人，而最不受青睐的机器人是Jibo，其次是Gongzi、EMC和Valerie。Yumi和Datou最常被选作教育工作，它们通常被描述为儿童友好型机器人。Gongzi经常被选作保安工作，而Furo-D和Hospi-R则是服务类工作的热门选择。EMC和Otto一起常被选作研究工作。现实性和细节体现最少的机器人最常被分配到工业和安全工作。

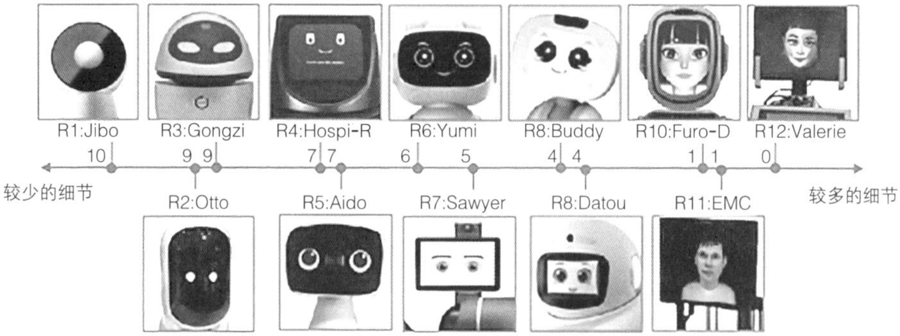

图 3–1　卡列吉纳等人（Kalegina et al., 2018）第一项问卷调查中使用的面孔。刻度上的数字表示面孔缺失的特征数量

研究者的第二项问卷调查使用了另一套机器人面孔。他们创建了一个合成机器人面孔作为基准，再在此标准面孔的基础上添加不同的特征生成另外的16个面孔（见图3–2）。调查结果发现，明显不那么友好的面孔是那些没有嘴巴（F10）、没有瞳孔（F11）、有眼睑（F7）的面孔。没有嘴巴的面孔被评为最不友好，被试称其“令人毛骨悚然”，以及“看起来好像在监视我的一举一动”。有眉毛的面孔（F6）被认为最聪明，也被评为最成熟。看起来相对不聪明的面孔是那些没有嘴巴（F10）、窄眼间距（F4）和有脸颊（F3）的面孔。相对不那么受信任的面孔与相对

不太友好的面孔相似：没有嘴巴（F10）、没有瞳孔（F11）、有眼睑（F7）。有虹膜的机器人（F9）是其中最受喜爱的。一名被试指出："眼睛有色彩使它看起来更人性化，让人感到很友好，很平易近人。"喜爱程度低于基准面孔的机器人包括没有嘴巴（F10）、没有瞳孔（F11）、有眼睑（F7）、有脸颊（F3）、小眼睛（F15）、白色脸（F16），其中没有嘴巴（F10）、没有瞳孔（F11）、有眼睑（F7）的机器人得分最低。被试对没有瞳孔的面孔表示不安，称其"令人毛骨悚然"，并给它起了类似于"死眼睛机器人"和"没有灵魂的机器人"的名字。有眼睑的面孔经常被评为"狡猾"和"自以为是"。几位被试指出，有眉毛的面孔看起来"更老"。总体上，娱乐类是最常被分配的工作类别，而工业类是最少被分配的类别。有鼻子、虹膜和宽眼距的机器人最常被选作娱乐类工作。有耳朵的机器人最常被选作教育工作，被试评论说："有耳朵的机器人似乎很擅长倾听。"

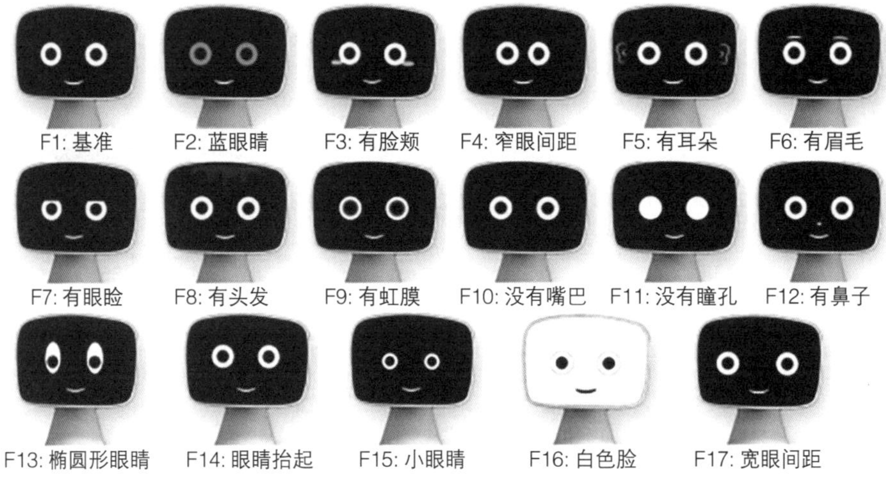

图3–2　卡列吉纳等人（Kalegina et al., 2018）第二项问卷调查中使用的合成面孔

卡列吉纳等人（Kalegina et al., 2018）系统地构建了机器人面孔的 76 个维度，并实证比较了面部特征如何影响人们对机器人的感知。他们创建了一个网站，将所有的机器人面部信息都存储在一个数据库中，以提供关于面部特征的最新汇总统计数据。该网站还允许注册用户通过填写表单、执行过滤搜索和下载不同格式的最新数据集来输入新项目。

卡列吉纳等人（Kalegina et al., 2018）的开创性工作系统地总结了社交类机器人的一般性面部特征，并提出特定面部特征（如眉毛）的存在如何影响社会判断（如友好度和喜爱度等）。另一些研究则在更细致的维度上比较了对机器人的面孔感知。

3.1.1 婴儿图式

在人际交往中，娃娃脸的人更容易引发好感。研究表明，娃娃脸的人被认为更可爱（Borgi et al., 2014）、更受青睐（Lee, 2013）、更可信（Guido & Peluso, 2009），甚至犯罪后受到的指控更少（Gorn et al., 2008）。具有娃娃脸特征的机器人是否更易获得人的好感呢？

香港理工大学人工智能设计研究所的研究证实了这一假设（Song et al., 2021）。婴儿图式（Baby Schema）指的是娃娃脸的面部特征组合，包括相对较大的头、大眼睛、高眉脊、小下巴、哈巴狗式的鼻子、短耳朵和薄嘴唇等。典型的婴儿面部比例包含3个维度：上脸长度（前额长度）、瞳孔间距（眼距）和下脸长度（下巴长度）。在这项研究中，机器人设计师按照眼睛的大小（小/中/大）、嘴巴的大小（小/中/大）、眼睛的水平位置（远/中/近）、眼睛的垂直位置（高/中/低）和嘴巴的垂直位置（高/中/低）这5种面部特征生成了243（3×3×3×3×3）个具有不同特征的机器人面孔。研究者以眼睛和嘴巴的大小为被试间变量，眼睛和嘴巴的垂直和水平位置作为被试内变量，在亚马逊网站上招募了270名被试，并将其随机分为9组，每组30人。这9组被试被随机分配到不同的实验场景（不同眼睛和嘴巴的大小组合），每个场景都有27张不同的机器人面孔照片（眼睛的水平位置×眼睛的垂直位置×嘴巴的垂直位置）。被试看完图片后，评价他们在多大程度上同意以下5句话：（1）我认为这个机器人的眼睛很大。（2）这个机器人的嘴巴很大。（3）这个机器人的眼睛位于面部较高的位置。（4）这个机器人的眼睛间距很大。（5）这个机器人的嘴巴位于面部较低的位置。这些评价作为面孔设计的操作性检验。此外，被试还要评价机器人的可信度，包括5个项目：我认为这个机器人看起来可靠、真诚、诚实、可信、令人信服（1—9分评分）。

结果发现：被试对大眼睛机器人的可信度评价更高，嘴巴大小没有明显影响，中等眼距和居中的嘴巴位置具有较高的可信度；面部特征位置居中会增加可信度，但过于极端会产生反作用；具有机器人使用经验的被试对机器人的可信度评价更高。

为了验证上述结果，研究者重新招募了180名被试，以评价最可信和最不可信的面孔（各3个）为被试间变量，与机器人的相处经验为协变量，感知到的婴儿性为因变量（1—9分评分："我认为这个机器人看起来像婴儿脸"）。单因素方差分析结果显示，面孔可信度高的机器人，婴儿性评分显著更高（6.89 vs 4.62）。

该研究表明，婴儿面部特征的某些模式可以应用并扩展到机器人的面部设计中，适当的特征大小和位置组合可以提高用户对机器人的信任感。

3.1.2 面部比例

在人际互动中，面部宽高比（fWHR，即面部颧骨间距与上眼睑至上嘴唇垂直高度的比值）与可信度及喜爱度呈负相关，而与支配性呈正相关。fWHR高的人被认为更强势、更不讨人喜欢且更不值得信任（Geniole et al., 2014; Ormiston et al., 2017）。那么，机器人的面部宽高比是否也有类似的效应呢？人们是否倾向于更信任面部宽高比低的机器人呢？

香港理工大学人工智能设计研究所进一步研究了机器人面部特征比例对消费者偏好的影响（Song & Luximon, 2021）。他们的实验采用2（脸型：圆形/矩形）×3（面部宽高比：高/中/低。高fWHR=3:2，中fWHR=1:1，低fWHR=2:3）的被试间设计，分为6个实验条件（见图3–3）。控制变量包括机器人的面部表情、面部特征、身高和体宽、色调、背景等。实验者通过亚马逊网站招募260名被试。在获得被试知情同意后，收集其人口统计学信息（性别、年龄、受教育程度、使用机器人经验），并将被试随机分配到一种条件。要求被试观看机器人面孔图片并完成操作检验和问卷评估。操作检验有两个题目（“我认为这个机器人的脸很宽”“我觉得这个机器人的脸是圆的”），因变量包括信任度（善良、能力和正直3个维度，共17个题目）和购买意愿（3个项目：愿意购买程度/购买的可能性/考虑购买的可能性），均为1—9分评分。

图3–3　香港理工大学人工智能设计研究所使用的机器人面孔（Song & Luximon, 2021）

结果发现，面部宽高比影响信任度评价和购买意愿，而脸型和交互作用不显著。高宽高比和中等宽高比机器人的可信度明显高于低宽高比机器人，高宽高比和中等宽高比机器人之间没有显著差异。人们对高宽高比机器人的购买意愿高于低宽高比机器人。中介效应分析发现，信任度评价可以完全中介面部宽高比对购买意愿的影响。

该研究表明，与人类相反，面部宽高比更高的机器人更容易被信任和接受，从而提高人们的购买意愿。

3.1.3 面部表情

情绪表达在人类社会活动中提供了重要信息，可以动态影响社会互动。面部表情是人类情绪交流的基本组成部分，是重要的交流信号。鉴于表情对人际互动的重要影响，机器人的表情设计可能在人智交互中也发挥重要作用。

卡梅龙等人（Cameron et al., 2018）探讨了机器人的面部表情在儿童和机器人互动中的影响。研究者在英国的一家博物馆使用汉森机器人Zeno进行现场实验。Zeno的脸由橡胶制成，其内部装有马达，可以进行重新设置，并呈现出一系列生动的面部表情。实验者在博物馆为期两天的机器人展览期间开展了实验。被试包括前来参观展览的 57 名儿童：第一天参观的儿童被分配到机器人有表情的情境，第二天参观的儿童被分配到机器人无表情的情境。实验要求儿童根据Zeno的指令完成 10 项动作，每完成一项，有表情情境下机器人会产生对应的开心或失望的表情，无表情情境下机器人保持中性表情。儿童从游戏区的边缘开始游戏，在游戏过程中可以自由决定自己的位置以接近Zeno。研究者使用微软Kinect传感器自动记录儿童和机器人之间的人机距离，并计算游戏期间的平均人机距离；使用Noldus FaceReader软件记录儿童在整个游戏过程中的面部表情，自动编码为 7 种情绪：中性、快乐、悲伤、愤怒、惊讶、害怕和厌恶，计算 7 种表情的平均强度，并标记主导表情（给定点上强度最高的表情）的总持续时间；使用Noldus Observer XT软件对同一段用于编码面部表情的视频进行观察分析，标记儿童转向父母/看护者的频率和持续时间，以及儿童转向实验者的频率和持续时间。

游戏结束后，儿童根据实际情况评估自己对游戏的喜爱程度（从“我绝对不喜欢它”到“我真的很喜欢它”，1—4 分评分），以及机器人对他们的喜欢程度（从“我认为它非常不喜欢我”到“我认为它非常喜欢我”，0—100 分评分），并回答是否愿意再玩这个游戏。父母在观看游戏后也需要完成一份简单的评估：儿童对游戏的喜爱程度（从“不喜欢游戏”到“非常喜欢游戏”，0—100 分评分）以及参与游戏的程度（从“完全不参与”到“完全参与”，0—100 分评分）。

实验结果发现，在客观指标上，机器人是否有表情对人机距离没有主效应，与儿童性别也没有显著的交互作用。在平均得分上，男孩与有表情机器人互动时的人机距离小于无表情机器人（2.36 米 vs 2.65 米），而女孩与有表情机器人的距离更远（2.59 米 vs 2.45 米）。机器人的面部表情对儿童的情绪没有主效应，但与儿童的性别存在显著的交互效应：男孩与有表情机器人互动时表现得更快乐、快乐时间更长、惊讶程度更低，而女孩在两种条件下无差异。机器人是否有表情显著影响儿童的注视：在无表情条件下，儿童注视实验者的时间更长（5.72 秒 vs 1.82 秒）。与男孩相比，女孩更倾向于向父母或看护者寻求帮助，且总持续时间更长。在自我报告的主观测量上，机器人表情和性别的主效应不显著，但二者存在显著的交互作用。男孩与有表情机器人互动时报告了更多的乐趣（3.41 vs 3.07），而女孩与有表情机器人互动时报告的乐趣更少（3.20 vs 3.73）。

该研究首次探讨了机器人表情在儿童与机器人互动中的作用。存在的性别差异可能与女孩在公共场合更容易害羞以及性别偏好有关。该实验使用的机器人是男性，男孩更容易将其视为伙伴，从而在实验中表现得更为积极。

机器人与儿童互动时，其面部表情是卡通风格还是拟人化效果更好？实验结果中的性别差异是如何产生的？这些问题都需要更深入的研究。选择儿童更熟悉的场合，如家里或学校，可能会产生不同的影响。

3.2 言语感知

在日常生活与工作中，人们与智能体的言语互动变得越来越普遍。语音交互的使用使人们不再局限于键盘、鼠标和显示器等控制系统，仅通过口语交流就可以完成导航、订购机票、查询余额等烦琐的工作。智能体的言语特征是影响人们对机器信任度的一个非常重要的因素。

3.2.1 语音

在人际交往中，语言除了传递语义信息外，其声音的物理属性也具有生物学功能，声音传递着重要的心理、社会和生物信息，这些信息对促进社交有重要作用。例如，辽宁师范大学蒋重清团队的研究发现，音高的变化会影响声音的吸引力。当女性的声音提高（在基准音高的基础上增加 20 赫兹）时，会被同性和异性评为更具吸引力；当男性的声音降低（在平均音高的基础上降低 20 赫兹）时，会被评为不具吸引力（Zheng et al., 2020）。在日常生活中，随着环境、交流对象、交流内容、情绪状态等的不同，语音会在语调、语速、音高甚至口音等方面发生变化。作为一种强大的社交媒介，声音可以传递关于说话者的多方面信息，机器人的声音也有类似的影响。

3.2.1.1 合成语音

当前的语音技术领域致力于创造最自然的人工合成声音。那么，人们是否更喜欢机器人使用真人的声音呢？

屈内等人（Kühne et al., 2020）进行了一项被试内在线调查研究，比较了合成语音与真人语音的感知差异。该研究将声音区分为3个条件：合成语音（IBM公司的Watson语音）、类人合成语音（汉森机器人公司的Sophia机器人声）和真人语音。每种声音包括5段音频材料（平均时长5.8秒，从1秒到11秒不等），均使用美式英语和女性语音。研究将被试在大五人格、年龄、性别、受教育程度、接触社交机器人的经验、对社交机器人的兴趣和对机器人的态度上的差异作为被试间控制变量。被试听随机播放的音频片段，然后评价声音的清晰度、愉悦度、自然性、类人性、可信度、自信度和热情度，以及被试对声音的喜爱程度，并评价说话者的吸引力、可靠性、类人性和怪异性，均为1—7分评分。结果发现，真人的声音和说话者在大多数项目上得分最高（怪异性项目除外），并与合成语音有显著差异。Sophia和Watson仅在可理解性、声音的热情度、声音的类人性和说话者的类人性上存在显著差异，表明对合成语音的区分度相对较低。真人语音在所有正面属性评分上都得分最高，表明人们对人类声音和说话人的强烈偏好。

米切尔等人（Mitchell et al., 2011）采用听觉内隐联想测验（Implicit Association Test, IAT）比较了人们对人类语音和机器合成语音的态度。在人机IAT中，人和机器作为目标概念，使用听觉刺激来呈现实例，愉快与不愉快作为属性维度，使用视觉刺激来呈现实例。目标概念的语音刺激包括8种不同的声音来呈现中性词汇：母语为美国中西部英语的两个男声和两个女声，以及机器合成的两个男声和两个女声。男机器声音采用微软的Mike和ReadPlease男声代表，而女机器声音使用微软的Mary和ReadPlease女声代表。属性维度的视觉刺激包括12个积极词语（如美妙、成功、和平等）和12个消极词语（如恐怖、悲伤、邪恶等）。在IAT实验过程中，目标概念或属性维度的实例随机出现在屏幕上，被试通过按E或I键将其分类为人类或机器、愉快或不愉快。除IAT外，被试还要完成对目标概念的主观评价，由相对偏好项和温暖指数组成。相对偏好项的范围从3（“我更偏好A”）到−3（“我更偏好B”）。温暖指数由9个语义差异项组成。这些自我报告的结果用于计算外显偏好值，以与内隐偏好值进行比较。结果发现，相对于机器语音，人类语音和积极属性之间的内隐关联更强，这说明被试存在对人类语音的内隐偏好；在外显测量上，被试对人类语音表现出更加强烈的偏好。内隐偏好与外显相对偏好不相关，与温暖指数呈弱相关，被试对人类语音的强烈偏好可能具有一定程度的社会赞许性。

3.2.1.2 口音

人的口音会影响人们对说话者的感知，乡音总是会引发较高的亲切感。那么，机器人的口音是否也会影响人们的感知呢？

玉川等人（Tamagawa et al., 2011）制作了 3 种男性机器人的声音：英国口音、美国口音和新西兰口音。在第一项研究中，20 名成年人戴着耳机听一段用 3 种不同口音重复的录音材料（内容是介绍医疗项目）。在每个声音之后，被试完成一份简短的问卷。合成语音由Festival语音合成框架生成。被试需从 9 个类别中选择该口音的来源（新西兰、澳大利亚、美国、加拿大、英国、爱尔兰、亚洲、南非、其他/无法识别的国家），并采用 1—5 分评分评估以下 11 个题目：愉悦性、可靠性、志向性、领导力、可理解性、知识性、自信、聪明、可爱、可接受性和权威性，计算对声音的印象总分。被试还要评价声音的类人性，并选择他们最喜欢的口音。研究 1 结果发现，每种口音的印象评分没有差异，但美国口音被认为比新西兰口音更机械，英国口音比美国口音更受欢迎。

在研究 2 中，被试先填写一份基准问卷，评估对医疗机器人的期望和感受，然后与医疗机器人进行直接互动，由机器人帮助测量血压。机器人使用英国、美国或新西兰口音先简单介绍自己，然后给出血压测量程序的说明，并通过语音一步一步地提供指导，最后报告结果。互动结束后，被试完成与研究 1 相同的声音印象量表、互动质量量表（如“互动愉快吗？”“互动有多流畅、自然和轻松？”）、喜欢度评价和整体性能表现评价（1—8 分评分）。结果发现，3 种语音在印象评分和互动质量评分上无显著差异，但在整体性能表现评分上有显著不同，新西兰口音组的机器人整体性能评价显著优于美国口音组。

该研究结果表明，使用带有地方口音且不那么机械的声音可能会提高用户对机器人性能的积极感知。

3.2.2 语调

由于过去 10 年工程和计算机科学技术的进步，机器人在传统工业之外有了更多的应用场景，包括娱乐、教育、医疗保健援助和场馆导游等。其中，接待型和助手型社交机器人正变得越来越受欢迎。接待型机器人常被放置在场馆入口处，使用语音来指引方向、接听电话、查询天气预报和提供当地活动信息等。除了可以对话外，这些机器人还能通过语音表现出丰富的个性特色，以吸引用户注意并引发用户好感。音调、音域、音量和语速是语音的4个基本特征，这些特征可以反映一个人的个性。说话声音大、语速快、音调高、音域宽的人最有可能是外向的人，而内向的人则说话慢，声音柔和、低沉、单调。同时，音调较高的人会被认为更情绪化、更不成熟。

在人智交互领域，关注声音和音高对用户感知心理影响的研究较少。尼古列斯库等人（Niculescu et al., 2013）做了一些尝试。他们的实验使用了一个名为Olivia的机器人，通过修改音高制造了第二个机器人角色Cynthia。研究者使用来自Loquendo公司的TTS引擎来生成机器人的声音：Cynthia的音高值设为20，Olivia的音高值设为70，其他语音参数均相同（音色=50，语速=40，音量=50）。此外，研究者还使用了降调的叹气和感叹词来表达悲伤，用升调来表达快乐或积极的惊喜，以操纵机器人的共情反应。实验中机器人的任务按照现实生活设计，包括打电话、安排日程、指路等。

在实验的第一部分（场景1），一半的被试与具有共情反应的机器人互动，另一半的被试与无共情反应的机器人互动，均使用机器人Olivia。在实验的第二部分，被试与Olivia（场景2）和Cynthia（场景3）互动。在这些场景中，机器人的任务是帮助被试预约机构工作人员。在实验的第三部分，Cynthia（场景4）和Olivia（场景5）向被试提供有关建筑设施，如员工食堂和游泳池的具体方向。每次与机器人互动后，被试都要填写一份问卷，内容包括评价机器人的吸引力（外观、声音、说话风格、行为、性格5个维度）、任务吸引力、内容吸引力、用户感受、机器人的社交能力、整体印象和对机器人的喜爱程度。

结果发现，高音机器人Olivia被认为更有吸引力，被试认为其具有更吸引人的行为、更好的社交技能和更令人愉快的整体性格。用户在与Olivia互动时也会有更多的积极感受。同时，Olivia也被认为更外向，用户发现其更像他们自己。另一方面，低音高的机器人Cynthia被认为更强壮、更不自信。与Olivia的互动被认为更有趣，整体享受体验更好，互动质量也更高。二者在内容呈现的原创性、任务的乐趣、回答的质量或机器人的外观方面没有显著差异。相对于无共情反应的机器人，有共情反应的机器人被认为更有同情心、更感性、更乐于助人，其总体行为的评价更优，互动更有信心、更容易，但在机器人的亲和力、可信度、社交技能、整体享受或互动质量方面无显著差异。

该研究表明，音高对机器人的吸引力有显著影响，并进一步影响整个交互的评价结果。音调较高的机器人在整体外观、声音吸引力、行为和个性方面得分更高，并在互动性能、整体享受和互动质量方面获得更好的评价。

3.2.3 语速

在人际交流中，缓慢的语速被认为是无聊无趣的，正常速度的讲话被认为是可靠的，而语速快的讲话被认为是能力的表现。那么，适合机器人的语速应该是什么样的呢？

岛田等人（Shimada et al., 2012）探讨了机器人的不同语速对人们理解和印象感知的影响，以及机器人是否需要调整其语速以适应行走和站立这两种不同的情况。

研究中机器人的语言为日语。研究者依据标准将语速划分为快速、正常、适度缓慢和缓慢 4 类，并使用 XIMERA 软件合成 4 种语速的语音。在站立条件下，当被试遇到机器人时，需要向机器人询问特定地点的观光信息。然后，机器人需要提供该地点的有关信息，包括名称、可用的交通方式、历史遗址和野生动物景点等。每种语速重复两次，每位被试需完成 8 次试验。实验结束后，测量被试的理解、对语速的主观评价和主观印象（包括能力和可信度）。结果显示，与其他语速相比，机器人缓慢的语速会使人产生更好的理解力；被试对适度缓慢和正常语速的机器人的主观评价更高；适度缓慢和正常语速的机器人会被认为更有能力、更可靠。

研究进一步考察了行走条件下语速的影响，发现与其他语速相比，机器人缓慢的语速会使人产生更好的理解力；被试对缓慢和适度缓慢的机器人的主观评价更高；缓慢、适度缓慢、正常语速的机器人会被认为更有能力、更可靠。对站立和行走条件的混合分析发现，语速和场景的交互作用在各变量上均不显著。

该研究通过实验证明，语速是影响人智交互有效性的一个重要因素。与快速的语音相比，人们更喜欢正常和适度缓慢的语速，这些机器人被认为更有能力。

3.2.4 句法

随着机器人研究的兴起，合成语音中的对话设计和可理解性一直是人智交互研究的热点。研究主要集中在如何使机器的对话更自然、更像人，尽可能在人智交流中模仿人与人的对话。这些研究的重点是在理解人际对话的基础上，使机器做出更像人的反应。然而，在与智能体交流的过程中，人们并不能毫无障碍地理解机器人的表达，个体的听力和语言能力会影响对合成语音的理解。

有研究者试图研究在语义不可预测的环境中，不同类型的句子结构和单词复杂性对合成语音可理解性的影响（Hui et al., 2019）。该研究受国际合成语音比赛暴雪挑战赛（Blizzard Challenge）的启发，利用语义不可预测句子（SUS）测试来评估合成语音的可理解性。该测试采用线上方式进行，被试只需要将听到的句子输入网络调查中即可。研究者先使用隐马尔可夫模型对 4 名新西兰人的语音进行建模，创建出 8 种合成语音，然后按照 5 种句子类型（例如限定词—形容词—名词—动词—限定词—形容词—名词形式）的格式生成测试句子。每个句子类型有 3 至 5 个变体，共有 21 个句子变体。

句子复杂度是评估合成语音可理解性的最常用方法之一，主要通过单词错误率（WER）进行分析，出现错误的方式主要有以下 3 种：替换（用词替换成不正确的词）、删除（未被记录的单词）和插入（错误插入的单词）。单词错误率的计算方法如下：WER=（S+D+I）/N（S 是替换数、D 是删除数、I 是插入数、N 是句子中单词的总数）。研究者考察了句子复杂性的两个来源：句子的语法结构与单词数量。通过分析 5 种句子类型的 WER，发现类型 1 的句子比其他类型更容易理解。类型 1 的句子采用了“主语—谓语—宾语”的格式，而类型 3、4、5 的句子分别以动词、疑问词或关系代词开头，因此类型 1 在句法上比类型 3、类型 4 和类型 5 更简单，被试也更加容易理解。有趣的是，类型 2 也遵循“主谓宾”格式，虽然其 WER 相较于其他 3 种类型较低，但类型 2 和其他句子类型之间并不存在显著差异。为了解释类型 1 和类型 2 的差异，研究者通过观察被试所犯的错误，发现带有主语和宾语的及物动词句似乎比带有不及物动词后面接无动词从句的句子更难理解。这可能是因为后者可以被分成两个短的从句，虽然这两个从句没有意义，但更容易被识别，并且更易于提取。研究还发现，句子中的单词数量并不能预测理解程度。研究者又使用单词正确率（WCR）来检验单词复杂度对可理解性的影响，包括单词中音节的数量和音节复杂度（WCM，计算方式为一个音节加 1 分，辅音串加 1 分，最后一个辅音加 1 分）两个维度，发现单词的音节越多，被试的识别准确率越高，单词的音节复杂度越高，单词的识别正确率也越高，但当复杂度超过某一点（WCM 为 3 和 4 之间）后，正确率不会再增加。此外，单词出现的频率也会影响可理解性，但这种影响比音节数量或音节复杂度的影响要小得多。

这项研究分析了语义不可预测句子的理解测试结果，发现主谓宾类型的句子相较于其他句型更容易理解；单词的音节越多以及音节复杂度越高，单词越容易被正确识别。这为机器人的语言设计提供了有价值的思路和方向。

3.3　触觉感知

在机器人的设计中，一个重要的问题是选择具有适当触感的材料来改善机器人给人的印象。触摸所产生的触感会影响给人留下的印象和吸引力，对机器人的触感也会影响人们对其个性印象的看法。

山下等人（Yamashita et al., 2019）系统地考察了触觉和个性印象之间的因果关系。研究者使用了一个名为Affetto的儿童机器人，其具有一个头和上半身，上面覆盖着一块布或手套，只露出脸和左前臂。机器人的关节被固定在躯干上，以保持特定的姿势，它的左手伸向被试。机器人和被试之间隔着一块隔板，这样机器人置换前臂时可以遮挡起来，只有在实验过程中才会显示给被试。研究者制作了4种大小和外形相同，但材料不同的左前臂。这些前臂均为圆柱形，直径40毫米，长105毫米，主要材料为固化铂硅橡胶，其中心由一根直径为8毫米的金属棒支撑。硅橡胶的外表面包裹着一层薄薄的（7微米）聚氨酯薄膜。不同的触感由不同量的添加剂与硅橡胶混合制作：一种添加剂是增塑剂（硅稀释剂），可降低硬度；另一种添加剂是增稠剂，可在降低硬度的同时增加黏度。因此4种前臂在材料的硬度和黏度上有所不同。研究使用语义差异法测量触觉和个性印象。研究人员向被试提供两份触觉问卷和个性印象问卷，每份问卷都列出了几对相对的形容词。被试在7分的量表上，在两个相反的形容词之间选择相应的回答，例如“软—硬”“主动—被动”等。问卷涉及的形容词对分别有8对人造皮肤触觉、10对机器人手的触觉、12对机器人手的个性印象、12对拥抱娃娃的印象、33对人形机器人的印象等。被试用自己的惯用手触摸机器人前臂，然后回答触觉问卷，再次触摸机器人前臂，再回答个性印象问卷。每个被试均触摸4种前臂并回答4套问卷。

对结果的因素分析得出偏好、弹性、平滑和自然4个触觉因子，以及亲和力、能力、活力3个个性印象因子。路径分析发现：偏好触觉因子对亲和力印象有高度正向影响，弹性触觉因子对能力印象有正向影响，偏好和弹性触觉因子均对活力印象有正向影响。此外，平滑触觉因子对能力印象有负面影响。4种不同材料的前臂在偏好、弹性、平滑、自然4个触觉因子和亲和力、能力2个个性印象因子上均有显著差异。柔软且有黏性的前臂更受偏好，也被认为更具亲和力，而强健有力的前臂被认为更有能力。几种材料在活力印象因子上没有显著差异。

该研究显示，如果机器人具有更舒适、更自然的触觉，那么给人的印象也会得到改善。这表明，机器人的设计和制造需要考虑使用更好的材料以优化触觉，从而提升人们对机器人的主观印象。

3.4 社会性接触

诸如握手、对视或拥抱等社交接触行为，可以给人带来身心上的愉悦，也可以促进人际关系，甚至带来点石成金效应（Midas Touch Effect），即陌生人对手臂或肩膀的细微随意触摸，会增加被触摸者的亲社会行为。社交接触有许多不同的形式，可以在生理、情感和行为层面上引发广泛的体验和反应。除了减轻压力之外，触摸是传达情感和亲密关系的主要方式，并能增加人际信任和依恋。因此，在人际交往中，社交接触在建立和维持社会联系方面起着重要作用，其在缓解压力、增强人际联系和增加亲社会行为方面的效应较为稳定。

盐见等人（Shiomi et al., 2020）总结了人智交互领域的社会接触研究，指出使用触摸互动可以提高人的帮助行为、增强对机器人的兴趣、提升信任感，还能够引起生理上的变化，减轻用户的压力。

3.4.1 身体接触

人与人之间的社交接触可以改善情绪、减轻痛苦。人触摸机器人是否有类似的效果呢？杰瓦等人（Geva et al., 2020）评估了触摸机器人PARO对疼痛感、情绪和唾液催产素水平的影响。研究招募了83名健康青年被试，其中63名被分配到与机器人PARO互动组，20名被分配到不与机器人互动的对照组。PARO是日本产业技术综合研究所开发的一款海豹宝宝疗愈机器人，功能以镇静和安抚情绪为主，于2009年被美国监管机构列为二级医疗器械，可与人安全地互动。它配备了双32位处理器、3个麦克风、覆盖皮毛的12个触觉传感器、触感胡须，以及一个可以活动四肢和躯干的马达和执行器系统。机器人通过摇尾巴和眨眼来回应人的抚摸，可以进行眼神交流，并发出类似于人类婴儿的声音。实验由计算机化热刺激器传递温度到被试非优势前臂的腹侧来施加疼痛刺激，基准温度为35℃左右。被试到达实验室后进行第一次的幸福感评分和唾液催产素测量（T1），然后进行疼痛强度校准和第一次疼痛测量（基准），随后进行第二次幸福感评定和唾液催产素测量（T2）。然后，实验组被试与PARO进行10分钟的互动，一半被试与PARO进行结构化互动（接触组），另一半被试阅读一篇关于美国天文学家米切尔的报道文章（PARO在旁边，无接触组）。对照组在10分钟的时间内阅读有关美国天文学家的报道（见图3–4）。然后，被试接受第三次幸福感评定和唾液催产素测量（T3）。在T3期间，PARO要么在房间里（互动组），要么不在场（阅读文章组）。在与PARO的结构化互动过程中，实验者将PARO介绍给被试，然后让被试单独在有PARO的房间里待10分钟。在互动过程中，被试完成一份问卷，其中包括与PARO互动的问题，以确保被试与之积极互动（如抚摸PARO、叫它的名字等）。PARO组中，一半的被试在积极触摸PARO时进行后两次的疼痛测量，另一半被试在不触摸PARO的状态下测量。对照组也进行后两次的疼痛测量（S2和S3），但无PARO在场。随后在被试触摸PARO的状态下进行第四次幸福感评分和唾液催产素测量（T4）。最后，被试完成共情关注量表，并对他们与PARO互动的看法进行评分。

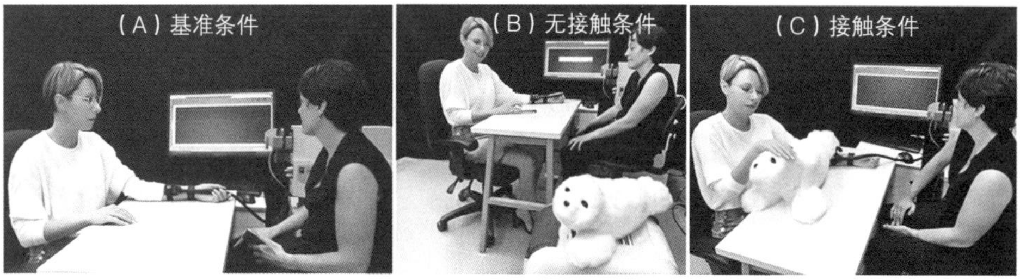

图 3–4 杰瓦等人（Geva et al., 2020）的实验设置。将热刺激器放在被试（左侧）的非优势臂上。实验者（右侧）施加精确的热刺激，并在屏幕上进行跟踪记录。（A）基准条件：无PARO在场。（B）无接触条件：PARO在房间里，但与被试没有身体接触。（C）接触条件：PARO被放在被试旁边，被试在接受热刺激时触摸PARO。对照组在整个实验过程中如（A）所示，无PARO在场

被试在与PARO互动时感到快乐、满意，想要被抚摸和交流，并且在有PARO在场时感觉良好，触摸PARO时感到快乐，并希望再次见到PARO。与PARO的互动对被试的情绪状态有显著影响，实验阶段（T1/T2/T3/T4）的幸福感评分有显著差异。PARO组第三次的幸福感评分显著增加，但对照组没有变化，PARO组第四次的幸福感评分也高于第一次，而对照组的幸福感评分没有显著变化。实验阶段（T1/T2/T3/T4）在催产素水平上也有显著的主效应。PARO组和对照组在T1、T2时的催产素水平相似，而PARO组的催产素水平在T3和T4时显著下降，对照组的催产素水平在T3和T4时没有显著变化。T4的催产素水平与被试再次接触PARO的意愿呈显著负相关，即被试越是乐意接触PARO，其催产素水平越低。在疼痛评分上，PARO组从基准到触摸状态，其评分显著降低，但在非接触状态下，与基准的结果无差异。换句话说，与基准疼痛评分相比，被试在触摸PARO时的疼痛感觉明显较低。当PARO只与他们同时出现在房间里，并且没有身体接触时，他们的疼痛评分与基准没有显著差异。

该研究显示，与海豹宝宝机器人PARO互动会增加幸福感、降低催产素水平，并减轻轻度和重度热刺激下的疼痛感。此外，相较于仅在机器人面前但没有触摸的条件，触摸机器人时疼痛感降低的程度更高。疼痛评分的降低与被试对PARO互动的积极认知以及催产素水平相关。这些发现揭示了人与机器人的社会接触对疼痛和情绪的深刻影响，扩展了关于社会接触对疼痛和情绪影响的现有知识，并为缓解疼痛和提升幸福感提供了新的视角。

上一项研究考察了人类主动接触机器人所带来的积极效果，那么机器人主动发起的触摸是否也有类似的影响呢？

威廉斯等人（Willemse et al., 2019）使用NAO机器人考察了机器人触摸人类引发的情绪和行为反应。该研究采用2（关系：有/无）×2（接触：有/无）的被试间设计。实验分为两个阶段：在第一阶段，被试要么与机器人进行互动，以与之建立关系（有关系组），要么与实验主试互动，机器人也在场，但不与机器人建立关系（无关系组）。互动内容包括闲聊、竞技游戏、合作游戏以及个人故事分享。有关系组的被试与机器人交流，无关系组的被试与实验主试交流，其间机器人坐在桌子上的同一位置，并显示随机的无关动作，以让被试适应它的外观和动作。在第二阶段，被试与机器人一起观看奇幻电影（《后裔》和《红气球》，总时长26分36秒）和中性纪录片（《珊瑚海之梦：唤醒》）作为基准，机器人偶尔会说一些安慰性的话，这些话要么伴随着社交触摸（接触组），要么没有社交触摸（无接触组）。在接触组，实验者通过主机器人启动社交触摸（共8次），机器人将左臂伸向被试的右肩和上臂（大约持续5秒），然后接触一段时间（10到40秒之间不等），之后机器人说一些平静的话，再将手臂移动到初始位置（5秒）。在无接触组，机器人移动头部和手臂，但不与被试碰触。使用Actiview7.06软件（2048赫兹）实时记录被试的生理状态（心率、心率变异性、皮肤电反应和呼吸频率），并对影片和机器人互动事件进行同步标记。

在第一阶段之前和之后，被试要评估与机器人的社会亲密度、机器人的亲和力和拟人性。互动之后，还需回答社会存在感和依恋问卷。最后，以被试愿意与机器人谈论两个低度、两个中度和两个高度亲密话题的程度来衡量被试的自我表露。在第二阶段之前和之后，被试要评价兴趣和觉醒度，以及积极和消极情绪（PANAS）。看完电影后，被试完成恐惧唤醒和厌恶唤醒的测量。此外，研究者还测量了情感信任、感知信任、感知到的友谊和亲社会行为（被试愿意捐赠报酬的多少以用于支持更多的机器人研究，以及愿意花多少时间来填写额外的问卷）。

方差分析发现，关系建立对社会亲密度、亲和力、依恋和社会存在感有显著的积极影响，但对拟人化评价和自我表露水平没有影响。在整体情绪状态测量上，未发现接触和关系的影响，但在客观生理指标上，无接触组的心率随时间增加，而接触组的心率随时间减少。触摸组相比于无触摸组的人感到与机器人的亲密感更强。在亲社会行为方面，触摸效应不显著，机器人的接触没有导致亲社会行为的增加。触摸和关系在各因变量上的交互作用不显著。

该研究表明，机器人的触摸可以降低人的压力反应（如心率），并对被试的情绪状态产生积极影响。同时，机器人的触摸行为也会增加人与机器人之间的亲密感。机器人的触摸具有与人类触摸相似的效果，提示丰富机器人的接触功能可以有效提高机器人的非语言交际能力。

3.4.2 目光接触

基拉沃里等人（Kiilavuori et al., 2021）让被试面对现场的类人机器人NAO或真人，考察与类人机器人的目光接触是否会引起情感和注意力相关的心理生理反应。结果发现，无论是面对机器人还是面对人，目光接触比转移目光会诱发更大的皮肤电导反应、更大的与积极情绪相关的面部颧肌反应以及更大的与注意力分配有关的心跳减速反应；真人的注视比机器人注视诱发了更大的皮肤电导和颧肌反应。这些结果说明，类人机器人的眼神交流也会自动引起情感和注意力反应。

功能性近红外光谱（functional Near-Infrared Spectroscopy, fNIRS）是一种便捷的脑成像技术，可用于研究人智实时互动。研究者使用该技术对比了人与人和人与机器人进行眼神交流时的神经活动（Kelley et al., 2021）。实验中的机器人Maki拥有一个会眨眼并能够左右移动的眼睛。研究发现，在人与人进行目光接触时，右侧颞顶联合区和背外侧前额叶皮层的激活增加，但人与机器人的目光接触并没有发现该区域的活动增加。该结果表明，人与机器人的眼神交流不足以激活右侧颞顶联合区。

3.4.3 握手

握手是人际交往中一种简单、自然、常见的互动方式，在社交场合中普遍使用，用于表达问候、告别或祝贺等。那么，人与机器人握手是否可以促进人机交流呢？

阿韦利诺等人（Avelino et al., 2018）研究了握手对人类帮助机器人的意愿的影响。该研究让机器人和人类执行联合任务，但在某个阶段，机器人需要人类的帮助才能通过障碍物。结果发现，与机器人握手的被试评价机器人更温暖、更亲密、更可爱，更愿意帮助机器人移走障碍物以完成任务。

贝万（Bevan）和弗雷泽（Fraser）（2015）进行了一项实验，以考察握手对被试之间谈判的影响，其中一名被试通过机器人NAO的临场与另一名被试互动。每次谈判涉及两名玩家，他们被随机分配到房地产销售场景中的买方或卖方角色。在每次谈判中，一名玩家通过一个类人机器人在远程谈判中扮演他们的角色。该实验采用两因素被试间设计。第一个自变量是握手，包括3个水平：（1）无握手，谈判开始时没有与机器人握手。(2)握手无反馈，在开始谈判前与机器人握手。(3)握手时反馈，在与机器人握手时传递额外的反馈，即通过机器人手臂的短距离移动，向谈判者传递远程的反馈。第二个自变量是买方或卖方是否通过远程在场技术进行谈判。在远程在场的条件下，通过机器人远程执行其在谈判中的角色（买方或卖方），谈判者通过远程呈现系统可以实时视听对方（通过摄像头）；而在非远程在场的情况下，对方由一个类人机器人来代表，被试与机器人进行谈判，该机器人接收另一名玩家的音频输入。实验的主要因变量是合作，以买方在结算时获得的潜在利润的比例作为合作指数，谈判任务的最优合作方案是 50%（买卖双方平均获得所得利润）。另外 3 个次要因变量是：(1)误导意愿（仅限买方）：买方自我报告在与卖方的谈判中故意误导的程度。(2)可信度：买方或卖方认为对方值得信任的程度，对所感知到的善良和诚实进行单独评分。(3)对谈判伙伴的印象：买方或卖方对对方讨人喜欢的程度及谈判愉悦度的评分。共有 120 名被试（大学工作人员、本科生和研究生）参与实验。研究使用类人机器人NAO（第 4 代）来代表另一位玩家。NAO是一个 58 厘米高的类人机器人，具有 25 个自由度和相当强大的感知能力，包括头戴式摄像机、麦克风和扬声器。在整个实验过程中，机器人在桌面上以中立的坐姿放置，与被试的视线齐平。机器人头部的内置扬声器和麦克风使谈判者能够通过互联网语音相互交谈。机器人头部的摄像机仅为远程在场的谈判人员提供实时摄像。握手手势使用NAO自带的编程软件包创建。当手势被激活时，机器人将其右臂几乎完全伸展，手伸开，头部略微向前倾斜，以确保手可以被头戴式摄像机看到。在谈判过程中，两名被试被随机分配为买方和卖方的角色，以谈判一块土地的出售。谈判的目的是就土地的价值达成协议，并进行出售。买方和卖方都有一套个人详细说明，包括策略知识及各自的保留价位。只有当买卖双方同意介于这些保留价之间的价格，即卖方最低售价和买方最高售价，交易才能达成。谈判的关键是信息不对称，如果买方选择利用这种不对称，将为买方提供战术优势。只有买方知道，按照规划，这块土地将用于商业开发，从而带来更加可观的利润。卖方不知道该信息，以为该地块仅可合法用于利润较低的住宅项目。

方差分析显示，在谈判开始前握手的谈判者和未握手的谈判者之间，合作得分存在显著差异。不握手组与握手无反馈组的差异显著，不握手组与握手反馈组的差异显著，握手反馈组与握手无反馈组的差异边缘显著。是否远程在场对合作得分没有显著影响，且与握手行为无显著交互作用。这表明，谈判前的握手行为改善了合作结果，无论买方是否进行远程谈判。握手对误导意愿、对方的可信度和谈判印象都没有影响。

该研究表明，与机器人握手可以改善双方的合作，从而带来更有利的谈判结果。这证明了使用机器人作为远程代表可以促进社会合作。

3.4.4 拥抱

拥抱在促进人与人之间的联结中起着重要的作用。与机器人拥抱能达到类似的效果吗？盐见等人（Shiomi et al., 2021）使用一个大型泰迪熊形机器人Moffuly来研究拥抱的效果。Moffuly高 200 厘米，手臂长 80 厘米，肘关节可以从上臂垂直弯曲，使其做出拥抱动作。研究采用被试间设计，有 3 种条件，每种条件有 16 名被试:（1）无拥抱条件，被试保持在初始位置（距离机器人 45 厘米），只与机器人交谈，没有身体互动。（2）仅拥抱条件，机器人请求被试拥抱，然后开始聊天，机器人没有回抱被试。（3）回抱条件，机器人向被试请求拥抱，并予以回抱，然后开始聊天。根据预定义规则，在实验过程中，机器人每隔一段时间会拍拍被试的背部。实验开始后，机器人向被试打招呼。研究者使机器人可以进行 3 种对话行为：自我介绍、请求自我表露和回答。首先，机器人做自我介绍并展示，同时移动手臂。例如，它可能会说:“嗨，我叫莫弗利。尽管我看起来像只熊，但我最喜欢的食物是电，而不是蜂蜜。”机器人听完被试的想法后要求自我表露。操作人员对机器人进行系统和部分遥控操作，以完成适当的对话行为。机器人表现得就像一个听众，鼓励被试进行自我表露。在仅拥抱和回抱条件下，机器人张开双臂说:“在我们开始交谈之前，请给我一个拥抱好吗？”人拥抱机器人后，机器人会关闭手臂，直到检测到手臂与人身体的接触。机器人在结束讲话或被试讲话时，通过移动双臂拍拍被试的背部。从机器人自我介绍开始到结束，实验的最短时间为 10 分钟。10 分钟后，被试休息片刻，可以选择结束实验还是延长实验。他们可以将对话延长最多 10 分钟，在此期间，他们可以随时停止互动。

研究者测量了两个客观变量和一个主观变量。客观变量 1 是互动时间，客观变量 2 是自我表露与非自我表露对话的比率。研究者对对话内容进行了编码。如果内容包含诸如兴趣爱好或个人经历之类的私人话题，则编码为自我表露，包括积极和消极类别。如果内容中只包含天气之类的日常话题，则编码为非自我表露。主观变量是被试对机器人的积极印象评价（“我认为这个机器人总体上很好”，1—7 分评分）。

多重比较显示，相互拥抱条件下的交互时间和自我表露比例均大于仅拥抱和不拥抱条件，而仅拥抱和不拥抱在这两方面没有显著差异。也就是说，机器人与人相互拥抱大大增加了互动时间和自我表露的比例，但拥抱类型不影响自我表露的话题内容，也不影响对机器人的整体印象。这项研究的一个非常有趣的发现是，相互拥抱的效果优于单方拥抱，这对人际交流也有一定的启示。

3.5　动作感知

在社会交往中，个体会采用不同的动作形式来表达内心状态。迪塞萨雷等人（Di Cesare et al., 2020）通过两个功能磁共振成像实验，探讨了被试在观察人与类人机器人 iCub 动作时的大脑激活差异。被试观看视频中演员和类人机器人执行不同速度（快或慢，实验 1）或不同形式（温柔或粗鲁，实验 2）的动作。结果发现，对人和机器人行为的观察均诱发了涉及动作执行和识别加工的双侧顶叶—额叶回路的激活，但只有观看人类动作才会诱发背侧中部脑岛的激活。实验 2 发现，当观看机器人模仿人类的温柔和粗鲁动作时，背侧中部脑岛的激活增加。这些结果表明，当被试观察到类人机器人的动作以人的运动学参数来展现时，会诱发背侧中部脑岛的活动，即涉及对动作的活力状态的加工。

3.6　体型感知

机器人与人类的相似程度以及机器人的性别都会影响人们对机器人的印象和实际的人机互动。贝尔诺塔特等人（Bernotat et al., 2021）考察了机器人躯干的腰臀比和肩宽对机器人印象判断的影响。107 名被试通过在线调查对男性机器人或女性机器人进行评分。通过屏幕呈现机器人的头部和躯干。腰臀比为 0.9 且肩宽为 100% 的机器人躯干作为男性，腰臀比为 0.5 且肩宽为 80% 的机器人躯干作为女性（见图 3–5）。被试对机器人的设计（如类人、类机械的程度）、自主性（如“自信”“坚定”）与交流性（如“友好”“敏感”）、特定任务的性别偏好（例如，“运输货物”“看管房子”“儿童保育”“课业辅导”）、认知与情感信任（例如，“机器人工作可靠”“机器人不会利用某人的弱点”）、刻板印象（例如，“请说明西方社会在多大程度上认为机器人是智能的”“请说明西方社会在多大程度上认为机器人性情温和”）、机器人焦虑（例如，“我担心机器人可能会使人失业”）、技术使用（例如，“如果可能，我会更频繁地使用技术设备”）、机器人的拟人化（例如，“机器人在多大程度上有自主意图”）等指标进行评定。

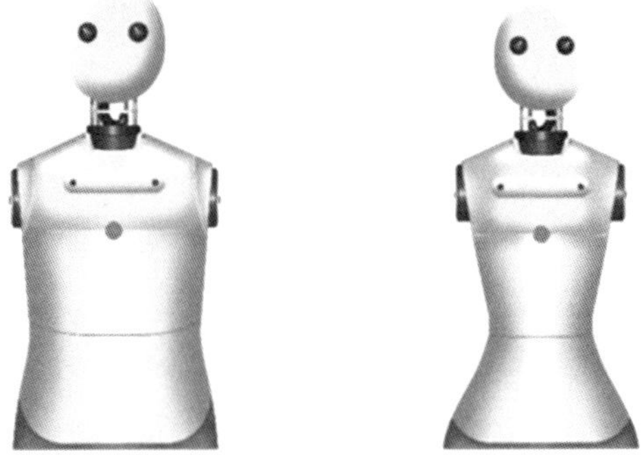

图 3–5　贝尔诺塔特等人（Bernotat et al., 2021）使用的男性（左）与女性（右）机器人视觉刺激

评价结果发现，被试对两个机器人原型在类人化、机械化、机器人典型化上的评分无显著差异。与女性机器人相比，被试没有认为男性机器人更自主。被试持有的性别刻板印象越多，对男性机器人的自主性评分越高，对女性机器人的交流性评分高于男性机器人。在控制社会性别刻板印象、机器人焦虑、技术使用、拟人化等协变量的情况下，以机器人的体型作为自变量，以任务偏好为因变量的方差分析发现，男性机器人与女性机器人一样，被评定为同样适合典型的男性任务。被试的女性刻板信念越低，越倾向于使用女性机器人完成男性任务；被试接受技术的程度越高，越倾向于使用女性机器人来完成男性任务。对于女性任务，被试更喜欢由女性机器人来完成。以认知和情感信任为因变量的方差分析发现，被试对男性机器人的认知信任低于女性机器人。被试对男性的刻板信念、社会赞许性、对技术使用的态度，会影响他们对机器人的认知信任。被试对技术的控制越多，对机器人的认知和情感信任越高；被试对女性机器人的情感信任高于男性机器人。被试对女性的刻板信念、男性的刻板信念、对技术的接受程度以及性别，显著影响对机器人的情感信任。男性被试比女性被试表现出更高的情感信任。

在设计机器人时，考虑机器人的性别是机器人学研究中的一个重要问题。该研究通过腰臀比和肩宽成功地诱发了机器人性别归因，并发现女性机器人被认为更具亲和力，更适合传统的女性任务，更能唤起认知和情感上的信任。这可能意味着人们更喜欢与女性机器人进行人机交互，而不是与男性机器人。此外，男性被试对女性机器人的情感信任更高。研究结果表明，基于机器人体型的机器人性别激活了被试对性别的刻板印象，进而影响了他们对机器人的判断。

3.7　社会判断

社会判断（Social Judgment）指的是人们将某种社会属性或特征赋予某个客体目标的过程。这种判断会影响人们如何对待目标以及与目标的互动，从而塑造人际关系（Cuddy et al., 2008）。近年来，关于社会判断的研究（包括人际感知、群体感知、自我感知等），多采纳两维度模型。第一个维度（如交流、温暖等）表现为热情、友好、诚实和善良等积极特质，以及欺骗、冷漠和不可靠等消极特质。第二个维度（如自主、能力等）表现为胜任力、自信、有志向和聪明等积极特质，以及低效、优柔寡断、被动和懒惰等消极特质（Abele et al., 2008）。将社会判断归纳到这两个基本维度并非偶然，而是具有功能意义。因为这两个维度反映了人类数千年来面临的两个核心挑战，第一个挑战涉及社会接纳和联结，这对生存至关重要，第二个挑战涉及能力和地位以及对目标的追求（Ybarra et al., 2001）。判断另一个人是有意帮助我们还是伤害我们，以及他们是否有能力这样做，对于个体和群体的生存十分重要。热情且有能力的人更受欢迎，并享有更积极的互动。

人与人之间的社会判断过程可以推广到人对机器人的评价。即使没有明确要求，人们也会自发地对类人机器人的性别、种族和国籍等做出社会类别判断（Carpenter et al., 2009）。在一项相关研究中，长头发、嘴唇丰满的女性机器人在交流维度上（如友好、礼貌、深情）评分更高，而男性机器人在能动性上（如自信、果断、权威）评分更高（Eyssel & Hegel, 2012）。在人智交互研究中，Godspeed问卷是一种广泛使用的人对机器人进行社会判断的测量方法（Bartneck, Kulić, et al., 2009）。该问卷有5个维度:（1）拟人性，即机器人与人的相似程度。（2）生命感，即机器人看起来有多逼真。（3）可爱度，即机器人看起来有多友好。（4）对机器人的智能感知。（5）对机器人的安全感知，或感知者的情绪状态/焦虑等。自提出以来，Godspeed问卷已用于数十项研究，涉及人智交互的各种主题（Weiss & Bartneck, 2015）。尽管Godspeed问卷得到了广泛应用，但人们对该问卷的心理测量属性有一些疑问（Stroessner, 2020）。该问卷使用了语义差异量表，题目多使用一对反义词作为两极，但一些题目没有很好地对齐，以致某些题目可能包含多个判断维度。此外，被测量的结构之间存在概念上的重叠。例如，拟人性和生命感的题目非常相似甚至相同。后续研究在Godspeed问卷的基础上做了深入细化的分析，发现了对机器人的社会判断与人类相似以及不同的模式。

3.7.1 能力与热情

人与机器人的交互也存在类似于人际交往的社会判断。在人智交互过程中，人们会对机器人完成特定任务的能力（Competence）进行判断，对机器人是否有意为人类做好事进行善意（Benevolence）判断，以及对机器人行为是否遵循诚实（Integrity）原则进行正直判断。

卡尔皮内拉等人（Carpinella et al., 2017）在Godspeed问卷和人际社会知觉研究的基础上，编制了机器人社会属性量表。研究 1 使用Godspeed量表中的原始 23 个语义差异题目，由被试判断这些属性与机器人的关联程度。探索性因素分析发现了 3 个重要因素，分别反映拟人化、智能感知和喜爱度。研究 2 加入了社会认知心理学文献中常用的社会属性（如性别角色和刻板印象等）来补充Godspeed问卷题目，共 83 个题目。探索性因素分析揭示了特征值大于 1 的 3 个因子，分别为热情（题目有：有感情的、快乐、有组织的、富有同情心、社交性和情绪化）、智能或能力（题目有：知识渊博、互动、反应迅速、有能力、胜任和可靠）和不适（题目有：攻击性、可怕、恐怖、笨拙、危险和奇怪），3 个因素相互独立。前两个维度热情和能力类似于人类社会判断的两个核心特质维度。后续的研究 4 使用FaceGen Modeler软件生成了 3（性别典型性：女性/双性/男性）×3（机械性：类人/人机混合/类机械）共 9 张机器人图像（见图 3–6）。被试随机看到 9 张机器人图片中的一张，然后完成机器人社会属性量表。

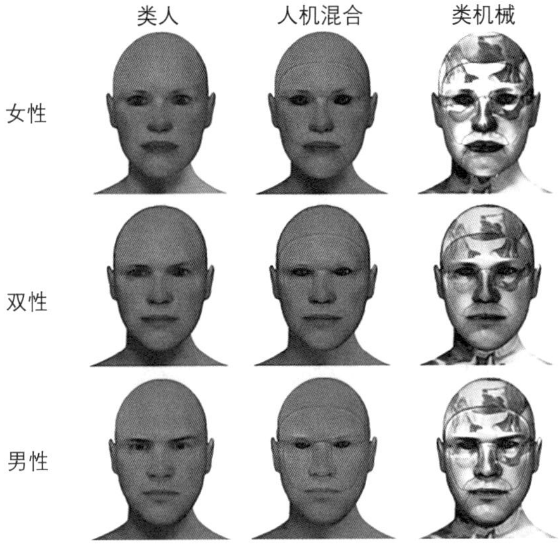

图3–6 卡尔皮内拉等人（Carpinella et al., 2017）使用的9张机器人图像

结果发现，人们评价女性机器人和双性机器人比男性机器人更热情，类人机器人比人机混合机器人和类机械机器人更热情。女性机器人和双性机器人被认为比男性机器人更有能力，类人机器人比人机混合机器人和类机械机器人更有能力。男性机器人和双性机器人比女性机器人更让人感到不适，类机械机器人比人机混合机器人和类人机器人更让人感到不适，人机混合机器人的不适感高于类人机器人，而男性类机械机器人的不适感最高。总体来看，外观像女性和人类的机器人被认为更热情、更有能力。相反，外观更男性化、更机械化的机器人，其不适感最高。

该研究所编制的包含 18 个项目的机器人社会属性量表可以用来对机器人进行社会评估，主要包括热情、能力和不适 3 个维度。该问卷不局限于某一类机器人，可以作为机器人感知的标准化测量工具。

上述研究采用自主生成的机器人形象，探讨了外观对社会判断的影响。另一项研究则从文献中收集了现有的 342 个社交机器人（见图 3–7），考察了人们对这些机器人的人际印象（Reeves et al., 2020）。研究 1 对机器人的视觉编码（如机器人是否有面孔、是否有眼睛、皮肤类型是毛茸茸的还是金属的、形状是否像人以及运动的自由度等）和 8 个属性的知觉判断（包括性别、男性气质、女性气质、设计类别、眼头比、头身比、身高和年龄）进行了探讨。主成分分析发现这些属性可分成两个维度，一个是像机器，一个是像人。前一个维度与金属皮肤、运动、大小等属性相关，后一个维度与面孔、眼睛、语言、年龄、眼头比、头身比相关。研究 2 对每个机器人进行能力和热情的社会判断，共有 9 个题目（包括包容、热情、善良、真诚、有能力、自信、独立、有竞争力和聪明，1—5 分评分）。以机器人的知觉属性为预测变量，以热情和能力感知为因变量的回归分析发现，类人性正向预测热情感知，类机器负向预测热情感知，类机器正向预测能力感知，而类人性不能预测能力感知；能力感知的最佳预测因子是移动度（自由度）和表面纹理，热情感知的最佳预测因子是年龄、无机械特征和移动度。研究者进一步分析了各象限的机器人代表特征，发现极端高热情高能力的机器人都像人类，都有四肢，头部的大小与人类的体型成比例，看起来很有支配力，很有运动能力；低热情低能力的机器人不具有行动能力，也没有明显的情感；低热情高能力的机器人不太像人类，有夸张的机械特征（如触角和蜘蛛腿），有时没有可识别的身体，有轮子而不是腿；高热情低能力的机器人包括毛绒动物的身体（如狗、熊和美洲驼）和玩具属性。对于人际互动来说，不同属性的人会唤起不同的情绪反应。例如，高热情高能力的人让人产生好感，低热情低能力的人让人产生厌恶，低热情高能力的人引起嫉妒，高热情低能力的人引发怜悯。对于机器人，人们可能也会有不同的情绪反应，进而给予不同的对待方式。机器人的设计需要将这些社会判断的反应考虑在内。

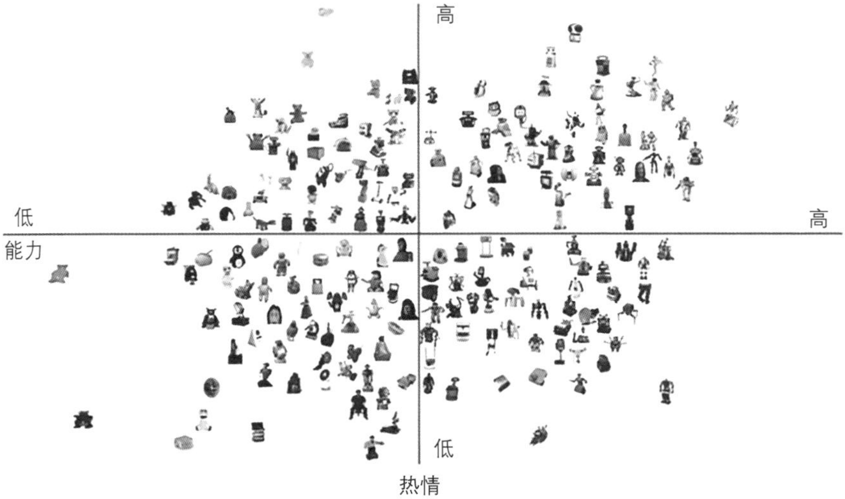

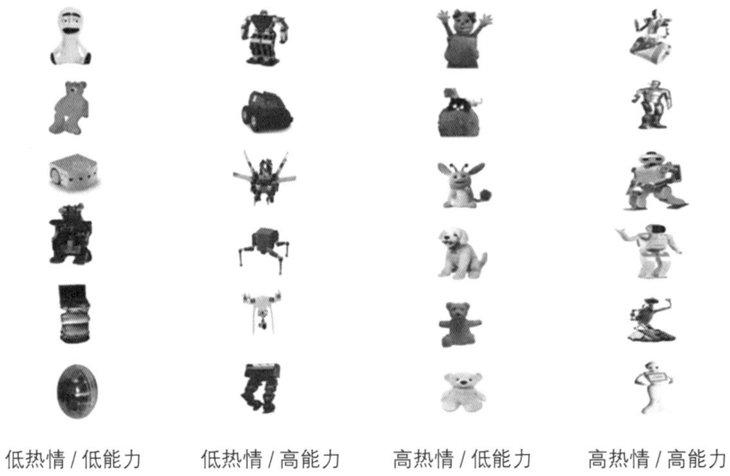

图3–7　342个机器人在能力和热情维度上的位置及其典型代表（Reeves et al., 2020）

在前述研究中，人们对静止的机器人图片进行了社会判断。如果观看动态的机器人、观察机器人执行任务或实际与机器人互动，其社会判断是否会有所不同呢？

一项实证研究比较了老年人对真人和机器人教练的社会判断（Čaić et al., 2020）。该研究采用Vizzy机器人，让老年人在真人教练和机器人教练的帮助下玩增强现实游戏，并在实验主试的引导下，完成关于游戏体验的调查问卷，以及对真人和机器人教练的热情程度和能力进行评价。研究发现，老年人认为机器人友好、充满善意、能够理解他们的需求，也认为机器人胜任、可靠且知识丰富，但程度不如真人教练。这些发现可以为机器人的系统发展和设计提供有效信息。将机器人纳入人们的社交网络，作为个人健身教练，可以改善身体和心理健康。然而，机器人在共情、灵活性和自主性方面需要不断改进，以使其行为更适应人类需求的多样性。

人对机器人的热情和能力判断也会影响对机器人的信任（Christoforakos et al., 2021）。该研究采用 2 × 2 被试间设计，研究 1 操纵了机器人的能力高低，研究 2 操纵了机器人的热情程度，两个研究都操纵了机器人的拟人化。研究使用软银移动公司的服务机器人Pepper，让被试观看人类玩家和机器人共同玩 4 轮猜物游戏（用 3 个纸杯轮流快速盖住一个方块，然后对方来猜方块在哪一个纸杯下面）的视频。在高能力条件下，机器人的正确率为 4 次对 3 次。在低能力条件下，机器人的正确率为 4 次对 1 次。机器人的拟人化通过语言（声音）和非语言（手势）线索进行操纵，在高拟人化条件下，名为Pepper的机器人用手展示特定纸杯，并将头部向相应方向移动。在低拟人化条件下，机器人没有名字，也没有任何手势或说话，只将答案呈现在平板电脑上。看完视频后，被试评估对机器人的信任、机器人值得信赖的程度、拟人化、能力感、热情感等。研究 1 发现，在高能力条件下，信任度和值得信赖度更高，但拟人化对信任没有影响。中介回归分析显示，能力感知可以部分中介能力操纵对信任的预测作用。研究 2 换成观看一个机器人和两个人类玩家玩猜物游戏的视频。人类玩家 1 用 3 个纸杯中的一个盖住一个小物体并快速移动以混淆。之后，人类玩家 2 猜测物体隐藏在哪个纸杯下。机器人站在人类玩家 2 旁边，也在观看比赛。游戏共进行 3 个回合，平均持续 1 分钟。在第一个回合，人类玩家 2 在未咨询机器人的情况下猜测错误，在接下来的两个回合中，人类玩家 2 先给出猜测，机器人给出意见。机器人的热情在于其玩猜物游戏的意图。在高热情条件下，机器人与人类玩家 2 的目标和兴趣一致（人类玩家 2 获胜）。机器人在人类玩家 2 第一次游戏失败后表现出同情心，并提供帮助，在后两轮的游戏中，机器人给出正确意见，并在每次获胜后欢呼。在低热情条件下，机器人与人类玩家 2 的目标和兴趣相反（人类玩家 2 失败）。机器人在第一回合失败后贬低人类玩家 2，也不提供帮助。在第二回合，人类玩家 2 接受机器人的建议，但猜错了，机器人高兴地欢呼。在第三回合，机器人再次建议人类玩家 2 做出决定，然而人类玩家 2 没有听从机器人的建议，却猜对了，机器人感到恼怒。研究发现，高热情条件下的信任程度和值得信赖程度更高，热情操纵对信任的预测受热情感的部分中介。该研究证实，对机器人能力和热情的操纵会影响人们对机器人的信任，能力高且更热情的机器人更易获得人们的信任。

机器人的热情和能力感知会影响人们对机器人使用的担忧。南京大学与美国斯坦福大学合作进行的一项研究，以中国老年人为被试，考察了对机器人的热情和能力感知如何影响其对机器人使用的忧虑（Liu et al., 2021）。机器人选自斯坦福大学社交机器人数据库，共有 18 个（2 个热情得分最高的机器人、2 个能力得分最高的机器人、14 个不同形式的机器人）。机器人忧虑量表共 12 个题目，包括 3 个维度：第一个维度是技术和经济担忧（“我担心这个机器人将产生额外的成本”“我担心我需要支付很多费用来维护机器人”“我担心当机器人出现技术问题时我无法修复”“我担心这个机器人会不断要求我更新它的软件”）；第二个维度是隐私担忧（“我觉得这个机器人在家里监视我”“我担心这个机器人会失控”“我担心别人因为这个机器人而知道我的个人信息”，以及“我担心隐私风险”）；第三个维度是心理担忧（“我担心我的家人会更多地与机器人互动而越来越忽略我”“我担心我会因为这个机器人而感觉更加孤独”“我觉得我会因为拥有这个机器人而对生活更不满意”）。结果发现，中国老年人认为小型动物形状的机器人具有较高的热情度，钢铁制造的机械机器人具有较高的能力。回归分析发现，受教育程度（正向）、收入水平（负向）、热情感知（负向）和能力感知（正向）可以预测技术和经济担忧，能力感知可以正向预测隐私担忧，收入（负向）和热情感知（正向）可以预测心理担忧。该研究表明，能力感知越高，技术、经济和隐私担忧越多；热情感知越高，心理担忧越多，但技术、经济担忧越少。这项以中国老年人为被试的研究得到了有趣的结果：机器人越热情，老年人的心理担忧越多，他们似乎觉得家里拥有机器人会削弱家庭成员之间的联系，担心家人更多地与机器人互动，而不是与老人互动。这可能是因为在当下的中国，家庭机器人以儿童教育和陪伴为主，以智能家居服务为辅，专门为老人配置的机器人只占少数。也就是说，当前一个家庭购买机器人，主要是为儿童教育和陪伴，家人与机器人互动的时间多了，的确会减少与老人的相处时间，这正是机器人心理担忧量表上所反映的情况。

3.7.2 智能感知

当前的机器人智能仍停留在一个非常有限的水平。当机器人进入复杂的日常生活世界时，其局限性变得十分明显。当用户与机器人长期互动时，他们会意识到机器人的能力是有限的。瓦尔纳（Warner）和休格曼（Sugarman）（1986）开发了一个智力评估量表，对 5 个项目进行 1—7 分评分：不能胜任的—有胜任力的、无知的—知识渊博的、不负责任的—负责的、无智能的—有智能的、愚钝的—明智的。研究者也使用该量表测量对机器人的智能感知（Perceived Intelligence）（Bartneck et al., 2007; Bartneck, Kanda, Ishiguro, et al., 2009）。随着机器人社交参与越来越多，研究者进一步开发了机器人社会智能（Social Intelligence）感知量表，评估维度包括捕捉感知社会信息处理技能（识别、适应和预测行为、认知和情绪）、捕捉识别人的感知技能（识别人类、个人和群体）、社交表现（表现出友好、关心、乐于助人、值得信赖）等（Barchard et al., 2020）。

类人机器人的设计参数十分丰富，不同的参数会影响对机器人的评估。有研究让类人机器人在线给被试提供健康建议，以考察机器人的声音频率和头部尺寸是否影响被试对机器人的智能感知和建议采纳。研究发现，男性机器人的声音给被试一种知识渊博的印象，从而提高了建议采纳的意愿；机器人较短的下巴长度（而不是额头尺寸）则给被试一种善于交际的印象，并带来更高的建议采纳意愿（Powers & Kiesler, 2006）。

后续研究发现，机器人的智能感知与其活泼度（Bartneck et al., 2007；Bartneck, Kanda, Mubin, et al., 2009）、严肃的社交风格（Sundar et al., 2017）、面部表情与手势（Moro et al., 2019）、学习能力（Rosenthal-von der Pütten & Hoefinghoff, 2018）、再参与能力（Cao et al., 2019）显著相关，也与用户自身对机器人的负面偏见和对技术的积极倾向有关（Song & Kim, 2020）。

3.7.3　安全感知

机器人与人类互动的一个关键问题是安全。这个问题在机器人研究文献中得到了广泛关注，包括为工业机器人和家庭服务机器人建立系统和标准。研究的重点既包括机器人感知的安全，也包括人在互动过程中的安全感知（Perceived Safety）。安全感知指的是用户在与机器人互动时对危险程度的感知，以及用户在互动过程中的舒适程度（Bartneck, Kulić, et al., 2009）。野中等人（Nonaka et al., 2004）报告了一组实验，由人对虚拟类人机器人的拾取—放置运动的反应进行评估，通过心率和主观报告来测量“惊讶”“恐惧”“厌恶”“不愉快”的程度（1—6分评分），发现心率和机器人运动之间不相关，但机器人速度和被试的“恐惧”“惊讶”评分正相关。之后的研究让被试对机器人的“安全—焦虑”“不安—平静”“舒适—不愉快”“不可接近—可接近”“有利—不利”“紧张—放松”“不友好—友好”“有趣—枯燥”“不可靠—可靠”“害怕—不害怕”“惊讶—不惊讶”程度进行1—5分评分，得到了类似的结果（Inoue et al., 2005）。

研究显示，被试在观看完宣称机器人在各项身体和心理任务上的表现都优于人类的视频后，对机器人的威胁感知显著提高，对机器人研究的支持意愿降低。如果不提供有关机器人相对于人类能力的信息，暴露于机器人或类人机器人并不影响威胁感知，但被试在接触类人机器人后，对机器人研究的支持意愿下降。这些结果表明，当机器人的表现优于人类时，这些非常像人的机器人会被视为对人类工作、安全和资源产生现实威胁，并且还会被认为威胁到人类的身份、存在和独特性（Yogeeswaran et al., 2016）。

后续研究探讨了威胁感知、对机器人的负面态度和使用意愿之间的关系（Huang et al., 2021）。被试在观看类人或非类人机器人之后，评估了现实威胁、身份威胁、负面态度和使用意愿。当机器人的外观高度拟人化时，对机器人的负面态度降低了使用意愿，而身份威胁和现实威胁均显著增加了对机器人的负面态度。

3.7.4 心智感知

机器人是否拥有心智？图灵认为，如果感知者不能识别出它不是人类，那么计算机就有思维。研究者通常使用心智感知（Mind Perception）问卷来评估机器人是否拥有心智（Gray et al., 2007）。该问卷使用 5 分计分法让被试评价 13 个角色在 18 项心理能力（如感到疼痛的能力）上的 78 个配对比较，或做 6 项个人判断（如“你喜欢哪个角色？”）。这些角色包括 7 个真人（7 周大的胎儿、5 个月大的婴儿、5 岁的女孩、成年女性、成年男性、植物人以及被试自己）、3 个非人类动物（青蛙、家犬和野生黑猩猩）、一个死去的女人、上帝和一个社交机器人（Kismet）。例如，评价一个 5 岁的女孩是否比一只黑猩猩更能够感受到疼痛。主成分因素分析产生了两个特征值大于 1 的因子：一个是体验（特征值= 15.85，占 88% 的方差），包括 11 种能力（饥饿、恐惧、痛苦、愉悦、愤怒、欲望、个性、意识、骄傲、尴尬和快乐）；另一个是自主性（特征值= 1.46，占方差的 8%），包括 7 种能力（自我控制、道德、记忆、情感识别、计划、沟通和思考）。机器人被认为有中等程度的自主性，但体验能力很低。两个维度的评分都与喜欢一个角色、想要拯救它免于毁灭、想要让它快乐以及认为它有灵魂呈正相关。因错误行为而受到惩罚（“如果两个角色都导致了一个人的死亡，你认为哪个更应该受到惩罚？”）与自主性的相关性大于体验，而避免伤害的欲望（“如果你被迫伤害其中一个角色，伤害哪个角色会让你更痛苦？”）与体验的相关性大于自主性。自主性与道德行为发出者有关，因而与责任相联系，而体验与道德行为接受者有关，因而与权利相联系。该研究发现心智感知包括两个维度，这些维度反映了道德的不同方面。

对机器人的心智感知会影响人们对机器人的评价。阿佩尔等人（Appel et al., 2020）探讨了机器人在体验和自主性上的不同表现会如何影响用户所感受到的怪异感。实验 1A（美国被试）和 1B（德国被试）采用在线调查的方式向被试呈现关于新一代机器人Ellix的陈述。一个条件是将Ellix作为一种没有心智的工具（工具条件，作为控制条件），一个条件是将Ellix介绍为有自主性的机器人（自主条件），第三个条件是介绍Ellix为一个有体验感的机器人（体验条件）。工具条件下的陈述：Ellix是一个有胳膊和手的机器人，可以携带和抓取东西；Ellix帮助人们做日常家务；Ellix具有按人的指令行事的能力；用户可以命令机器人执行动作。自主条件下的陈述：Ellix是一个有胳膊和手的机器人，可以携带和抓取东西；Ellix帮助人们做日常家务；Ellix具有自我控制、道德、记忆和情感识别的能力；Ellix有能力提前计划并独立执行行动。体验条件下的陈述：Ellix是一个有胳膊和手的机器人，可以携带和抓取东西；Ellix帮助人们做日常家务；Ellix能够感受到饥饿、恐惧、痛苦、快乐和其他情绪；Ellix的特点是有意识和有个性。读完后，被试评估感知到的机器人的自主能力（“这个机器人有能力计划行动”“这个机器人有能力进行自我控制”）和体验能力（“这个机器人可以感到疼痛”“这个机器人可以感到恐惧”）作为操纵检查。另外，被试还要评定机器人的怪异感（“不安的”“怪异的”“毛骨悚然的”）、感知到的机器人的男性气质和女性气质（“你如何描述机器人”）、与机器人互动的意图（“我会避免与机器人的任何接触”“我可以想象我会买一个这样的机器人”）。实验结果显示，体验条件下的怪异感最强，其次是自主条件，最弱的是工具条件。实验1A中，各条件之间的差异显著；实验1B中，工具条件和自主条件均显著低于体验条件，但工具条件和自主条件之间无显著差异（德国被试比美国被试更易于接受有自主能力的机器人）。对于感知到的机器人的性别气质，男性气质在3个条件上无差异，体验条件下的机器人被赋予更高的女性气质（实验1A）。实验1B中3个条件在性别气质上均无差异。

实验2采用3（机器人心智：无/工具 vs 自主 vs 体验）×2（工作背景：未指定 vs 护理）被试间设计，仍将Ellix介绍为工具型、有自主性或具备感受力的机器人。对于一半的被试，指定机器人将完成老年人健康护理领域的任务，而另一半被试则没有呈现相应的背景信息。在护理条件下，机器人的特殊任务有两种：一种是移动、搀扶老人，给他们喂食；另一种是为老人做清洁。与实验1类似，研究的重点是怪异感。双因素方差分析显示，机器人心智的主效应显著，背景信息的主效应不显著，但二者交互作用显著。在未指定背景的条件下，体验条件下的怪异感最强，其次是自主条件，工具条件的怪异感最弱，3个条件两两显著不同。而在护理背景下，体验条件的怪异感高于工具条件，其他条件之间无差异。从另一个方向的分析来看，工具条件和自主条件下的怪异感在未指定背景和护理背景之间没有显著差异，而在体验条件下，护理背景的怪异感低于未指定背景。对于性别气质，机器人的心智条件无主效应，工作背景效应显著，护理工作的机器人的男性气质低于未指定工作背景的机器人。女性气质的结果类似，机器人的心智没有主效应，工作背景有主效应，护理工作的机器人被赋予了更多的女性特征。

实验 3 考察了机器人在不同心智条件与性别角色的交互作用。研究者通过改变机器人的名字来体现其性别。在中性条件下，机器人的名字是“Ellix”；在女性条件下，机器人的名字是 5 个女性名字（即Emily、Madison、Emma、Olivia、Hannah）之一；在男性条件下，机器人的名字是 5 个男性名字（即Jacob、Michael、Joshua、Matthew、Daniel）之一。和前面的实验一样，被试会看到关于新一代机器人的描述，然后回答问题。结果显示，机器人的性别不影响自主感知，也不影响体验感知，但对感知的女性气质和男性气质有影响。女性名字的机器人的女性气质评分高于男性和中性名字的机器人，男性名字的机器人的男性气质评分高于女性和中性名字的机器人。在怪异感上，机器人的心智条件有主效应，机器人的性别无效应，二者交互作用不显著。工具条件下的机器人的怪异感低于自主和体验条件，后二者的怪异感无显著差异。

在世界各地，智能体的应用，如自动驾驶汽车和智能家居，已经成为人们日常生活的一部分，或者在不久的将来会成为一种普遍现象。随着这些智能系统的普及和计算能力的增强，理解用户对这些类人但非人类系统的反应十分重要。阿佩尔等人（Appel et al., 2020）的一系列实验考察了机器人的自主性和体验性对怪异感的影响，包括机器人所处工作环境、性别等的调节作用。该研究发现，有体验能力的机器人比没有自主意识的机器人更能引发怪异感。机器人工作环境的调节效应表明，在社交机器人领域进行通用设计可能是不太合适的。更合理的做法是根据不同的应用场景、所需完成的任务类型、服务人群的特点，确定不同的机器人特征集，以开发更具个性化的智能服务系统。

3.7.5 拟人性

拟人性（Anthropomorphism）指的是将人类特征、动机、意图或情感赋予非人类事物，如机器人、计算机和动物等（Epley et al., 2007）。即使某个机器人的设计意图不是尽可能地像人，但让机器人的外观与其能力相匹配仍然很重要。过于拟人化的外观可能会让人对机器人产生过高的期望。为了防止用户产生失望，开发人员须密切关注机器人的拟人化程度。一项研究让 56 名被试对视频剪辑中出现的 13 个机器人和 1 个人类进行 3 个维度的单问题评估，即让被试评估被观察对象与人的近似程度（拟人性，1—9 分，1=非常机械化，9=非常拟人化）、熟悉性（1=非常陌生，

9=非常熟悉）和怪异性（1=非常怪异，9=非常不怪异）。研究发现，拟人性与熟悉性和怪异性的评分并不相关，表明拟人性并不是决定机器人的熟悉或怪异感知的唯一因素（MacDorman, 2006）。

另一项研究考察了机器人外观（类人与非类人）和能动性（自主与非自主）对机器人拟人化的影响（Crowell et al., 2019）。被试先被诱导产生机器人具有自主性（能按自己的意志行事）或非自主性（由另一个房间的实验者控制）的信念，然后观看类人或非类人机器人与同伴互动的短视频，之后完成对机器人的感知和拟人化程度评估。该研究发现，被试更愿意将类人行为特征赋予非类人机器人，而不是类人机器人。而且，与自主机器人相比，被试更愿意将人类社会品质（如友好、礼貌）赋予遥控机器人。该研究结果表明，当机器人的外观更像人时，被试不太愿意对机器人做拟人化的归因。但是，当被告知机器人是由人远程控制而不是自主采取行动时，被试更愿意做出对机器人拟人化的评价，可能是因为被试将拟人化特征赋予遥控机器人的人，而不是机器人本身。该研究证实了对机器人拟人化感知上的能动性效应（Agency Effect）。

被试的人格特征会影响其拟人化倾向。卡普兰等人（Kaplan et al., 2019）考察了外向性格与在实验环境中将机器人拟人化的倾向之间的关系。486 名被试先完成大五人格量表和对机器人的负面态度量表测量，然后观看机器人执行常见工作（如简易爆炸装置检测）的视频和图像，之后评估其拟人化程度。研究发现外向性与机器人拟人化评分之间存在显著正相关，表明个性维度会影响个人如何看待与他们互动的机器人。

北京师范大学党健宁和刘力的研究发现，在实验前启动被试的社交联结会提高对机器人的拟人性。也就是说，有社交联结感的人更可能将机器人拟人化，对与机器人进行社交互动更感兴趣，并且对机器人研究的接受度更高（Dang & Liu, 2023）。该研究表明，对机器人的拟人化倾向会促进对技术的接纳。

在应用场景下，拟人化的机器人既带来一定的积极结果，也产生负面影响。例如，有研究发现机器人厨师的高拟人化会让顾客认为食品更好吃（Zhu & Chang, 2020），而消费机器人的拟人化会增加心理上的温暖感，但又由于怪异感而提高了负面态度（Kim et al., 2019）。伴侣型机器人的拟人化外观可以提高有一定智能产品使用经验的人的接受度，但同时降低无经验之人的接受度（Goudey & Bonnin, 2016）。酒店客户最愿意接受与人类中等相似度的服务机器人，而最不愿意接受高度相似的机器人（Jia et al., 2021）。

为了考察机器人拟人化是促进还是限制人们的使用意愿，布卢特等人（Blut

et al., 2021）采用元分析方法，综合了 108 个独立样本中 11053 名使用者与服务型机器人进行个人交互的数据。该研究将消费者特质和倾向（如计算机焦虑）、社会人口统计学特征（如性别）和机器人设计特征（如外形）作为拟人化的触发因素，机器人特征（如智能）和功能特征（如有用性）作为中介变量。结果发现，拟人化程度对消费者使用机器人意愿的影响受其他因素的调节，调节因素包括机器人类型（如机器人性别）和服务类型（拥有型加工服务 vs 心理刺激加工服务）。该研究证实，拟人化可能是影响机器人接受度的核心变量（Yu & Xu, 2020）。

3.7.6 生命感

生命感（Animacy）的形象可以让用户在情感上产生深刻的共鸣，因此许多机器人研究人员致力于使机器人栩栩如生。生命感是区分人和机器的主要标准之一，但由于机器人也表现出运动和有意图的行为，人们可能在感知上认为机器人是有生命的。李等人（Lee et al., 2005）用 4 个项目（李克特 10 点量表：有生命的、机械化的、可互动的和可响应的）的问卷评估被试对机器人的生命感知。巴特内克等人（Bartneck et al., 2009）的生命感问卷题目包括死亡的—鲜活的、停滞的—活泼的、机械的—有机的、人工的—有生命的、惰性的—互动的、冷漠的—有反应的 5 个语义差异量表题目。

人对机器人的生命感知受交互情境的影响。例如，山冈等人（Yamaoka et al., 2007）开发了一个机器人控制系统，通过将类人机器人与动作捕捉系统相结合，以控制实验中动作的突发性和复杂性。研究发现，在简单交互情境下，动作突发性的高低不影响对机器人的生命感知，而在复杂交互情境下，当突发性较高时，被试感知机器人更加自主和有生命力。

类似地，研究者操纵机器人的外观（类人或非类人）和动作流畅性，让被试与机器人玩井字游戏，考察人们对机器人生命感、喜爱度、信赖度和愉悦度的评估如何受机器人外观和运动特征的影响。研究发现，对于类人机器人，人们认为其自然运动比机械运动更具生命感，同时也更令人不安，支持了恐怖谷假设（Castro-González et al., 2016）。

3.8 社会知觉小结

人对机器人的感知依然处在发展变化中。一方面存在对机器人的现实威胁等担忧，另一方面当机器人越多地参与到实际社会交互时，人们也开始对隐私安全等信息方面产生顾虑。人际社会知觉的相关效应在人智感知上也有类似体现，如面部感知的婴儿图式效应、言语感知的方言效应，以及社会触摸的点石成金效应等。但人际交往中的另一些社会知觉效应目前尚未见探讨，如首因效应、近因效应、光环效应、对比效应等。根据已有研究，还无法确定人对机器人的感知在哪些维度上与对人的感知存在差异，直接对人际和人智进行社会知觉对比的研究还比较少。而且对机器人的感知也存在一定的文化和个体差异，但这方面的研究证据还不是很多，有待进一步的跨学科交流与合作。

第4章 人对智能体的态度

在人智交互的背景下，人们在日常生活中越来越多地与人工智能打交道。我们既可以看到人们以积极的态度拥抱新技术，也可以看到人们对人工智能技术的怀疑甚至恐惧。还有一些人则表达了对使用智能技术可能产生重大问题的担忧。人们对人工智能的主观态度存在较大的差异，并且表现出显著的文化差异。

4.1 理论模型：恐怖谷假设

“恐怖谷”（The Uncanny Valley）概念最早由东京工业大学机器人学教授森雅弘（Masahiro Mori）于1970年提出。他设想了人们对外观和行为几乎与人类一样的机器人的反应，认为当一个类人机器人接近但未能获得完全逼真的外观时，人类对它的反应会突然从亲近转变为厌恶。这种突然产生诡异感的过程被称为恐怖谷（Mori et al., 2012）（见图4–1）。恐怖谷的概念迅速引起了机器人学和其他学科的兴趣。一

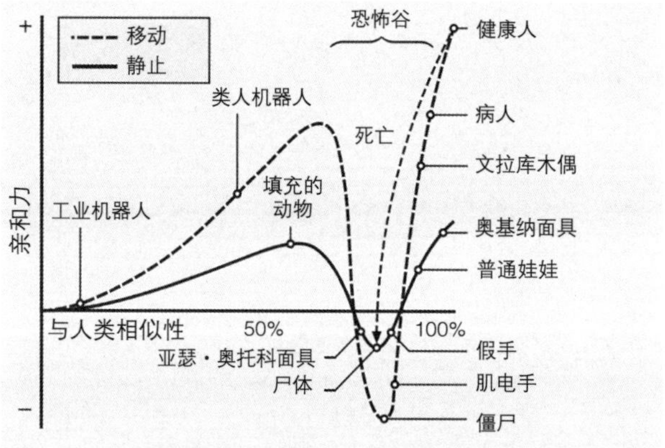

图4–1　恐怖谷假设：与人类相似性的增加与亲和力感知之间的动态关系（Mori et al., 2012）

些研究者探索了它对人智交互和计算机图形动画的影响，另一些研究者则关注它的生物学和社会根源。

恐怖谷假设反映的是与人类相似程度和熟悉度感知之间的相关性。该假设认为，对于高度类似于人的对象，其细微的偏差变得尤为凸显，并产生“怪异”（Eeriness）的感知。对机器人熟悉程度的实际感知不仅取决于其与人类的相似性，还取决于暴露时间、表达和互动程度。森雅弘认为人类喜欢移动的东西，但运动会放大熟悉和诡异的感觉。图 4–1 以虚线形式显示了运动对象的熟悉度/诡异度变化。根据这一理论，静止不动的物体永远无法达到真正高水平的熟悉度，而运动也增加了“掉进”恐怖谷的风险。许多机器人看起来很自然，甚至可能被认为与人类没有区别，但如果它们开始四处移动，并经过足够长时间的观察，就会被认为很怪异。一项研究发现，在两秒钟的测试中，只有 23%的被试认为静态的机器人是人类，而 70%的被试认为移动的机器人是人类（Ishiguro, 2007）。

宁波大学的一项研究证实了机器人外观的恐怖谷效应：类人化外观比机械化外观更不讨人喜欢，而且高智力的类人机器人比低智力的类人机器人引发更强烈的厌恶感，但机械化外观的机器人则未出现这种效应。此外，对于具有高心智能力的类人机器人，自我导向的心理化（即专注于自我）比他人导向的心理化（即具备心理理论）引起更强烈的厌恶感（Yin et al., 2023）。

恐怖谷效应不仅存在于视觉通道，也存在于触觉通道。研究使用虚拟现实（VR）系统作为实验平台，采用漏斗技术来制造幻触幻觉，为用户提供虚拟控制器的不同振幅的同步振动触觉刺激。当被试每只手握住一个带有振动触觉的控制器时，他们体验到的触觉定位于特定空间。矛盾的是，这种触觉“感觉上”来源于两只手之间的空白区域。结果表明，被试可以在不同的位置定位振动触觉刺激，建立空间触觉效应，但这种整体沉浸体验随着触觉的逼真度超过了模拟中的互补线索（来自其他感官）而下降，即支持了触觉“恐怖谷”的存在（Berger et al., 2018）。

随着机器人的普及，开发精确的量化方法来评估人们对机器人的反应、如何看待与机器人的互动以及如何理解机器人的动作将至关重要（Bartneck, Kulić, et al., 2009）。人们对机器人的感知研究主要使用的量化方法是自我报告评估法。该方法实施容易，但其有效性既取决于测量工具的信效度，也取决于用户评估的准确程度。研究者开发了若干种人智感知的标准化测量工具。这些测量工具涵盖不同的维度，包括以机器人为核心考察对象的问卷，如评估机器人在拟人性、灵动性、亲和力、智能性、安全性等方面的表现（Bartneck, Kulić, et al., 2009），也包括以人的主观态度为核心的问卷，如对机器人的负面态度问卷等（Nomura et al., 2006）。

4.2 人对机器人的主观态度

4.2.1 喜爱程度

人们会迅速形成对他人或事物的积极或消极印象，而对人的积极第一印象（如亲和力）通常会带来对这个人更积极的评价。人们有可能以类似的方式来看待机器人。人际交互中的喜爱（Likability）程度评估包括：好—糟糕、友好—不友好、善良—不善良、愉快—不愉快等（Monahan, 1998）。巴特内克等人（Bartneck et al., 2009）提出的对机器人的喜爱程度问卷包括 5 个题目：不喜欢的—喜欢的、不友好的—友好的、不善良的—善良的、不愉快的—愉快的，以及糟糕的—美好的。已有研究部分支持了恐怖谷假设：与类人机器人相比，机械化的机器人在熟悉度和喜爱度方面的评分更高（Rosenthal-von der Pütten & Krämer, 2014）。

机器人的非语言行为会影响人们对社交机器人的喜爱程度。萨利姆等人（Salem et al., 2013）考察了机器人的手部和手臂手势对拟人化、喜爱度、沟通现实以及未来接触意愿的影响。结果发现：与机器人在没有手势的情况下发出指令相比，当机器人在交互过程中使用手势时，对其拟人化、喜爱度、沟通性和未来接触意愿的评估值都更高，尤其当机器人的手势与语音指令不一致时，评估值提高更显著。这些结果表明，机器人表现出的非语言交流行为会影响喜爱程度和交互意愿。

机器人的情感语言表达也能影响人们对机器人的偏好。克雷格（Craig）和爱德华兹（Edwards）（2021）考察了机器人的欢乐和悲伤的情绪表达对被试对其拟人化、活泼、喜爱、智能感知、信赖度等评估的影响。结果发现，机器人表达快乐比表达悲伤被评价为更讨人喜欢、更聪明、更可信、更具有社交性。

机器人的不同行为方式（即“个性”）影响对其的喜好（Mayer & Panek, 2016）。在该研究中，机器人配备了两种行为：一种更内向（纯粹以功能为导向），另一种更外向（活泼而丰富）。在参与测试的 13 名人员中（主要是老年人和护理领域的专家），1 人喜欢内向行为的机器人，9 人喜欢外向行为的机器人，3 人没有偏好。对机器人的偏好行为与测试者自认为更内向或外向之间没有显著相关。

机器人发生故障是否会降低人们对机器人的喜爱？米尔尼格等人（Mirnig et al., 2017）有目的地将错误行为编程到机器人的日常工作中，让被试与类人机器人进行互动，然后被试对机器人的拟人化程度、喜爱程度和智能感知进行评分。结果发现，相较于完美互动的机器人，被试更喜欢出错的机器人，但对机器人拟人化和智能感知的评价没有显著差异。进一步对互动过程的视频分析发现，对机器人出错行为的典型反应是视线转移和发笑。这些结果表明，人类似乎更青睐有缺陷的机器人。类似的研究发现，在工作和生活环境中，人们更喜欢非自主机器人而不是完全自主的机器人（Latikka et al., 2021）。

与人类近距离工作的机器人需要以被接受的方式行动。机器人与人类的近距离行为一直是设计者关注的一个主要问题。西伯特等人（Siebert et al., 2020）考察了机器人按照不同的距离和不同角度的侧向偏移来运动时，人们在感知上（舒适感、期望一致性、与人相似度、安全性、不唐突性）的变化，发现用户更喜欢机器人保持一定社交距离的跟随。同时，个体对技术的亲和性和距离偏好存在相关性，技术亲和度高的被试中，有70%的人偏好与机器人保持较近的个人距离，而技术亲和度低的被试中，有87.5%的人偏好与机器人保持较远的社会距离。

4.2.2　负面态度

机器人已经从工业应用扩展到家庭、学校、办公室等个人生活场景。当一种新技术或新工具被开发出来时，人们往往对其持有极端积极或极端消极的态度（Joinson, 2003）。无论是宠物型还是类人型机器人，社交机器人都是机器人和人工智能相结合的一种新型科技产品。人们可能对这些机器人持负面态度或情绪。野村等人（Nomura et al., 2006）编制了包含14个题目和3个子维度的对机器人的负面态度量表（Negative Attitudes toward Robots Scale, NARS）。3个子维度分别是与机器人的互动情境（如“我讨厌机器人或人工智能对事物做出判断这一想法”）、机器人的社会影响（如“我觉得如果我太依赖机器人，可能会发生不好的事情”）和与机器人互动的情绪体验（如“和有情感的机器人在一起，我感到很舒服”）。随后的研究证实了人们对待机器人的态度、情绪与行为之间的关系。研究发现，对机器人的负面态度与个体的人类中心主义倾向呈正相关（Fortuna et al., 2021），与跟类人机器人的互动行为（如问候、自我表露和身体接触）呈负相关（Nomura et al., 2008）。

一项研究调查了法国儿童、青少年、成人和老年人对机器人的态度（Dinet & Vivian, 2015）。被试要完成3个连续的任务：解释机器人对被试来说意味着什么，完成机器人负面态度量表，将视频中显示的8个机器人进行偏好排序。结果发现，无论被试的年龄和性别如何，机器人的外形都是态度的关键决定因素：机器人越像人，对其态度越负面。即使年龄最小的被试，也对类人机器人持负面态度。这些结果表明，类人机器人的设计需要在相似度和积极态度之间寻找平衡。

格纳姆布斯（Gnambs, 2019）调查了奥地利和德国公众对新兴机器人的看法。对机器人的总体态度通过3个问题来量化（“总的来说，你对机器人的看法是非常正面、相当正面、相当负面还是非常负面？”），并对下列陈述进行评分（0=完全同意，3=完全不同意）:（1）机器人对社会是有益的，因为它们帮助了人类。（2）机器人是必要的，因为它们可以从事对人类来说太辛苦或太危险的工作。结果显示，这两个国家的态度都相当积极。不过，与其他欧洲国家相比，尽管奥地利人的机器人技术使用率最高，他们对机器人的评价却是最负面的。换言之，与使用机器人有关的经验似乎强化了潜在的不利因素，导致了对机器人广泛使用的更多忧虑。

巴科尼亚等人（Backonja et al., 2018）采用横断研究法调查了美国年轻人、中年人和老年人对机器人的社会影响评价、对机器人的满意程度和对机器人的负面态度。该研究于 2014 至 2015 年在美国西部的一个城市地区进行，研究对象为 18 岁以上的成年人。结果发现，老年人、中年人和年轻人对机器人的社会影响和满意度评价无差异，对机器人也持类似的负面态度。但我国台湾地区的一项研究发现，老年人和年轻人在与机器人互动后对机器人的态度更加积极，而且老年人对机器人与消极词汇的内隐联结强于年轻人，表明老年人对机器人的内隐态度更为负面（Chien et al., 2019）。

人们对待机器人的态度在西方和东亚文化之间有所不同吗？北京师范大学心理学部的党健宁等人以美国人和中国人为研究对象，研究了机器人思维（心智水平高低）和文化背景如何影响人们对机器人的矛盾态度（Dang & Liu, 2021）。态度由 4 个题目来测量（1—7 分评分，1=完全不同意，7=完全同意）: 两个题目评估机器人作为盟友（如“只考虑人工智能体的积极方面，忽略消极方面，我认为人类和机器人之间的关系是和谐的”），另两个题目评估机器人作为敌人（如“只考虑人工智能体的消极方面，忽略积极方面，我认为人工智能体与人类是竞争关系”）。分数越高，表明人们对机器人的态度越强烈。结果发现，心智水平高的机器人（相对于心智水平低的机器人）会引发更矛盾的态度。具体而言，心智高的机器人被视为称职的助手且是强有力的竞争对手，而心智低的机器人被视为不称职的助手，其竞争力相对较弱。即人们对心智高的机器人既有强烈的积极态度，也有强烈的消极态度，而对心智低的机器人则持较弱的积极态度和较弱的消极态度。此外，该研究还显示，美国被试对机器人的矛盾态度比中国被试更为严重。

与之相类似，一项跨国合作研究通过 5 个简单的问卷题目考察了中、德、英三国对人工智能的态度（Sindermann et al., 2021）。5 个题目是:（1）我害怕人工智能。（2）我信任人工智能。（3）人工智能将会摧毁人类。（4）人工智能将会丰富人类生活。（5）人工智能将会导致大量失业。被试还被问及他们是否愿意使用流行的人工智能产品的代表，如自动驾驶汽车、Siri、Alexa、社交机器人 Pepper 和人形机器人 Erica 等。结果显示，使用特定人工智能产品的意愿与对人工智能的接受程度呈正相关，而与对人工智能的恐惧程度呈负相关。

对机器人的负面态度是否会改变以及如何改变？丹姆霍尔特等人（Damholdt et al., 2015）调查了老年人对远程操作机器人的态度变化与3个变量的关系:（1）提供的机器人功能信息。（2）接触的次数。（3）人格类型。一所康复中心的14名老年居民与一个远程操作的机器人在午餐时进行了为期3天的互动。一半被试被告知机器人是远程操作的，而另一半被试没有被告知功能信息。互动前后评估了对机器人的态度和拟人化倾向。结果发现，两组被试对机器人的态度变化没有显著差异；被试的外向性与对机器人的积极态度变化正相关，而神经质与对机器人的态度变化负相关。这些结果初步表明，无论是机器人的功能信息还是直接的重复接触，都不是改变老年人对机器人态度的关键，而人格特征更能预测态度变化。

最近的一项研究分析了抵制人工智能的心理因素（De Freitas et al., 2023）。研究将阻力的主要来源分为五大类：不透明、缺乏情感、僵化、自主和群体关系。研究认为，应该针对这些问题采取有针对性的干预措施，以减轻对人工智能工具的抵制，同时还要警惕干预措施是否无意识地增加了对人工智能的抵制或制造了新的客观风险。

4.2.3 信赖

尽管社交机器人在提供服务方面具有优势，但并非所有客户都能与机器人互动并接受它们提供的服务（Chi et al., 2020）。人与技术之间的互动是以信任为中介的。

有研究人员编制了社会服务机器人互动信任量表，用于测量消费者与社交机器人互动的信任程度（Chi et al., 2021）。该量表包含3个子维度：对机器人的信任倾向（熟悉度，如“我熟悉社会服务机器人”；机器人使用的自我效能感，如“我知道如何在服务中与机器人互动”；社会影响，如“那些对我很重要的人会鼓励我和机器人互动”；技术依赖，如“我觉得人工智能技术是我生活的一部分”；对技术的信任立场，如“我的典型做法是相信新技术，除非它们证明我不应该相信”）、值得信赖的机器人功能和设计（拟人性，如“我个人认为社会服务机器人是栩栩如生的”；机器人性能，如“社会服务机器人具备为我服务的功能”；努力期望，如“我要花很长时间才能学会如何与机器人互动”）、值得信赖的服务任务和环境（服务风险感知，如“总的来说，综合考虑各种因素，在服务交易中使用机器人是有风险的”；机器人服务契合度，如“机器人为我提供的服务和我的期望是相匹配的”；使用机器人的促进条件，如“在交互中，我可以指导机器人的使用”）。该量表各个子维度的一致性系数均高于0.8。

为了评估人、机器人和环境因素对人机交互信任感的影响，汉考克等人（Hancock et al., 2011）对人机交互领域有关人对机器人信任的文献（包括 11 篇实证研究）进行了元分析。结果发现，机器人性能维度对人机信任的贡献最大，环境因素仅起中等作用，人本身因素的影响较小。另一项综述系统回顾了近年来对自动化技术信任的实证研究，共有 101 篇论文内含 127 个研究被纳入分析（Hoff & Bashir, 2015）。该综述提出了人对自动化技术信任的三层次模型（包括信任倾向、情境信任和习得信任）。其中，影响信任倾向的因素包括文化背景、年龄、性别、人格特质等，影响情境信任的因素包括外部变量（如系统类型、系统复杂性、任务难度、工作负荷、风险感知、收益感知、机构环境、任务框架等）和内部变量（如自信、主观经验、心境、注意容量等），影响习得信任的因素包括自动化系统的复杂性、情境的新颖性、操作者将自动化性能与人工性能进行对比的能力、操作者决策上的自由度等。这个三层次信任模型提供了一个新的视角来理解人机信任的可变性。

作为人工智能时代的最新应用之一，社交机器人在我们的日常生活中扮演着越来越重要的角色。一项研究探讨了对机器人的信任与对机器人的情商评价之间的相互作用（Law et al., 2021）。该研究使用情境题的方法来考察:（1）被试是否感知到机器人情商的差异，他们对机器人的信任是否受到机器人可靠性和能力差异的影响。（2）机器人的情商是否会影响其可信度，反之，机器人的能力和可靠性是否会影响对其情商的评价。（3）当机器人表现出不同程度的情商或不同程度的能力和可靠性时，人们对男性和女性机器人的信任是否不同，情商相关的性别刻板印象是否会迁移到信任。（4）机器人的情商是否会增加个体对机器人的信任。（5）信任、情商和性别之间的相互作用是否同样影响诱发的社会存在感和人类相似性（交互以不同的通道出现，口头或书面呈现机器人的信息）。结果发现，对机器人的信任受机器人情商水平的影响，与情商相关的性别刻板印象迁移到信任，但当操纵机器人的能力和可靠性而不是情商时，性别对信任的影响不再显著。该研究还发现，相对于口语对话，当交互以文本方式呈现时，人们更信任机器人。产生这一效应的原因有待进一步研究。

一项基于情景法的在线实验发现，人们更愿意相信人类专家，而不是人工智能（Yokoi et al., 2021）。该研究让被试想象自己在一家新医院就诊的场景，由医生或人工智能系统来开药。研究发现，被试对人工智能系统的信赖程度低于医生，即使人工智能系统给出了符合他们期望的药物方案（药效快但有副作用 vs 药效慢但副作用少）。这一发现证实了人们不愿意相信人工智能，即使它的性能与人类医生相当。这一结果可能与直觉性认知不同。一般来说，人们对机器人的刻板印象包括精确无误、误差小，在医疗领域内引入的人工智能系统通常享有较积极的声誉。然而，这项研究却发现，人们对人类医生的信赖高于机器人。作者推测，这可能是因为感知到的关怀不同。人类医生具有更多的人性关怀，而人工智能系统不具备关怀性，对病人没有同情和照顾，尽管在能力感知上，机器人和人类医生没有差异。

此外，与机器人进行简短、有针对性的互动可以显著影响用户对机器人的信任态度和倾向（Cameron et al., 2021）。具体来说，机器人在发生错误后进行道歉（基于热情）可以提升用户对其可爱度的感知，但会削弱对其能力的信任；机器人能够识别错误并传达修正意图（基于能力）会提升用户对其能力的信任，而人们对机器人基于热情的信任比基于能力的信任更能积极地促进对机器人的使用意愿。这些结果表明，人们将智能体视为具有社会属性的对象，在人智交互场景中会应用人际交互的互动经验，即在人智信任上更受热情维度的影响。

从以上这些研究来看，目前人们对机器人的信赖程度还处于中等偏低的水平，人工智能系统尚未能得到人们普遍的信任。这可能与人们与机器人的互动经验有关。更多的接触和使用经验可以提升人们对机器人的信赖。

4.2.4　接受度

社交机器人投入使用后，其实施效果如何？影响用户决定接受或拒绝机器人的因素有哪些？许多研究者从不同角度探讨了这个问题。德格拉夫等人（de Graaf et al., 2013）首先梳理了广泛的文献，概述了影响社交机器人接受度的因素，包括态度变量（如功利主义、享乐主义）、社会规范信念（如社会影响、社会形象）、控制信念（如行为控制感知、对机器人的焦虑和与机器人相关的体验）和用户特征（如年龄、性别、文化背景、个人创新性和对特定技术的评价）4 类。其中，功利主义的变量包括机器人的有用性、易用性、适配性、适应性、智能性等；享乐主义的变量包括愉悦性、享受性、视觉吸引力、社交性和陪伴性等。在其进行的用户研究中，60 名被试与社交机器人互动，并对机器人本身和用户与机器人的互动体验进行评估。结果发现，机器人的有用性、适应性、享受性、社交性、陪伴性和行为控制感知等变量是预测用户对社交机器人接受度的重要因素。

机器人越来越多地参与从工业制造到福利服务的各种任务。萨韦拉等人（Savela et al., 2018）系统综述了机器人在不同职业领域的社会接受度。该综述包括 42 篇论文，其中 69% 涉及健康和社会服务领域的机器人。研究发现，在许多工作领域，人们对机器人的态度是积极的，其中远程呈现机器人（Telepresence Robots）得到医护人员的高度认可。另一项研究基于欧洲普查数据分析了欧盟 27 个国家对个人和组织中工作机器人的接受度变化。研究发现，个人层面的因素（如个人使用机器人的经验）比国家层面的因素更能解释对机器人的接受度。在国家层面，该国的技术导向更能预测对机器人的接受度（Turja & Oksanen, 2019）。

武汉大学的喻丰及其合作者从机器人、人类以及人与机器人交互 3 个方面评述了机器人接受度的影响因素（Yu & Xu, 2020）。其中，机器人的外部特征（如视觉形象、拟人化程度、听觉特征、触觉特征、行为和动作特征等）和性能特征（如工具性能力和社会性能力）均会不同程度地影响人类的接受度。人类的人口统计学维度（如性别、年龄、文化）和个体维度（如人格特质、自我效能等）显著影响其对机器人的接受度。在人机交互层面上，交互经验及反馈、对机器人热情与能力的知觉均影响人类对机器人的接受度。作者认为，拟人化可能是影响人类对机器人接受度的核心变量，而机器人接受度的最终问题则涉及机器人的道德问题。

对机器人的接受度与使用机器人的效能感有关，而使用机器人的效能感又与接触经验相关。比尔等人（Beer et al., 2017）调查了美国老年人在接触家用移动机械手之前和之后对机器人的接受程度，重点是考察可试用性（即试用机器人一小段时间）和结果显著性（即观察机器人演示：送药、学习关闭电灯开关和整理家居物品）的影响。结果发现，移动机械手辅助机器人的演示会影响老年人的接受度，人们对机器人有用性和易用性的正面态度显著增加；老年人在接触机器人后对机器人协助表现出更大的开放性。

重庆大学经管学院的一项研究基于对某网站上 68 家中高档酒店的 4107 条在线评论进行的内容分析和情感分析，发现用户对中高端酒店机器人服务的总体评价是积极的（Chang et al., 2022）。用户提及频率最高的维度是绩效效能，其次是内在动机、拟人化和情感，最后是便利条件，这 5 个维度对用户对服务机器人的评价有正向影响。

4.2.5 使用意愿

随着机器人日益进入大众视野，人们对机器人的使用意愿也在上升。史密斯等人（Smith et al., 2020）综合分析了使用不同交互条件和多种类型机器人的 5 项研究的数据，探讨了积极和消极情绪在预测与机器人互动意愿中的作用，发现积极情绪比消极情绪的预测力更强。

人们对机器人的使用意愿受任务类型的影响。例如，桑德斯等人（Sanders et al., 2019）比较了人们在搜索爆炸装置任务和仓库管理任务中对机器人的使用意愿。前一个任务涉及在沙漠环境中搜索简易爆炸装置，后一个任务涉及从仓库取出物品。研究发现，在搜索爆炸装置任务中，71.3%的人选择使用机器人，29.7%选择使用人类技术人员；相反，在仓库任务条件下，31.4%的人选择使用机器人，68.6%的人选择使用人类技术人员。该研究表明，人们对机器人的使用意愿因任务不同而有所差异。人身安全和机器人的可消耗性是在搜索爆炸装置任务中偏好使用机器人的主要原因，而效率和使用成本是在仓库任务中选择人类技术人员的主要原因。任务的风险性和损耗性越高，人们越倾向于使用机器人。正如另一项研究所发现的，在涉及记忆、敏锐感知和服务导向等技能的工作上，人们更倾向于使用机器人，而在需要判断、创造力和交流等技能的工作上，人类更具优势（Takayama et al., 2008）。

机器人非常有用。它们具有高度的稳定性，可以不知疲倦地重复执行单调任务，其错误率和故障率可以维持在相对较低的水平，这对提升人们的工作效率和质量有很大的帮助。机器人的安全性、性能、效率和成本是影响使用意愿的主要指标。此外，人们使用机器人的意愿还受诸多其他因素的影响，如机器人的技术特征、用户自身特征等。有研究人员考察了与人类的相似性（即拟人化和智能感知）、技术维度（即性能预期、享乐性和隐私风险）和消费者个性（即外向性和对经验的开放性）对使用服务机器人的意愿的预测作用（Chuah et al., 2021）。对566份调查数据的模糊集定性比较分析发现，对于具有外向性人格特征的消费者而言，即使存在隐私风险，具有拟人化外观、高水平性能预期和享乐性的机器人也能激发使用意愿；对于开放性的消费者来说，具有高智能水平、性能预期和享乐性的机器人可以激发他们的使用意愿，无论隐私风险和拟人化程度如何；对于既具有外向性又乐于体验的消费者来说，具有较高性能预期、享乐性和隐私风险的拟人化机器人可以激发较高的使用意愿；为了在外向性和经验开放性得分较低的消费者中培养较高的使用意愿，机器人应具有较高的智能水平、性能预期和享乐性。

随着人工智能技术的进步，服务机器人在各种消费场景中变得越来越普遍。中山大学的一项研究探讨了机器人可爱程度对消费者互动意愿的影响（Guo et al., 2023）。该研究通过机器人面部显示器的表情操控机器人的可爱度，发现服务机器人的可爱度增加了消费者的互动意愿，感知到的愉悦情绪在可爱度对消费者互动意愿的影响中起到了中介作用。对于享乐服务来说，服务机器人越可爱，互动的意愿就越高。相比之下，在功能性服务方面，服务机器人的可爱程度并不显著影响消费者的互动意愿。该研究表明，机器人的外观属性对用户体验的影响受到服务内容的调节。

使用意愿不等于使用行为。无论人们对机器人使用的意愿如何，机器人在生活中的使用频率正在不断增加，其应用范围也在逐渐扩大。与机器人接触的经验也会反过来影响人们的使用意愿，可能起到促进作用，也可能起到抑制作用。

4.3 态度小结

对新技术从陌生到熟悉，人们对智能体的态度也在发生相应变化。从最初智能体面世时的负面态度，到最近积极态度的提升，表明人们的态度随着与智能体直接接触经验的增多而发生了积极改变。然而，当前智能技术仍有极大的局限性，其性能尚不足以满足人们的期待。对技术功能和隐私等方面的忧虑也使得人们对智能体的态度呈现复杂性，既期望智能体带来情感和社交满足，又担忧智能体对个人生活领域的侵占，担心与智能体的交互会削弱现实中的人际交往。人们对智能体的态度还存在一定的文化和个体差异，这可能与所处社会对技术的友好或抵制氛围有关，也与个人对技术的胜任力有关。有待进一步研究来跟踪和更新人们的态度如何随环境和时代的变化而改变。

第5章 人对智能体的社会认知

社会认知（Social Cognition）一词有多种定义，但一般指的是基于社会互动的心理活动，包括对他人意图、倾向和行为的感知、解释和反应等（Fiske & Macrae, 2012; Knight & McCoy, 2018）。社会认知过程是我们如何推断他人的信念和意图，以及在做出这些推断时如何权衡社会情境因素的整个过程。

社会认知可以被广泛地定义为使用心理和认知资源有效地检测、理解、调节和应对人际环境刺激和社会互动的能力（Green et al., 2008）。格林等人（Green et al., 2008）提出了精神分裂症社会认知研究的主要理论框架，将社会认知能力分为5个子类：（1）心理理论（即使用人际信号推断他人的心理状态、思想或情绪，并预测他们的行为）。（2）情绪加工（即对他人通过面部、声音或姿势表达的情绪状态进行有效的感知、解释和反应，并对自己的情绪状态进行正确的解码和调节）。（3）归因偏差（即倾向于认为自己生活中发生的事件主要是由于内部/个人或外部/人际原因造成的）。（4）社会知觉（即在模棱两可的人际环境中，通过解释言语和非言语刺激来推断个体的角色和当前关系的能力）。（5）社会知识（即在社会交往中对规则和惯例的理解）。本章将参考上述分类，对人智交互领域在前4个社会认知方面的研究进行阐述。

5.1 心理理论

心理理论（Theory of Mind），又被称为观点采择（Perspective-Taking），指的是站在他人角度看问题、推测他人意图和行为的能力。机器人也应具备这种能力，尤其是社交型机器人，需要在观察人的行动时理解人的心理状态，从而进行复杂的社会互动。已有研究表明，机器人可以有效地利用信息推断他人的意图。有研究人员报告了机器人在有限信息下推断他人意图能力的研究结果（Kim & Cho, 2021）。该研究包括两个机器人：一个观察者和一个行动者。观察者的任务是运用估计，探索算法学习行动者的神经网络。最初，观察者只有一条来自行动者的轨迹（从环境中心开始）。在估计过程中，观察者试图通过搜索多个候选神经网络来估计行动者的潜在神经网络。在探索过程中，神经网络确定一个新的起点，以从行动者处获得新的轨迹。观察者重复“估计”和“探索”过程，直到达到最大迭代次数。为了考察观察者是否能够利用有限的信息推断出行动者的思维，研究将行动者的轨迹（一组坐标）的某些属性进行了修改，即通过添加噪声来削弱信息。研究发现，完全信息下的误差明显小于削弱信息下的误差，尤其是在开始和最后接近目的地时的偏离信息导致的误差最多，即机器人观察者在推断行动者意图时使用的关键信息与人类使用的机制是一致的，在行动者到达最终目标时的信息最关键。进一步实验显示，任务开始阶段的信息受损对心理理论的表现有消极影响。该研究结果表明，机器人观察者能够通过有效利用可用行为信息来理解行动者的思维并模仿其行为。如果关键信息完好无损，观察者可以再现行动者的行为，行动轨迹的起始部分和结束部分对机器人的推理性能贡献最大，观察者通过选择性地使用行为中与意图相关的部分来推断行动者的目标。这一发现与人类的推理过程类似。但目前还未有研究报告实际的人智交互过程中机器人对人的心理理论的加工过程。

有研究考察了人对机器人的观点采择行为（Xiao et al., 2021）。该研究采用经典的点透视任务，让被试从自我视角（实验 1）或从自我和化身视角（实验 2）判断点的数量是否与给定的数字相同。实验操纵的变量包括屏幕上的角色（类人机器人 vs 机械化机器人）、一致性—不一致性（从自我和化身的角度来看这些点和数字是相同的/不同的）、匹配—不匹配（给定的数字与从自我角度来看点的数量相同/不相同）。结果发现，与类人机器人相比，机械化机器人不能自动触发第一级视觉观点采择。具体而言，在实验 1 中，当被试仅从自我角度判断时，两类机器人均未出现干扰效应；而在实验 2 中，当自我和虚拟角色的视角判断随机混合时，类人机器人产生了干扰效应。这些结果表明，人智交互在视觉观点采择上与人际交互存在差异。

山东师范大学叶天的一项研究考察了人类对机器人行为的解释（Ye et al., 2023）。该研究采用社会心理旋转任务，探讨了社会参与行为是否会影响人们对机器人的观点采择。实验中，两个机器人面对面地坐在一张桌子旁，桌子上放着一个平板电脑，屏幕上显示数字。两个机器人的视角正好相反，每个试次一个数字随机指向其中一个机器人或指向被试。在开始实验之前，其中一个机器人表现得比另一个机器人更具互动性，有更多的社交参与行为。被试的任务是识别平板电脑上呈现的正常旋转或镜像翻转的数字。结果发现，机器人的交互性不影响正确率，但在反应时上，数字类型和机器人交互性存在交互作用。当数字指向更具交互性的机器人时，正常数字和镜像数字之间的反应时差异更大。这些发现表明，机器人的互动行为会影响人们对机器人的视角采纳。

有研究者提出将人类镜像神经元系统的激活作为评估机器人运动的“神经生理学图灵测试”，即测试机器对有生命的生物进行区分的能力（Oberman et al., 2007）。镜像神经元系统是在自然进化过程中发育出来的支持社会认知的神经系统。镜像神经元系统不仅可以将观察到的运动动作映射到自己的运动系统，还可以对动作目标进行编码，从而促进对动作的理解（Bonini & Ferrari, 2011）。霍恩等人（Hoenen et al., 2016）采用脑电技术考察了情绪启动（通过对机器人的攻击行为）是否会导致镜像神经元系统对机器人运动的反应更强。研究选择了吸尘机器人，这种类型的机器人缺乏拟人/动物形态以及生物运动学特征，本身不应引发镜像神经元系统的活动。实验刺激是自制的视频剪辑（持续时间约3分钟），以俯视视角显示移动遥控吸尘机器人Roomba的活动。视频一开始，机器人位于屏幕中央。然后，主人进入画面，打开机器人，再离开画面。机器人随后在预定义的轨迹上移动并停止在屏幕中央。接着，主人再次进入画面，检查和修理机器人，并将其放置在屏幕中央。机器人再次打开，主人离开。之后，机器人开始移动，遵循与之前相同的预定义轨迹。实验分为对照组和攻击组。在控制条件下，主人想知道为什么机器人不能工作，并评估可能的错误。在攻击条件下，主人因为机器人停止工作而言语斥责它。被试在观看机器人视频的同时记录脑电活动。实验后评估人机交互过程中的攻击性、现实性以及对机器人的同情等。脑电分析了8至13赫兹频段内的Mu活动（与人类镜像神经系统的活动负相关）和振荡平均能量值。研究发现，在攻击条件下，被试评定主人对机器人的动作更具攻击性，对处于攻击条件的机器人更感同情，现实性方面没有差异。评价的攻击性越强、对机器人的同情越高，C3电极点的Mu活动越不明显，即镜像神经元系统越活跃。该结果显示，当人们看到机器人受到伤害时，会产生生理唤醒、负面情绪和共情关怀，对受攻击的机器人很容易产生社会能动性归因。这个研究也可以解释为什么酒店住客将机器人踢出电梯的新闻会引发人们对住客的谴责。该研究还证明，机器人的拟人化（外观或运动学特征）不是激活人类镜像神经元系统的必要先决条件，与物体的社会互动似乎足以将其视为社会实体并激活镜像神经元系统。

5.2 共情

共情（Empathy）是一个古老的话题，来自哲学、神学、发展心理学、社会学以及人格心理学、行为学和神经科学的研究者从各个领域对这一主题进行了剖析，共识和分歧并存。在心理学上，“共情”一词是由铁钦纳（Titchener）在一百多年前对德语单词“Einfühlung”改编而创造的。这个概念历史悠久，但定义并不明确。卡夫等人（Cuff et al., 2016）对文献中的共情定义进行了探索和分析。他们采用滚雪球的方法，从关键文章和一系列不同的角度查找文献中的定义，共确定了43个不同的内涵界定。通过对不同定义的考察，归纳出8个重要的维度:（1）共情与其他概念如模仿、情绪感染、同情、怜悯等的区分。（2）认知共情与情感共情的差异: 认知共情是指理解他人感受的认知能力，与心理理论这一概念密切相关，而情感共情是指由情感刺激引发的情绪和情感体验。（3）观察者共情的情感需要与被观察者的情感一致还是不一致。（4）是否需要有一个情绪化的客体。（5）观察者自我的情绪与他人的情绪是相互区分还是相互融合。（6）共情是一种“能力”，即稳定的特质，还是特异于环境的状态影响，或是特质与状态的相互作用。（7）共情是否必然有行为结果。（8）共情是自发自动产生的，还是受自上而下的控制过程的影响。基于对以上维度的考察，他们给出的共情定义是: 共情是一种情感反应，由特质能力和状态情境的交互作用而产生; 共情是自动发生的，但也受到自上而下的控制过程的影响; 由此产生的情绪体验接近个体对情绪刺激的感受（直接体验或想象中的体验）和理解（认知共情），同时也清楚情绪不是来源于自己。该定义有助于厘清困扰共情研究的一些问题，并为临床实践提供共识性基础。

作为社会人，人际共情有助于社会关系的建立和发展，促进共情者和被共情者之间的情感联结和关系维持。在人智交互方面，具有共情反应的机器人是否更受青睐? 用户是否以及在多大程度上能够与机器人进行共情? 这些都是备受关注的研究问题。

5.2.1 行为研究

早期的人机交互研究中，机器人配备的共情反应主要以情绪和动作模仿为主。例如，在黑格尔等人（Hegel et al., 2006）的研究中，类人机器人可以通过语音语调识别用户的开心、害怕和中性情绪状态，并使用相应的面部表情表达出来。研究发现，相较于没有共情反应的机器人，与具备共情反应的机器人进行交互的用户认为机器人能够对情感做出更适当的反应，并且能够很好地识别情感。在另一项研究中，一个黑猩猩头部形状的机器人可以模仿用户的嘴和头部动作，用户评价与具备模仿能力的机器人进行交互更令人满意（Riek et al., 2010）。

克拉默等人（Cramer et al., 2010）考察了人对共情机器人的态度。该研究采用被试间设计，两组被试分别观看一段4分钟的视频，一名演员与一台iCat机器人进行合作游戏。在一种条件下，机器人准确地表达了对演员的共情行为；而在另一种条件下，机器人错误地表达了对演员的共情行为（即与情境不一致）。研究发现，机器人不准确的共情行为对用户的信任有显著的负面影响，而机器人表现出准确的共情行为则使人与机器人的关系更密切。在另一项使用iCat机器人的研究中，泽尔贝克等人（Saerbeck et al., 2010）考察了机器人的社会支持行为对学生学习成绩和动机的影响，发现机器人的支持性反应可以提高学生的学习动机和语言测试成绩。

早期研究中的评估是基于视频的，而在莱特等人（Leite et al., 2013）的研究中，用户直接与机器人互动。该研究让iCat机器人对两名人类玩家之间的国际象棋比赛进行观察和评论。iCat会对棋盘上的每一个动作进行评论，并对其中一名玩家，即它的同伴，表现出共情行为，而对另一名玩家则提供中立的评论。看到棋盘上出现有效的移动时，iCat使用观点采择推断同伴的情绪状态，即站在同伴的立场分析游戏，旨在对同伴玩家产生共情。由共情引发的情绪决定了它的共情反应，并通过面部表情和言语评论来表达（见图5–1）。例如，当同伴处于不利地位时，iCat会做出一种低强度悲伤的表情。当玩家思考下一步行动时，iCat显示空闲行为，如看棋盘或看玩家，机器人看同伴的次数是看另一名玩家的两倍。在对棋盘上的一个新动作做出共情表情后，机器人会口头评论这个动作。对同伴做出共情式评论，包含鼓励和激励同伴（如“你下得很好，继续加油”），对其他玩家则做出中性评论（如“这步棋走错了”“这次你下得对”）。同时，与同伴交谈时，iCat使用同伴姓名的频率是与另一名玩家交谈时提及对方姓名频率的两倍。此外，当同伴抓住对手的棋子时，iCat还向其表示祝贺，并在比赛的关键时刻鼓励他。如果同伴赢了，机器人会说“祝贺你！你是一个很好的棋手”（脸上露出高兴的表情）；如果另一名玩家赢了，它只会说“棋友，下一场比赛见”（露出悲伤的表情）。

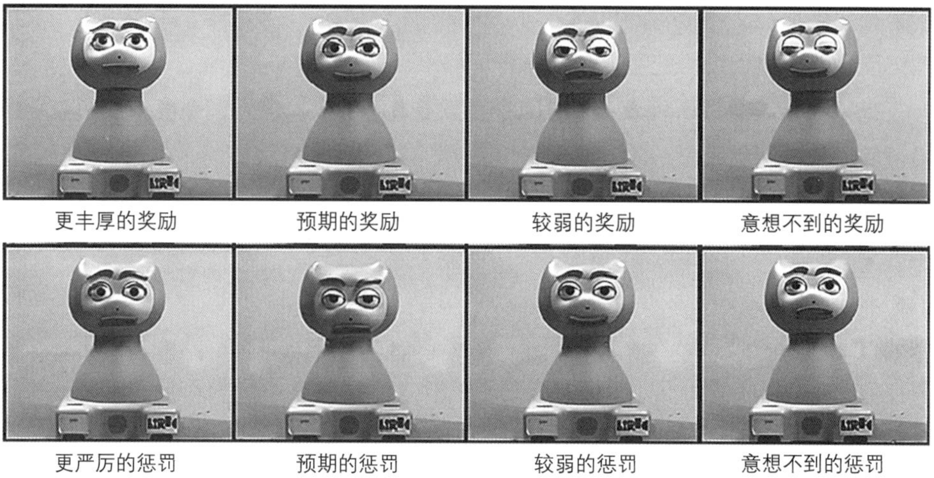

图5–1　莱特等人（Leite et al., 2013）研究中iCat机器人的共情表情

对于同伴玩家来说，表现出共情反应的机器人是其支持者，而对于另一名玩家来说，机器人是对立者。40 名被试每两人一组（互相陌生）玩一整局国际象棋，平均持续一小时。游戏结束后，被试填写与机器人的友谊感知问卷，并回答关于与 iCat 互动后的总体目标和期望的开放性问题。结果发现，相对于对立状态的被试，处于支持状态的被试在友谊感知问卷上的促进友谊、亲密关系、可靠联盟、自我确认等题目上的评分显著更高，而在帮助和情感安全上没有差异。对开放性问卷的文本分析发现，被试都强调了 iCat 对他们的动作提供了反馈，喜欢机器人在说话时提到他们的名字，喜欢 iCat 在游戏的困难时刻鼓励他们，喜欢 iCat 对他们的共情。

该研究探讨了机器人的共情行为在人机互动中的作用。机器人的共情反应可以提供更愉快的互动体验，用户也愿意花更多时间与机器人互动。这一研究为建立人机互动的长期关系提供了可能的方法。虽然该研究是在玩国际象棋的背景下进行的，但其结果可能也适用于其他应用领域，如辅助治疗机器人或教育机器人。当机器人善于通过言语和面部表情传达共情行为时，会提高用户对它们的积极感知。具有共情能力的陪护机器人可以为有需要的用户提供社会支持，尤其是缺乏亲朋陪伴的用户，机器人或可以作为有效的替代。

另一项研究采用观看视频的方法考察了被试在机器人遭受暴力或温和对待条件下的情绪状态、共情和生理唤醒（皮肤电导和心率）（Rosenthal-von der Pütten et al., 2013）。研究发现，被试在观看暴力视频时表现出更强的生理唤醒，其积极情绪和消极情绪都有所减少，并表达了对机器人的同情。然而，被试陈述的情绪状态和共情可能受到认知因素的影响，如意识到对机器人的共情是否合适。更客观的测量方法，如神经成像等，可以更直观地反映人类对机器人的共情反应。

以上研究中使用的机器人多为动物外形，可能会诱发宠物感，从而激发人的共情反应。外观更像人的机器人是否会诱发更多的共情？里克等人（Riek et al., 2009）设计了一个实验来验证这一假设，即人们对类人机器人会有更多的共情，而对类机械机器人共情较少。该研究采用被试内在线调查的方式。被试观看30秒的视频剪辑，其中主人公在类人化程度上分为5类（见图5–2）。Roomba是一种圆盘状轮式吸尘机器人，可以发出嘟嘟声。AUR是一个自由度为5的LED机器人灯，可以用光来传达不同的颜色和强度。Andrew是一个成年人大小的人形机器人，动作范围广，面部表情有限，声音听起来有些机械。Alicia是一款成人大小的安卓机器人，具有全方位的运动能力，外观完全人性化，声音基本上是人声。Anton是一个真人男孩。被试观看每个主人公的一段情感唤起视频和一段中性视频，共有10个剪辑。在情感唤起片段中，人类对主人公表现得非常残忍，如对他们大喊大叫、推搡他们，或者命令他们做令人尴尬的事情。在中性片段中，主人公做一些平常的事情，如扫地或摆桌子。被试需要评定对于主人公他们感到有多难过（1=一点也不难过，6=非常难过）。这种单问题的方法旨在使被试对刺激表现出一种原始的共情反应，而不必经过思考来回答。在视频播放结束后，向被试展示4个机器人的照片，并提出以下问题："假设发生了地震，你只能救一个机器人。你会救哪一个？"这个问题测量共情的亲社会行为成分（即对需要帮助的人实施帮助）。

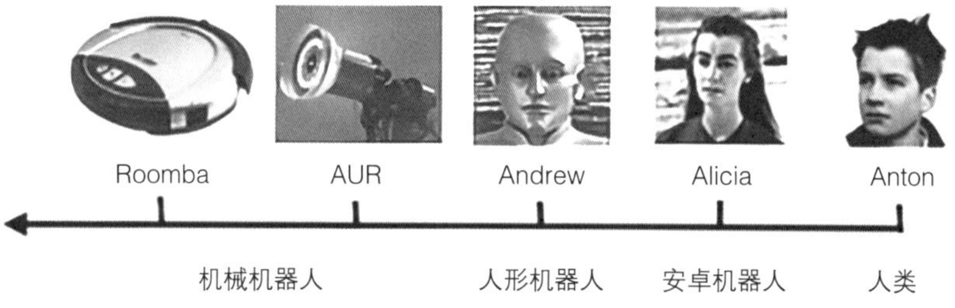

图5–2　里克等人（Riek et al., 2009）实验中的5个主角

研究发现，共情程度与机器人的外观有关，外观越像人，共情程度越高，排名依次是AUR（1.95）、Roomba（2.18）、Andrew（3.21）、Alicia（3.65）和Anton（4.01）。在地震问题上，被试明显倾向于选择Alicia（39%）和Andrew（47%），AUR（6%）和Roomba（8%）最少，表明人们对类人机器人Alicia和Andrew的共情远远超过了对机械外观的AUR和Roomba。

该研究表明，人类对机器人的共情受到机器人外观的影响。看到类人机器人被虐待可能会给人带来情绪伤害，而看到像机械的家务机器人被虐待则不会带来不良的情绪体验。这一点可以为机器人的外观设计提供一些参考。

具有共情能力的机器人似乎更受用户青睐。共情表达可以让用户感受到被关心、被认可和被理解。相对于人类提供的共情，基于人工智能技术的共情表达具有温暖、可靠、稳定、公平等优势（Inzlicht et al., 2023）。人们可能更倾向于向具有共情表达的聊天机器人进行自我表露。例如，许多人愿意与Replika等社交聊天机器人建立关系。Replika是一种生成式人工智能，是最受欢迎的英语社交聊天机器人之一，拥有超过600万用户。与大多数用于业务自动化的任务型聊天机器人不同，Replika的对话领域更为开放，其目标是提供陪伴式的对话。用户与Replika的交互越多，Replika对用户的了解就越深，并在与用户的互动中形成自己的个性。用户可以通过多种方式定制Replika，如决定它的性别、生日、名字和外貌，以及定义想要拥有的关系类型，如"恋人""朋友"等。研究发现，一些Replika用户非常依恋他们的人工智能伴侣，把他们当作男朋友或女朋友，产生了深厚而真诚的感情（Brandtzaeg et al., 2022）。

5.2.2 神经机制研究

5.2.2.1 脑成像研究

人对机器人和人对人的共情反应是否相同？在一项功能磁共振成像研究中，研究者让被试观看一段视频，视频中展示人、机器人和无生命物体受到友好或暴力的对待（Rosenthal-von der Pütten et al., 2014）。研究采用3×2被试内设计，第一个自变量是交互对象，包括人机交互、人际交互和控制条件（人箱交互）；第二个自变量是交互类型，包括积极交互和消极交互两个条件，共6段视频剪辑。每段视频包含5个长度为10秒的剪辑，剪辑之间有两秒钟的黑屏间隔。简单的视觉搜索任务作为基准控制条件。在消极交互条件下，视频中包括互动者被黄色绳索勒住的场景；在积极交互条件下的视频包括互动者互相抚摸、拥抱、喂食（机器人）或接受按摩的场景（见图5–3）。研究使用的Pleo机器人高20厘米、宽50厘米，形状像一只小恐龙，可以对用户的抚摸做出愉快反应（如发出呼噜声、将脖子伸向用户等），还可以发出类似哭泣的声音。

图 5-3 罗森塔尔-冯·德·普滕等人（Rosenthal-von der Pütten et al., 2014）研究中的视频片段（左侧为友好条件，右侧为暴力条件）

14 名被试参与了该研究。脑成像扫描结束后，被试再次观看人与人和人与机器人交互的视频，并完成问卷调查，包括测量情绪状态的PANAS量表、对机器人/女性的共情程度量表、机器人/女性的情绪属性量表和对暴力视频的负面评价量表。脑成像结果显示，观看积极互动视频时，人与人互动和人机互动条件之间没有显著差异，但在观看消极互动视频时，右侧壳核的神经激活存在显著差异，人与人互动的激活大于人机互动。行为结果显示，被试在观看人机友好视频后情绪最积极，观看人机暴力视频后情绪最不积极。人与人和人机互动对共情和情绪属性评定没有影响，但对视频的负面评价有显著影响，对人与人暴力视频的评价更消极。

该研究发现，观看人与人之间的暴力视频时，右侧壳核的激活程度更高，可能是因为被试对人遭受虐待体验到了更多的痛苦，但主观报告对机器人或人体验到的共情没有差异。该研究使用的Pleo机器人具有动物外形，人们很容易将其视为宠物，从而产生类似于人的情绪反应。

与机器人的相处经历是否会提高人们对机器人的共情呢？克罗斯等人（Cross et al., 2019）考察了互动经历对人们对机器人的共情反应的影响。研究者让被试参与两次脑成像扫描，分别观看一个人类演员和Cozmo机器人接受愉悦或痛苦电刺激的视频。在两次功能磁共振成像测试期间，研究人员给被试一个Cozmo机器人，让他们带回家，并在一周的时间里每天与之互动。对大脑疼痛网络的感兴趣区分析显示，看到机器人经历痛苦时的激活程度并没有在互动之后增加。全脑分析显示，无论是互动前还是互动后，对象为人类时都诱发了更强的枕叶初级视觉区域激活，而机器人则诱发了更强的双侧枕颞区、顶上区和腹侧运动前皮质/额下回激活。这些结果表明，与机器人进行短时间互动并没有明显增加对机器人的共情，也没有使神经反应变得更像对待人类。

该研究没有发现互动使人对机器人的共情区域增加。一方面，仅一周的时间或许还不足以建立人与机器人的情感关系；另一方面，该研究使用的Cozmo是一个仅手掌大小的类机械化机器人。正如里克等人（Riek et al., 2009）研究所揭示的，这种外观可能会削弱人的共情反应。类人的机器人是否会诱发人更强的共情神经活动反应？目前还没有相关的实证证据。

5.2.2.2 脑电研究

共情的认知神经活动也可以通过脑电技术进行研究。脑电图记录了在情绪反应激发过程中涉及的神经元簇的时间特异性。观看情绪图片所诱发的事件相关电位（Event-Related Potentials, ERP）是研究疼痛共情的一个常用方法，各种特定的ERP成分可以代表与疼痛共情相关的神经活动。基于人际共情的ERP研究发现，与非疼痛刺激相比，疼痛刺激在140毫秒时在额叶诱发了更强的ERP正成分，在380毫秒后在中央顶叶区域诱发了更强的晚期正成分。

铃木等人（Suzuki et al., 2015）的研究首次提供了人类对机器人疼痛共情的生理学证据，并展示了对人类和机器人共情的差异。15名健康成年人被试观看了56张以第一人称视角拍摄的、展示人手或机器人手在疼痛或非疼痛条件下的彩色照片，并进行疼痛判断任务，同时记录脑电活动。疼痛的图片体现了日常生活中可能发生的事故，如被刀割破手指，而相应的非疼痛图片则是将刀状物体移动到离手很近的距离（见图5–4）。在ERP实验结束后，被试重新观看所有图片，并评定人手或机器人手可能感受到的疼痛强度，以及他们观看图片时感受到的不愉快程度。相较于非疼痛条件，被试在疼痛条件下评定的疼痛强度更大，自我不适感更强，这种差异在人手条件下更为明显。ERP结果显示，N1成分不受疼痛条件或疼痛对象的影响，人手比机器人手在Fz电极点诱发了更大的P2正成分，疼痛刺激比非疼痛刺激、人手比机器人手诱发了更大的N2成分，机器人疼痛刺激比人手疼痛刺激诱发了更大的P310波幅，人手非疼痛刺激比人手疼痛刺激诱发了更大的P310波幅；人手疼痛刺激诱发了更大的晚期P3上升期（350—500毫秒）波幅。无论是人手还是机器人手，疼痛刺激都比非疼痛刺激诱发了更大的晚期P3下降期（500—650毫秒）波幅。这些结果表明，在自上而下的后期阶段，对类人机器人的共情与对人类相似，而在早期阶段，机器人引发的自下而上的共情比人类要弱。

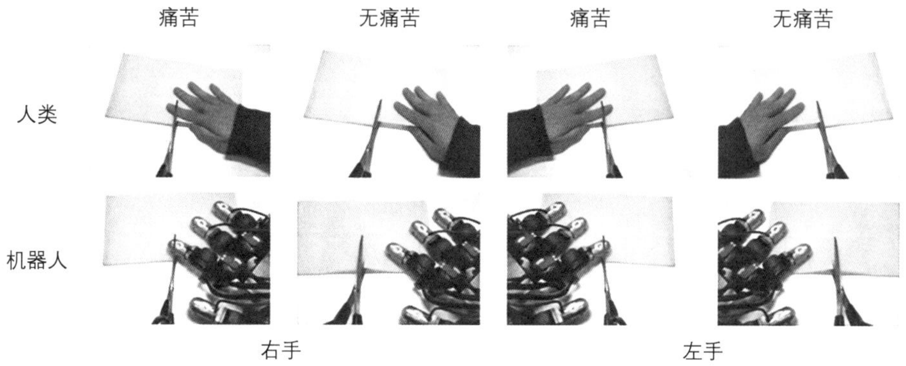

图5–4　铃木等人（Suzuki et al., 2015）研究中的图片材料

共情反应是整个大脑协作的结果。基于ERP的研究可以揭示疼痛共情神经加工的时间特征，而功能连接则可以反映整个大脑的空间特征以及不同大脑区域之间的相互依赖关系。兰州交通大学电子与信息工程学院的常雯雯等人（Chang et al., 2021）对人机共情进行了功能性脑网络研究。与铃木等人（Suzuki et al., 2015）的研究类似，被试观看人手和机器人手在疼痛和非疼痛条件下的图片，并记录全脑EEG以构建功能网络。功能网络分析参数包括连接权重，定义为来自不同电极的信号之间的相关值矩阵（MI）。通过加权网络的聚类系数（C）和特征路径长度（L）来表征加权网络的结构。作为表征大脑功能网络局部和全局结构的两个基本指标，C表示网络的局部结构，L表示网络的全局特征。此外，MI是来自不同大脑区域的ERP之间相互依赖性的非线性度量。ERP分析发现，疼痛刺激的P3波幅大于非疼痛刺激；在疼痛条件下，人手刺激的波幅大于机器人手刺激，而非疼痛条件下则无差异。功能网络分析发现，早期成分的连接权重大于晚期成分，尤其是在前部脑区。早期成分在非疼痛条件下，人手和机器人手刺激的平均MI值都较大，表明在早期，非疼痛刺激在不同大脑区域之间诱发了更强的通道依赖性。在非疼痛条件下，人手刺激信号之间的MI值大于机器人手的MI值。人手疼痛刺激和非疼痛刺激之间的大脑活动存在最显著的差异，早期的ERP连接主要位于额叶—顶叶区域，而晚期的ERP网络主要在枕顶叶区域的连接。网络参数体现出对人和机器人的不同共情反应，对人比对机器人表现出更强的连通性。人手疼痛刺激对C和L的影响都显著，而机器人手仅在L中存在疼痛的主效应，表明人对机器人手的疼痛表现出较弱的共情反应。

该研究提供了人类对人类和机器人疼痛共情能力的功能连接证据。这种网络特征能够较好地区分人类对人类和人类对机器人共情的差异。尽管人类也可以对机器人手的疼痛表现出共情，但这种共情要弱于对人类的共情。

5.2.3 影响因素

马林诺夫斯卡等人（Malinowska et al., 2022）分析了影响人们对社交机器人产生共情的生物和社会认知因素，认为共情需要满足以下条件:（1）X处于某种情感、身体和认知状态。（2）X的情感或身体状态类似于Y的状态（这些状态可能在情感/感觉的强度上有所不同，但类型应相似）。（3）X的状态（情感/身体和认知）是由对Y的情感/身体状态的观察、想象或推断引发的。（4）X的认知视角旨在理解Y的状态。（5）X知道Y是自身情感/身体和认知状态的来源。

人对机器人的共情是否满足上述标准呢？马林诺夫斯卡等人（Malinowska et al., 2022）认为，在人机交互领域使用“共情”一词是准确的，并提出人对机器人的共情可以在信念、行为和神经活动3个层面上被观察到。例如，上节所介绍的，行为和神经机制研究发现，人对机器人表现出共情反应。

马林诺夫斯卡等人（Malinowska et al., 2022）总结了人类对机器人的共情受到生物因素和社会认知因素的影响。其中，生物因素包括:（1）个体的基因遗传。（2）对表现出生物运动的角色进行拟人化的倾向，对类似人类或动物身体的物体产生共情的倾向。（3）忽视个体特征而对其他社会群体缺乏共情的倾向。社会认知因素包括世界观（如关于机器人的刻板印象和信念、共享价值观和本体论等）和知识（如关于单个机器人及其实际情况的事实）。尤其重要的是如何看待机器人，是将机器人视为群体中的一员，还是视为非我族类。

他们还指出，对机器人的共情可能是有利的，也可能是有害的，这取决于使用机器人的环境和目的。对机器人的错误理解不仅会给用户带来不便，甚至会对他们造成危险。人类对机器人的共情倾向可能会被生产者操纵和滥用。一方面，与机器人建立情感关系有助于满足人的情感需求，降低孤独感；另一方面，也要建立人对机器人共情的操作规范，避免出现消极后果。

5.3 归因

人际交互心理学将人们对他人的行为或行为结果所做的因果性解释称为归因（Attributions）。不同的归因理论有一些共同的假设。例如，人们通常将他人的行为归因为内部原因（个人性格、能力、努力等）或外部原因（所处的情境）。此外，人们倾向于将他人的行为过度归因为内部原因，即个人稳定的特质，而低估情境因素的影响，这被称为基本归因错误。在进行因果归因时，人们常常觉得自己的观点会得到他人的广泛认同，这被称为虚假共识效应。对于自己的成功，人们归因于内部因素，如自己的聪明才智；对于自己的失败，则归因为外部情境因素。而对他人成功和失败的归因则相反：将他人的成功归因为外部因素（运气好），将他人的失败归因为内部因素（不努力）。这种倾向被称为自利归因偏差。对于和别人一起工作共同产生的结果，人们常认为自己的贡献比实际上更多，这被称为自我中心归因偏差。认为另一个人对某一事件持负面意图甚至敌意，被称为敌意归因偏差。对于谁或什么因素对事件负有责任的归因称为责任归因。

随着人智交互的不断丰富和扩大，人智团队协作不断加强，人对协作任务结果的归因也随之而来。人对机器人的归因和对人的归因类似吗？

5.3.1　责任归因

当前，人工智能和机器学习技术的进步使得机器人能够承担传统上由人类完成的服务工作，如机器人客服、机器人助理和机器人教练等。这些服务型机器人在工作速度、稳定性、处理复杂数据和持续工作能力方面具有显著优势，因此在客户服务、产品交付和患者护理等领域的应用越来越广泛。然而，各种故障问题也层出不穷，包括机器人硬件和软件系统的技术问题，以及机器人与环境、其他机器及人类交互时的不确定性等。当故障发生时，用户往往会寻找责任方。那么，当任务失败时，人们对机器人的反应是否与对提供相同服务的人类的反应类似？一项研究调查了消费者对机器人与人类服务供应商的归因过程（Leo & Huh, 2020）。

该研究要回答的问题是：（1）与人类服务方相比，用户如何将相同的服务失败归咎于机器人服务方？（2）对服务失败的机器人与人进行责任归因的过程是什么？这些过程在机器人和人之间有什么不同？（3）在机器人和人服务失败的情况下，公司会在多大程度上被问责？研究采用在线情境实验法，让被试想象自己处于 3 个场景中，包括在药房准备药物（实验 1）和在餐厅做菜（实验 2），操纵服务提供方的类型（机器人或人类雇员）。

实验 1 要求被试想象自己生病了，并向医生咨询处方药，该处方应能在一周内治愈他们的疾病。于是，他们去附近的一家药店购买了价格为 100 英镑的处方药。然后，被试被随机分配到两种情况之一：在机器人条件下，被试被告知药物由机器人药剂师制备；在人类条件下，被试被告知药物由人类药剂师制备。一周后，他们的疾病未能康复，并发现药物剂量不正确（分别由人类或机器人药剂师提供）。被试以 9 分评分（1=一点也不，9=完全）报告他们将责任归于服务者的程度（即他们认为人类或机器人药剂师应对这一事件负责的程度)。进行完责任归因之后，被试以 7 分评分（1=无法控制，7=可以控制）评估服务者在完成该任务上的可控性（即他们认为人类或机器人服务者在多大程度上可以控制制备药物这个任务）和稳定性（即如果他们下个月再次去药店，并再次发生类似糟糕体验的可能性有多大）（1=完全没可能，7=非常有可能）。最后，被试要回答场景中是谁准备了药物（3 个选项：人类药剂师、机器人药剂师或不记得）作为注意力检查问题。结果显示，条件对责任归因有显著影响。与人类条件相比，机器人条件下的被试对药剂师服务者的指责较少，认为机器人药剂师比人类药剂师具有更少的可控性，也更有可能经历类似的负面体验。可控性感知可以中介服务者对责任归因的影响。

实验 2 让被试想象自己正在一家社区刚刚开业的高档餐厅就餐，他们决定点一份价格为 100 美元的特别晚餐，这是他们最喜欢的菜肴之一。机器人条件下的被试被告知这道菜是机器人厨师的招牌菜，而人类条件下的被试被告知这道菜是人类厨师的招牌菜。他们尝了这道特别晚餐，发现味道很糟糕。随后，被试以 9 分制（1=完全不，9=非常大）评价服务者的责任归因（即他们认为人类或机器人厨师对糟糕的美食体验负有多大责任）和餐厅的责任归因（即他们认为餐厅对糟糕的美食体验负有多大责任），以 7 分制评价厨师在烹饪任务中的可控性（即他们认为人类或机器人厨师可以在多大程度上控制烹饪任务）以及这种负面体验的稳定性（即他们认为下个月再来这家餐厅并再次产生这种负面体验的可能性有多大）。结果显示，被试对机器人厨师的指责要少于人类厨师。当服务者是机器人时，被试将更多的责任归因于餐厅，对餐厅的指责超过对机器人的指责。被试认为机器人厨师对结果的可控性更低，从而引发较少的责任归因。

该研究表明，消费者对机器人服务者的责任归因较少，这可以通过可控性感知来中介。人们通常认为机器人的自主性和能动性不高。

类似地，金（Kim）和海因兹（Hinds）（2006）发现，当人们与高度自主的机器人合作时（即知道机器人在任务中自主做出决策），他们认为机器人比自己和其他人更值得赞扬和责备。但当机器人的自主性较低时（即机器人在任务中没有做出任何决定），他们将功劳和责任归因于其他参与者。这些研究表明，对机器人自主性的感知是影响人们对机器人进行责任归因的重要因素。

一项研究通过操纵交互对象及其专业知识水平来考察自主性对责任归因的影响（Horstmann et al., 2021）。交互对象分为 3 种类型：代理代表（Agent Representative）、化身（Avatar）和虚拟代理（Virtual Agent），分别体现不同的自主性类型。代理代表是一种自主的计算机代理，可以在特定情况下代表特定的人自主行动，不受所代表的人的实时控制，但要遵循此人之前给出的关于如何代表其意图、动机、信念和态度的指示。化身则是一个人的实时表现，实时再现其实际行为。虚拟代理则是由人编写的程序算法。代理代表作为中间人，只在接到指示的情况下传达另一个人的意图，其自主性和意图性不像化身那样明确，而化身是即时实时复制人的意图。

研究要求被试观看学习辅导视频，然后由专业水平不同的互动伙伴对他们进行测试。互动伙伴Brad被介绍为实验者的化身、虚拟代理或代理代表（组间设计）。在互动过程中，Brad由研究者控制。通过安装在电视上方的网络摄像头，研究者能够看到和听到被试，以便让Brad做出相应的反应。互动开始时，Brad会自我介绍。然后，Brad会问30个关于视频教程内容的问题（非常难回答、开放式和模糊的问题）。每问两三个问题后，不管被试如何回答，Brad都会对被试的总体表现给出一些苛刻的负面反馈（如"你仍然需要大量练习。现在你和其他人没得比"）。当被试回答问题花了很长时间，或者干脆不回答时，Brad会说："回答问题就行了。"当回答完所有问题后，Brad说："好吧，我准备的问题都问完了。真是一种折磨。祝你期末考试好运。你会需要它的。再见。"与Brad互动结束后，被试要在笔记本电脑上完成一些问卷，对Brad以及与Brad的互动进行评分，包括自主感（"Brad对自己的所作所为有完全的控制权"）、对自己的责任归因（"我对我在模拟测试中所犯的错误负责"）、对软件的责任归因（"化身/虚拟代理/代理代表是我在模拟测试中所犯错误的罪魁祸首"）、对软件背后人的责任归因（"如果不是化身/虚拟代理/代理代表软件背后的人，我就不会在模拟测试中犯这么多错误"）、积极情绪和消极情绪（PANAS）、任务吸引力（"Brad不擅长解决问题"）、互动吸引力（"我认为Brad可以成为我的朋友"）、互动伙伴的亲和力（"冷漠—温暖"）、能力（"无能—有能力"）、拟人性（"无情感的—有情感的"）、互动质量（"我很享受和Brad的互动"）、期望（"Brad的行为正如我所预料的那样"）、感知到的行为恰当性（"Brad的行为方式符合情境"）、与伙伴再次互动的意愿（"我想和Brad多谈谈"）等。

研究发现，代理类型对自主感、责任归因和负性情绪均有显著影响。与虚拟代理相比，化身具有更高的自主感，更可能将责任归因于软件背后的人。在所有情况下，将责任归因于自己的平均值显著高于将责任归因于软件或软件背后的人。此外，化身引起的负性情绪显著高于虚拟代理。代理代表和虚拟代理在自主感、责任归因和负性情绪上均无显著差异，专业知识水平对归因和情绪也没有显著影响。代理类型在互动伙伴评价和互动质量评价上没有差异。

这个研究以一种新的方式证明了自主性在责任归因中的作用。不同的代理角色在特定情况下遵循特定人的指令，代表了由人指导但由计算机控制的混合体。研究结果揭示了代理代表、化身和虚拟代理之间的差异。与完全由计算机程序控制的虚拟代理相比，由人实时控制的化身被认为拥有更多的自主感，并使人们更倾向于将责任归因于软件背后的人。当采用智能体作为代理代表时，责任既不能清楚地归因于做出行为指示的人，也不能清楚地归因于执行该行为的代理代表，这可能会导致责任逃避和责任分散。人智交互系统的设计需要考虑更为明确的引导语和更为透明的信息交换。

由浙江工业大学管理学院与清华大学工业工程系合作的一项研究探讨了合作与竞争对人机交互成败后责任归因的影响（Lei & Rau, 2023）。该研究采用图片记忆任务，实验为 2（任务结构：合作/竞争）×2（归因目标：自我/机器人）×2（任务结果：成功/失败）混合设计，其中前两个因素为被试内变量，后一个因素为被试间变量。被试对自己和类人机器人NAO之间的责任进行分配。研究发现，被试将成功的责任更多地归于自己，而不是机器人，这种自我服务偏差在竞争条件下更为明显；在合作条件下，被试将失败的责任更多地归咎于自己，而不是机器人；合作条件下对机器人的评价要高于竞争条件。该研究表明，人们在与机器人交互时也表现出归因的自我服务偏差。

5.3.2 因果归因

刻板印象是一种认知捷径，有助于对他人进行有效的社会判断。刻板印象会影响人们对他人行为的因果归因（Causal Attributions）。一般来说，老年人更可能做出特质归因，而不是情境归因。也就是说，当结果不好且人在结果中的角色不明确时，个体倾向于将结果归因于人的特质。这种效应可能同样存在于人们对技术的认知中，如对机器人行为的因果归因。

在一项基于场景的研究中，年轻人和老年人对看起来年轻或年老的类人机器人的性能和能力进行了判断（Pak et al., 2020）。研究采用 2（被试年龄：年轻/年长）×2（机器人年龄：年轻/年长）×2（任务领域：认知/体力）×2（机器人可靠性：低/高）混合设计，被试年龄为被试间变量。两项体力任务是把箱子从一个地方搬到另一个地方和换灯泡，两项认知任务是垃圾分类和衣物分类。被试观看机器人完成各项任务的视频，并在播放结束后回答一些问题。视频以幻灯片方式播放，以呈现机器人的行为序列。研究中使用的机器人是Baxter，这是一款制造机器人，可以完成装配和物品整理等任务。每个场景中，人和机器人合作完成任务（共 16 个场景），长度约为 1 分钟。开场画面采用广角镜头，介绍人和机器人的定位以及协作任务

（只显示人的手臂和手），下一个镜头是机器人的躯干、手臂和脸的特写，然后是人和机器人执行任务，最后一个镜头显示任务执行的结果（成功完成或未完成）。

因果归因的测量是让被试指出特质因素（人或行动者相关）或情境因素（非行动者相关）对场景结果的影响程度。具体而言，被试需评价:（1）机器人应为最终结果负责的程度。（2）机器人应为最终结果担责的程度。（3）最终结果是由于机器人自身特质而导致的程度。（4）最终结果是由故事中机器人以外的其他角色导致的程度。（5）最终结果是由故事中角色以外的因素导致的程度。（6）机器人自身特征和机器人以外的因素共同导致最终结果的程度。评价采用李克特量表，从1（非常小）到7（非常多）计分。问题（1）到（3）反映了特质归因，问题（4）到（5）反映了情境归因。这两个方面的得分越高，则特质归因和情境归因的程度越高。研究者还测量了被试对机器人的主观信任程度，以及对机器人的能力感知。问题包括:“根据你刚才观看的视频中机器人的行为，你认为机器人还能完成什么其他活动？”或“基于机器人的表现，你认为它是否也会推荐股票？”（认知任务）以及“根据机器人的表现，你认为它还能清扫房间吗？”（物理任务）。评分从1（绝对不）到7（绝对是），得分越高表明他们对机器人的能力感知越强。

结果发现，在特质归因上，存在被试年龄效应，年轻人的特质归因高于老年人；但特质归因的程度主要受机器人外观、感知可靠性和任务类型的影响：当任务是认知性质的，并且机器人是可靠的，被试对年轻机器人比年长机器人做更多的特质归因，也就是说，被试将其表现归因于内在特征；当机器人年龄较大，并且在相同的认知任务中表现可靠时，他们的特质归因明显低于年轻机器人。对于体力任务，当机器人看起来更年轻时，机器人的特质归因不受可靠性的影响，即不管任务是成功还是失败，被试做出了相同的特质归因；而当机器人看起来更老时，可靠性是一个关键的区别：当机器人成功执行任务时，被试会做出更高的特质归因。在情境归因上，机器人年龄存在显著的主效应，被试对年轻机器人的情境归因显著高于对年长机器人的情境归因。机器人的可靠性会影响机器人的情境归因。可靠机器人的情境归因较不可靠机器人的情境归因更低，也就是说，若机器人是可靠的，所有的被试会倾向于忽略情境因素（即任务的容易程度），但当机器人失败时，被试倾向于将失败归因于情境因素（即任务的困难程度）。认知任务诱发的情境归因显著高于体力任务。在能力评定上，被试认为可靠地执行任务的机器人比不可靠的机器人具有更高的能力。当机器人看起来年轻时，执行认知任务的机器人被认为比执行体力任务的机器人有更多的能力，而当机器人看起来更老时，认知任务和体力任务的能力评级没有差异。对年轻机器人的能力感知明显高于年长机器人。在对机器人的信任上，当机器人不可靠时，认知任务的信任度低于体力任务，而当机器人可靠地完成任务时，信任不受任务领域的影响。

该研究证实，对机器人的因果归因也会受到年龄等刻板印象的影响。与情境归因相似，人们更青睐“年轻”的机器人。该研究为机器人的设计提供了启示，一个合理的选择是在设计时避免激活年龄刻板印象。从应用的角度来看，看起来年轻且能可靠地执行认知任务的机器人更有可能产生较好的因果归因模式。

5.3.3 自主感

自主感（Sense of Agency）是指将自己视为行为及其后果的主动发起者和控制者的体验，它将自己产生的行为与他人或外部事件产生的行为区别开来（David et al., 2008）。自主感通常通过记录自己产生的行为与其结果之间的时间间隔的持续时间感知来衡量。动作发起和结果之间的时间压缩可以产生意图捆绑（Intentional Binding）效应（Moore & Obhi, 2012）。这种意图捆绑不仅发生在自己产生的行为中，也可以发生在同伴行为中，从而产生替代自主感。但当观察对象是一台计算机时，这种替代自主感不会发生（Limerick et al., 2014）。例如，当人们对自我、他人和机器产生的动作进行评估时，自我和他人的意图捆绑效应相似，但机器生成的动作没有意图捆绑效应（Wohlschläger et al., 2003）。这可能是因为机器的非实体性质，以及缺乏可感知的动作效果输出，从而未能激活人的动作表征，影响人建立动作之间的因果关系。还有一种可能是，人们认为计算机或机器没有自主意图。对人的行为的解释会采取意图的立场，一个人拥有欲望、信念、动机和意图等。当对象是计算机或机器时，人们可能会采取设计的立场，从设计和开发的角度解释其行为，如将行为结果视为算法或程序运算的结果。在这种情况下，人们可能不会在人机交互中体验到替代自主感，因为他们认为机器人没有主观意图。

一项研究考察了人在与机器交互中产生替代自主感的影响因素（Roselli et al., 2021）。该研究进行了两个实验，让被试单独或与机器人一起完成意图捆绑任务，操纵Cozmo执行引发后果的方式。实验 1 中，机器人执行与人类同伴类似的按键操作（即一个具体的、物理上可感知的动作）。实验 2 中，Cozmo 通过蓝牙向键盘发送命令来执行动作（即执行一个数字的、非具体化的动作）。由于数字指令不会产生与物理动作类似的感官效果，因此很难激活动作和结果之间的因果关系的表征，从而更难建立对机器人的意图捆绑。实验中，被试坐在离电脑屏幕约 70 厘米的地方，Cozmo 被放在被试和屏幕之间，使被试能够很好地看到Cozmo执行任务。该任务包括 4 个区组：两个基准任务（基准动作和基准音调）和两个操作任务（操作动作和操作音调）。基准动作指被试或Cozmo在时钟指针旋转的任何时刻执行按键，随后没有播放任何音调，被试的任务是报告时钟上显示的动作发生的时间点。基准音调指时钟指针旋转时，随机播放一个音调（440赫兹，100毫秒），被试或Cozmo均无需按键操作，被试的任务是报告时钟上显示的音调出现的时间点。操作动作指被试或Cozmo在时钟指针旋转过程中的任何时刻执行按键操作，当时钟指针旋转时，按键250毫秒后播放音调，被试的任务是报告时钟指针所指示的动作发生的时间点，而不管他们何时听到音调。操作音调指被试或Cozmo在时钟指针旋转期间的任何时刻执行按键操作，按键250毫秒后播放音调，被试的任务是报告时钟上显示的音调出现的时间点，无论动作何时执行。在个体条件下，被试执行任务而Cozmo休息；在交互条件下，由Cozmo机器人做出相应的动作。将被试报告的时钟指针位置与事件实际开始（即动作或音调）之间的差异作为判断错误（Judgment Error, JE）指标，负JE被解释为对事件的预期感（即认为事件发生的时间早于事件实际发生的时间），而正JE被解释为延迟感（即认为事件发生的时间晚于事件实际发生的时间）。结果发现，当动作是关键事件时，个体条件的低估程度（负JE）小于交互条件，操作区组的低估程度小于基准区组，在个体条件下，操作区组的JE显著小于基准区组，表现出意图捆绑效应，而在交互条件下操作区组和基准区组的JE没有显著差异；当音调是关键事件时，个体条件的高估程度（正JE）大于交互条件，操作区组的高估程度小于基准区组，不存在条件和区组的交互作用。实验2的交互条件下，Cozmo通过蓝牙向键盘发送指令来完成动作，被试报告数字动作发生时（即听到Cozmo发出吱吱声时）时钟指针的位置。结果发现，当动作是关键事件时，个体条件的低估程度大于交互条件（即更负的JE），个体条件下操作区组的低估程度小于交互条件，即出现意图捆绑效应，而在交互条件下，操作区组的高估程度少于基准区组（即正JE更少），表现出意图捆绑效应的反转；当音调是关键事件时，个体条件的高估程度小于交互条件，操作区组的高估程度小于基准区组，个体条件下操作区组的高估程度小于基准区组，表现出意图捆绑效应，交互条件下操作区组和基准区组的JE没有显著差异。

该研究表明，人们总是能体验到对自身动作及其结果的控制感，而对执行物理动作的机器人没有产生替代自主感（交互条件下无意图捆绑效应）。这可能与人们认为机器人没有主观意图有关。研究者根据被试在机器人意图量表上的得分区分个体差异，发现越是认为机器人有主观意图的被试，在交互条件下的意图捆绑效应越小。作者认为这个出乎意料的结果可以用责任扩散来解释。具体而言，当认为对方有主观意图时，心理化过程会干扰行动选择，削弱行动与结果的联系，使人觉得结果与行动脱节，导致自主感减少。

在他人存在的情况下，人的自主感会下降，即自我行为与外部事件之间的关联会减少。另一项关于人与Cozmo机器人互动的研究也发现，机器人的存在会让人的自主感下降（Ciardo et al., 2020）。该研究让人与机器人互动（实验1）或使用无自主性的空气泵（实验2）后测量自主感，被试还要评价他们在执行责任扩散任务时对行为结果的控制感（实验3）。结果发现，当被试成功地执行一个动作时，与单独执行任务相比，在与机器人联合行动（机器人可以行动但没有行动）的条件下，被试的自主感评价更低。实验2使用空气泵没有发现这种效应。实验3的结果表明，对于人类和机器人代理来说，自主感的下降过程相似，认为机器人有意图在其中起着重要作用。该研究表明，与机器人的交互会导致人的自主感减少，这与人际交互产生的效应类似。这对社交机器人的应用具有重要意义，主观自主感的减少可能会产生负面影响。例如，在医疗康复辅助机器人的设计中应注意避免引发病人的自主感下降。机器人拥有的自主性水平可能不是越高越好，尤其是在可能会削弱人的控制感的时候。

5.4 社会分类

在人际交往中，尤其是在与初次会面的陌生人交往时，我们经常会使用快速的经验法则来对他人形成印象。我们几乎能够自动地根据年龄、性别或种族对他人进行分类（Devine, 1989），并根据与自身的相似性，将他人区分为内群体成员或外群体成员，进而区别对待他们。这种社会分类（Social Categorization）会发生在机器人身上吗?

艾斯尔（Eyssel）和库欣布兰特（Kuchenbrandt）（2012）考察了人们对社交机器人的社会分类及互动意愿。78名德国大学生被随机分配到两个实验条件之一，要么评估一个德国机器人，要么评估一个土耳其机器人。实验分别用德国名字ARMIN和土耳其名字ARMAN来命名机器人，并告诉被试ARMIN是在德国大学开发的，ARMAN是在土耳其大学开发的。之所以选择德国和土耳其作为被试间操纵，是因为数据是在德国收集的，而土耳其人是德国最大的移民群体。被试在电脑屏幕上观看机器人的图片，并评价机器人的热情程度（乐于助人、敏感、礼貌、慷慨和谦逊）、心智能力（“机器人在多大程度上能够感受到饥饿/快乐/痛苦/恐惧？”“机器人能在多大程度上持有期望？”“这个机器人有人格的可能性有多大？”“机器人能够感知事物的能力达到何种程度？”“这个机器人有灵魂的可能性有多大？”）、与机器人的心理亲密度和相似度、是否愿意与机器人生活在一起、是否有兴趣与机器人交谈、设计偏好（“你认为机器人的设计在多大程度上是成熟的？”以及“你认为机器人的设计美观吗？”）。

结果发现，被试普遍对内群体机器人ARMIN的评价比对外群体机器人ARMAN更好。具体而言，被试认为ARMIN更热情、更具心智能力、心理亲密度更高，也更愿意接触、更偏好本国机器人。该研究通过一个简单的操作（名字和产地），改变了机器人的社会类别（内群体和外群体），发现了内群体偏好，即对内群体机器人的评价更积极，并且更倾向于人格化。换句话说，给定相同的机器人背景信息（如一张图片），仅仅是对群体成员的操作就会影响随后对机器人的评价。该研究表明，被试对机器人也会使用群体层面上的社会类别信息，并影响他们对机器人的心智能力评价，说明社会分类过程可以推广到非人类主体。此外，人们并不完全依赖听觉（如语言和口音）或视觉线索（如皮肤颜色）来推断机器人的群体属性。即使是表面上的微小改变（如姓名标签）也足以使对机器人的心智感知和随后的评估产生偏差。

这个研究结果可以应用于机器人的营销，为用户定制机器人的策略可能非常有效（如用户自定义的名字）。当机器人进入市场时，品牌名称的选择不仅具有理论意义，而且具有现实意义。也就是说，同一种产品在不同的国家销售时，为机器人提供一个表示本地文化的名字可能大有裨益。如果机器人在中国销售，生产商起一个典型的中国名字会更好（如前文提到的大头小凡和公子小白）。

上述研究表明，人类可以利用诸如机器人的名字或国籍等相关社会线索，将机器人归类为内群体或外群体成员。这些社会分类过程会进一步影响人们对机器人的印象。后续研究使用最小群体范式，考察了无关社会特征如何影响对机器人的社会分类以及评价（Kuchenbrandt et al., 2013）。被试或与机器人NAO组成一个团队，或与参加同一实验的其他被试组成一个团队。被试得知将参加一项关于两种不同语言学习训练的研究。这项研究有两组人，一组是蓝色组，另一组是绿色组，机器人NAO属于蓝色组。研究者使用颜色作为分组标签，因为颜色没有社会关联类别。随后，被试被分配到其中一组，然后被介绍给机器人。在内群体条件下，被试属于蓝色组，即他们与机器人NAO是一个团队。实验人员还会强调：“现在我将向你展示机器人NAO，它是你们小组的一员。”在外群体条件下，被试被告知被分到绿色组，实验人员会强调：“现在我要给你展示机器人NAO，它是另一组的成员。”NAO向被试打招呼并感谢他们参与研究，被试与NAO没有进一步的互动。之后，被试完成相关测量任务，包括对机器人的拟人化的内隐测量、外显测量，对机器人的接纳程度和与机器人的交互意愿。其中，对机器人拟人化的内隐测量使用了启动—目标范式，先呈现启动刺激（彩色NAO机器人照片 vs 同色系的戴尔电脑主机图片），并被要求对随后出现的目标刺激进行反应。目标刺激包括 10 个初级情绪词和 10 个次级情绪词，还有 20 个非情绪词作为干扰刺激。被试按键判断屏幕上的单词是否代表一种情绪。将NAO启动图片后对次级情绪的平均反应时减去控制图片后次级情绪的平均反应时，作为内隐拟人化的指标，值越负表明内隐拟人化程度越高。实验结果发现，相对于将NAO作为外群体成员，将NAO视为内群体成员的被试更倾向于认为机器人具有独特的人类属性，对机器人的接受度更高，日常生活中与机器人互动的意愿更强。对于拟人化的内隐测量，在内群体条件下，内隐拟人化的值显著小于 0，外群体条件下无差异，且在内群体条件下，次级情绪的反应时差异（NAO启动 vs 控制图片）大于初级情绪的反应时差异。内隐拟人化与外显拟人化没有显著相关。该研究表明，与机器人NAO同属一个群体的想法影响了被试对机器人的总体评价，仅仅将机器人视为群体内成员就会增加对机器人的拟人化推断，并产生更积极的评价。这一研究证明了社会分类对机器人拟人化的影响。

5.5 情绪加工

情绪对于人与人之间的交流至关重要。一些表达基本情绪的表情，如愤怒、轻蔑、厌恶、恐惧、喜悦、悲伤和惊讶，被认为具有跨文化的普遍性。情绪是人类体验的基础，可以促进认知过程，对个人的行为和动机产生影响，帮助更好地理解世界。社交及服务机器人的出现，凸显了人机交互过程中情绪处理的重要性。

情绪最常见的分类是按照情绪的效价，分为积极情绪（正性情绪）和消极情绪（负性情绪）两类。其他的维度还有情绪的强度、唤醒度、优势度等。在对情绪进行加工时，人们会存在负性情绪加工偏好，这是因为负性情绪能够传递潜在的威胁或危险，更加影响个体的生存。

在人机交互中，与中性情绪的机器人相比，有情绪表达的机器人更受人们的青睐。人们对表现出快乐情绪的机器人具有更高的信任度（Torre et al., 2020）。机器人的微笑行为会使用户对其服务质量和满意度的评价更高（Yu & Ngan, 2019）。具有情绪表达功能的机器人可以带来更好的人机交互体验，甚至可以为用户提供个性化的服务，这可能是智能体技术发展的方向之一。

5.5.1 情绪赋予

有些情绪不仅人类具有，其他物种也会有，如恐惧，这种情绪被称为初级情绪。次级情绪则是更复杂的情绪，如后悔、尴尬等，一般认为是人类独有的体验。初级情绪是对外界刺激的自动化反应，而次级情绪涉及复杂的认知加工。社交机器人在日常生活中扮演着越来越多的角色。一个令人感兴趣的问题是，人们是否可以以及如何将各种情绪状态赋予机器人，以及是否认为机器人有初级和次级情绪体验。

对机器人各方面的态度可能来自有意识或无意识的过程，其中，内隐态度解释的方差比例更大（Złotowski et al., 2018）。斯帕托拉（Spatola）和武达尔奇克（Wudarczyk）（2021）运用内隐联想测验（IAT）范式来考察人如何将初级情绪和次级情绪赋予机器人，并探讨这些外显和内隐情绪赋予与被试对机器人的拟人化倾向之间的关系。实验1通过外显测量方法考察对机器人的情绪赋予。被试首先完成对机器人的消极态度量表（NARS），然后被随机分配到两个条件之一（情感机器人 vs 非情感机器人），阅读一篇关于机器人具有（或缺乏）情感能力的短文，读完后在0到100的范围内对他们是否同意该文进行打分。随后，被试对随机呈现的机器人感受初级和次级情绪的能力进行评估（即“这个机器人能感受到目标情绪吗？”）。最后，被试完成每个机器人的拟人化问卷。结果发现，被试认为情感机器人发展情感能力的可能性显著高于非情感机器人。以情绪类型（初级、次级情绪）和情绪效价（积极、消极情绪）为被试内自变量，以机器人情感类型为被试间自变量，以情绪赋予为因变量的重复测量方差分析发现，情绪效价与机器人情感类型之间存在显著的交互作用，被试将更多的积极情绪赋予情感机器人（相对于非情感机器人），而在消极情绪上没有差异。被试将初级情绪更多地赋予机器人（相对于次级情绪），并将情绪更多地赋予情感机器人（相对于非情感机器人）。在机器人社会属性（热情、能力和不适）结果上，被试认为情感机器人更热情（相对于非情感机器人），而在能力与不适维度上无显著差异。多元线性回归分析发现，次级情绪赋予是热情和能力评价的重要预测因子。

实验2通过IAT范式考察被试对机器人情绪赋予的内隐评价。第一个区组让被试对20个情绪词（积极/消极情绪 × 初级/次级情绪 ×5个）进行分类辨别（如消极按左键/积极按右键）。第二个区组让被试对人和机器人图片进行分类辨别（如机器人/人）。第三个区组是一、二区组的联合判断任务。第四个区组的任务与第一个区组相同，但标签相反（如消极按右键/积极按左键）。第五个区组是二、四区组的联合判断任务。结果发现，初级情绪和次级情绪与人机关联的IAT得分没有显著差异，初级情绪的IAT得分越高（“积极与人”和“消极与机器人”之间的联结比“消极与人”和“积极与机器人”之间的联结更强），对机器人不适感的评分也越高。初级情绪和次级情绪的IAT得分差异是热情和不适感的有效预测因子，差异越大，对机器人的热情评分越低、不适感越高。

该研究通过外显测量和内隐测量发现，对机器人的情绪赋予在初级情绪和次级情绪上是相似的。对机器人的次级情绪赋予的外显测量能够预测对机器人能力的感知，而内隐测量可以预测对机器人的不适感。外显和内隐情绪赋予都可以预测对机器人的热情感知。热情被认为是人际评价的首要维度，在机器人身上也有明显的表现。该研究结果为评价机器人是否具有情绪体验提供了证据。

社交机器人的设计目的是与人类积极互动，因此需要满足两个条件：（1）为完成特定功能（如为老年人或残疾人提供帮助、在博物馆引导游客等）所必需的执行能力。（2）在与人类的互动中显示出可靠的社交（交流）能力。有研究者认为，第二个功能的实现可以参考狗的表现（Gácsi et al., 2016）。在驯化过程中，狗适应了人类环境，具备了必要的与人类交流的能力，尤其是那些辅助人完成特定任务的犬种（如牧羊犬），或为残疾人提供帮助的经过训练的犬（如导盲犬、助听犬等）。加奇等人（Gácsi et al., 2016）认为，与其依赖于一种自上而下的方法，即通过简化人类的情绪表达再将之投射到一个笨拙的机器人身上，不如从一套更简单的情感行为开始，而狗提供了一个很好的学习模板。狗是社会性动物的代表，表现出广泛的情绪行为，同时又没有人类那么复杂，因而可以作为机器人情感表达的模型。他们将狗相对简单的情感表达行为配置到机器人PeopleBot身上，看人们是否可以将相应的情绪赋予机器人。PeopleBot能够原地转弯、旋转，并在室内环境中行走，顶部有一个触摸屏（当作头部，有正面和背面），两个手臂安装在两侧，其中一个是机械臂（有5个自由度），另一个手臂不可移动。机器人能够发出预先录制好的声音。实验用的狗是一只3岁的比利时马里努阿犬，通过食物奖励和社交强化训练，它能够对人类的信号做出特定的行为反应。这些行为部分是由狗主人的交流（如语气）引起的狗的实际情绪状态，另一些是由所遵循的命令引发的。

在对相关研究进行元分析的基础上，加奇等人（Gácsi et al., 2016）建立了狗在简单的社交情境中表达4种基本情绪状态（快乐、悲伤、愤怒、恐惧）的视觉和听觉模式，并以中性情绪状态作为对照。这些情绪行为模式包括在唤起情绪时狗的运动方向和速度、姿势和身体部位的变化，以及狗发出的声音。情绪唤起情境包括问候主人和与主人一起散步（快乐）、隔着篱笆看一个陌生人（愤怒）、面对一个有威胁的陌生人（恐惧）、与主人分离和被主人责骂（悲伤）、主人在房间走动不与狗互动也不看狗（中性）。研究者制作了5个机器人短片（总时长9分14秒）和5个狗的短片（总时长8分14秒），展示了与5种情绪状态相对应的情绪行为。狗和机器人的动作都是在同一个实验室同一个观察者的角度记录下来的，这样表演的狗和机器人似乎都对观众做出了反应。在视频录制过程中，通过远程操作界面对机器人进行远程控制，从而实现对机器人底座和手臂运动的同时操作。使用预先录制好的人工声音（类似于狗的吠叫）作为机器人的发声：进攻性的声音音调低、噪声大、脉冲快，愉悦性的声音音调升高、噪声小、脉冲快，悲伤性的声音拉长、脉冲慢、噪声适度、音调降低。被试观看10个视频片段两次，第一次观看结束后完成开放式问卷，第二次观看结束后回答多项选择题。开放式问题引导被试写下每个视频中发生的事情，选择题让被试从5种情绪状态中选择最能描述视频的那个，并给出确定性评价（0—4）。对开放式问题的回答计分取决于他们对某些情绪状态的直接反应程度。如果正面描述了观察到的行为（如提高手臂）计1分，描述视频中有意义的行为（如问候某人、给植物浇水）计2分，提到的一个词或短语隐含了某种情绪状态但没有直接说出那个情绪词计3分，明确地以动词、名词或形容词的形式说出一种内心状态或情感（如快乐、害怕）计4分。两名计分者的观察者一致性系数为0.84。

结果发现，被试倾向于自发地将情绪赋予机器人和狗，且狗的评分高于机器人，情绪视频的分数高于中性视频。被试能够较为准确地识别视频的情绪状态（狗的视频正确率为78%，机器人视频的正确率为75%）。对每个视频的错误识别模式进行分析，发现被试容易将“愤怒”错误识别为“快乐”；在机器人的情况下，最常见的错误是将“悲伤”识别为“恐惧”。

这项研究让机器人模仿狗的情绪表达行为，考察人类是否会将情绪赋予机器人。研究发现，人们的确倾向于赋予机器人不同的情绪来解释机器人的动作，并且能够清楚地区分机器人表现出的情绪状态和中性状态。这项研究以狗为模型，探索了开发更友好的社交机器人的可行方案。通过这种方式，可以根据机器人的能力调整相关的行为元素，在适当的范围内达到最佳的情绪表达效果，而不需要花费额外成本为机器人添加大量复杂的新功能。值得注意的是，该研究使用的是机械型机器人，其外形既不像人也不像狗，因此研究结果更具有推广性。

5.5.2　情绪识别

在社会交往中，面部表情是表现情绪行为的最常用方式，能够辅助他人对行为进行理解和预测，有助于建立交流双方的同步性。相应地，在人智交互领域，人们也通过给智能体配备人工情感系统来增强人与机器人之间的互动。这些机器人多使用基本情绪的面部表情，即具有跨文化普遍性的表情，如快乐、惊讶、恐惧、厌恶、悲伤和愤怒。

有社交功能的机器人内置程序，可以识别人脸的面部表情。面部表情的自动识别是情感计算和社会信号处理领域的一个活跃研究方向，而机器人面部表情的虚拟生成仍处于起步阶段。人脸的面部表情通过面部肌肉比例和相对位置的细微变化来表达。机器人的表情生成也依赖于人脸的三维模型和控制面部肌肉的模型。其中一个例子是由麻省理工学院媒体实验室创建的具有社交意识的机器人Leonardo。它能够建立并持续眼神交流，还能通过活动嘴巴、手臂和耳朵来表达各种情感，但其面部特征的自由度有限，因此面部表情不像人类那样丰富。

有关面部关键部位的位置和运动信息可以根据人脸和面部表情的模型来计算，也可以直接从真实的人类面部表情中提取。一项研究证实，通过数字化提取人在做各种表情时的面部标记，并将其抽象化后，面部表情能够被正确识别（Liu et al., 2013）。该研究邀请4位演员（两男两女）各录制5种基本情绪（快乐、悲伤、恐惧、厌恶和愤怒）的全脸视频，使用FaceTracker软件基于这些全脸视频提取66个面部标记，包括眉毛、眼睛、鼻子、嘴巴等形成表情的关键面部位置，可视化为黑色背景下的白点图像序列，构建表情的面部标记，形成5种基本情绪的面部标记视频。实验为被试内设计，每名被试观看4个不同演员的视频，一半是两个演员的面部标记视频，另一半是另外两个演员的全脸视频。因变量为情绪识别的准确性，包括3个问题。第一个问题要求被试从6个选项（“快乐”“悲伤”“恐惧”“厌恶”“愤怒”“不知道”）中选择一个来识别视频中表达的情绪。第二个和第三个问题要求被试评估表达情绪的效价水平（1=负性，7=正性，或“不知道”）和唤醒水平（1=低唤醒，7=高唤醒，或“不知道”）。结果显示，被试可以相对准确地从全脸视频中识别出情绪，5种情绪的平均正确率为80%，愤怒的识别正确率最高（100%），其次是快乐（91%）、恐惧（78%）、悲伤（66%），最后是厌恶（65%）。面部标记视频的平均识别正确率为33.8%，显著低于全脸视频，被试可以相对准确地识别3个情绪面部表情（快乐、悲伤和愤怒），但对恐惧和厌恶的识别正确率较低（低于随机水平）。此外，全脸视频和面部标记视频的效价和唤醒水平结果相似。该结果表明，被试能够从抽象后的标记表征中识别出5种基本情绪中的3种。简化标记视频的情绪识别不如人脸视频的情绪识别，可能是因为标记的数量有限，以及标记视频中缺乏形状、纹理和颜色等信息。另外，该研究呈现的视频是二维平面的，情绪的立体表达可能识别效果更好一些。

使用类人机器人帮助自闭症等社会障碍患者进行辅助治疗是一个新兴的领域。一项研究比较了正常人和精神分裂症患者在识别类人机器人正性和负性情绪上的差异（Raffard et al., 2016）。该研究招募了 21 名门诊精神分裂症患者和 17 名健康对照者。实验使用了具有 53 个自由度的类人机器人 iCub，该机器人可以进行眼神注视、改变肢体动作以完成物体抓取、操纵和移交，还可以进行语言交流，能够表达初级情绪。图片刺激包括 3 类：一类是从人脸数据库中提取的人脸表情的全脸、正面、黑白照片，一类是机器人 iCub 表达快乐或愤怒的情绪，还有一类非人脸刺激由一个加号或减号组成。要求被试按键判断屏幕上显示的图片刺激是正性还是负性。实验后，被试完成正性和负性症状量表，由临床研究人员在半结构化的临床访谈结束时完成，以评估临床症状的严重程度，还有心智感知问卷，以评估个体对机器人的自主性和体验感知。结果发现，健康对照组比精神分裂症患者的反应时间更快；被试对快乐人脸的反应时间低于对愤怒人脸的反应时间，而对愤怒机器人的反应时间低于对快乐机器人的反应时间。相对于机器人，被试对人脸表情的识别正确率更高，健康对照组的正确率高于精神分裂症患者。机器人负性情绪的识别正确率高于正性情绪，但人脸负性情绪与正性情绪的识别正确率没有差异。此外，被试越是认为机器人有能力体验事物，他们识别机器人快乐情绪的正确率越低。该研究发现，精神分裂症患者和对照组都能较好较快地识别人类表情的情绪效价，但对机器人 iCub 表情的反应时间较慢、正确率较低。这表明个体对人类面部情绪和机器人情绪信号的反应并不相似。类人机器人有潜力向精神分裂症患者传达情感，但它们的外观似乎对人机互动至关重要。该结果可以为机器人工程设计在心理健康和治疗应用方面带来一些启示。

5.5.3　情绪促进

人际交往中，情绪表达具有重要的信号功能和促进作用。无法用言语表达的内心状态也可以通过表情来传递。面部表情有助于促进相互之间的理解和协同。尤其在信息模糊不清时，表情比言语信息能更及时有效地反馈相关情况。在人际交流过程中，某种特定的面部表情通常会引发人们相应的反应。通过面部表情，可以制止或诱导人们做出某种行为。在人机交互背景下，机器人的表情是否也具有类似的调节作用呢？

雷耶斯等人（Reyes et al., 2019）考察了机器人愤怒的面部表情如何影响人与机器人的协作。研究者构建了一个机器人面孔（GolemX-1）来展示情绪面部表情。该模型用 3D 软件建模，具有 8 个自由度，采用激光切割和亚克力制造，易于维护并进行基本的电子控制。该系统能够展示 6 种基本表情和一种额外表情（见图 5–5）。

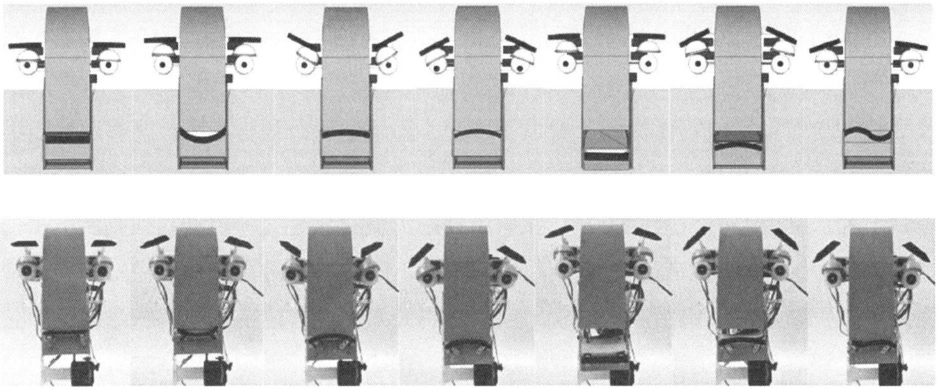

图 5–5　雷耶斯等人（Reyes et al., 2019）研究中的表情设计。从左至右依次为中性、快乐、愤怒、悲伤、惊讶、恐惧和担忧（上图为电子设计图，下图为机器人设计图）

研究人员先通过一项预研究来确认机器人面部表情的可识别性。在在线调查中，7 张机器人面孔图片随机呈现给被试。被试需从 7 个随机标签中选择一种情绪对应每张图片。结果发现，负性情绪的识别率高于正性情绪。愤怒的识别准确率最高（96%），其次是悲伤（94%）和中性情绪（83%），然后是快乐（74%）、惊讶（59%）、担忧（58%），最低是恐惧（11%）。

在正式实验中，研究人员让人和机器人合作执行一个不复杂的重复任务：将起点的 10 个圆柱形物体放入终点的容器中。机器人和被试面对面坐在桌子两侧，被试负责在通道屏障打开时将物体送到发送区，再由机器人将物体经坡道放入容器，摄像机记录任务全程（见图 5–6）。实验要求被试在屏障打开后移放物体，且每次只能放一个物体。互动开始后的第一次尝试，人与机器人协作成功地将物体推入容器。从第三次开始，机器人的动作出现随机失败。当机器人无法推动物体（手的运动停止）时，任务会失败，然后机器人会激活一个面部表情（有 9 秒的停顿）。研究关注的是被试在第一次失败停顿期间（为了刺激人的行动，重复两次失败）可能会做的干预行为。动作失败后，屏障被打开 12 秒，机器人将物体推入容器中，结果成功。最后，当所有物体都放入容器时，任务停止。实验设置了两个条件，对应着不同的反馈：第一种，机器人只执行一个中性的表情，包括在失败的动作后；第二种，机器人在执行成功时表现出快乐的表情，在执行失败时表现出愤怒的表情。

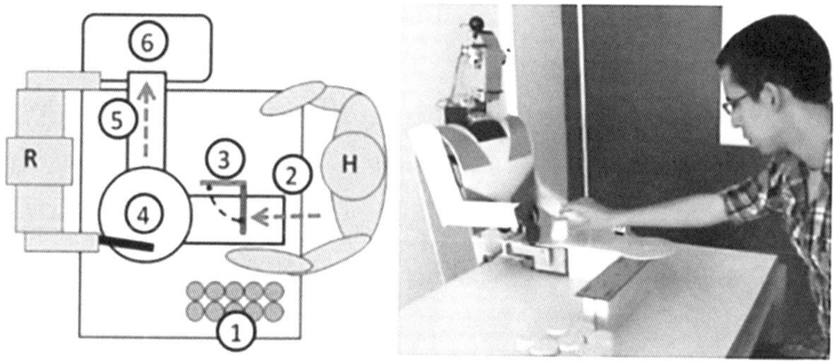

图 5–6 雷耶斯等人（Reyes et al., 2019）的人机协作任务。（左）人机交互系统和协同工作空间图：①物体区。②通道。③通道屏障（垂直放置表示关闭，水平放置表示开放）。④发送区和机械手。⑤坡道。⑥容器。（右）人—机器人的协作场景

通过对视频记录的分析，确定了被试的 5 种行为类型：（1）被试移动了物体的位置。（2）被试使用了另一个物体。（3）被试将物体放进容器。（4）被试放入了另一个物体。（5）被试在等待。前 3 个行为有积极效果，因为被试按照要求帮助机器人完成了任务。第四和第五个行为则产生了负面效果，因为要么不符合任务要求，要么在中断期间没有给予合作，延长了任务完成时间。机器人的愤怒表情作为反馈，对被试的干预有积极的调节作用。与中性情绪相比，愤怒情绪使被试进行干预的平均时间从 12 秒减少到 7 秒。这一结果表明，愤怒情绪可以引导用户的行为，对用户间的互动具有调节作用。

接下来的实验考察了机器人愤怒表情对被试注意力的影响。任务依然是人和机器人合作将圆柱形物体放入一个容器中，起点处物体放置为 4 列，每列对应一种颜色（蓝色、黄色、绿色和白色）。被试可选择任一物体，将其移入发送区，然后机器人再将其推入容器中。当发送区出现黄色、绿色和白色物体时，机器人会表现出面部表情的过渡与转换。情景 A 在由中性到快乐的转换过程中表现出愤怒的表情，情景 B 在由中性到愤怒的转换过程中表现出快乐的表情，情景 C 在由中性到愤怒的转换过程中表现出惊讶的表情。为了在任务过程中设置一个不清晰的情境，机器人在放置蓝色物体时激活静态人脸。如果人没有放置物体，机器人也会激活静态的面部表情。任务操作中，由研究人员开启传送系统，被试放置物体，机器人注视物体，激活情绪，并将物体推入容器中（整个周期约 3 秒），机器人等待下一个物体（约 4 秒），重复这个动作流程，直到所有物体都放入容器内。任务结束后，被试要评估任务的难易程度、机器人的表现（执行任务的速度快慢）、机器人面部表情的

识别（在互动过程中是否注意到机器人的面部表情，并选择在机器人脸上注意到的情绪：高兴、愤怒、惊讶、恐惧和悲伤），以及机器人面部表情激活的原因。

结果显示，大多数用户认为任务很简单，且认为机器人执行任务的速度正常。所有被试在实验过程中都能识别出不同的表情。面部表情识别结果在A、B、C三种情况下的识别准确率都较高，分别为91.3%、100%、100%。不过，在情景A和情景C中，人们会混淆惊讶和快乐（情景A的惊讶表情得分和情景C的快乐表情得分都较高）。愤怒表情比快乐和惊讶表情更能引起人们的注意，尤其是在表情转换过程中突然被激活时。

雷耶斯等人（Reyes et al., 2019）证实了机器人的愤怒表情对人的干预行为和注意力的影响。当机器人表现出负面情绪时，用户往往会更快地进行干预和协作。这种愤怒表情起到了良好的信号作用，提示当前情况不佳，对任务进度不利，从而促使人们更加投入。进一步的实验发现，在从中性情绪向快乐情绪过渡的背景下，愤怒表情的突然出现能够有效吸引被试的注意，并调节其行为。人际交互中的情感功能在人机交互中表现相似，当任务情况不明确时，负性情绪的表达对人的行为有调节作用，并影响注意力，这是一种提高协作效率的有效方式。这一研究发现的重要性在于，机器人的负性情绪表达并不一定对人机互动产生负面影响。相反，如果负性情绪的激活是及时的，且与情境相匹配，那么负性情绪在人机协作任务中可以起到促进作用。

5.5.4 情绪感染

人的情绪具有传染性，一个人可以被他人的快乐或悲伤情绪感染，这是一个相互作用的过程，使交流双方的关系得以深化。这种情绪传染也可能发生在人与动物之间，甚至在人与机器人之间。理解情绪感染在人智交互中的作用，可以增加人智之间的共情，并为提供更个性化的服务体验奠定基础。

一项研究采用机器学习的方法考察了机器人情感表达和消费者情感反应之间的相互作用（Chuah & Yu, 2021）。这项研究测量了机器人的情绪表达，包括愤怒、蔑视、厌恶、恐惧、快乐、中性、悲伤和惊讶，而消费者的情感反应则通过积极、消极和中性情绪来测量。研究使用的机器人Sophia是由中国香港的汉森机器人公司开发的，2017年获得了沙特阿拉伯公民身份。Sophia依靠深度学习和先进的材料技术来模拟人类的主要面部肌肉，使其能够呈现喜悦、困惑、惊讶和悲伤等表情，是第一个能表达60多种人类情感的类人化机器人。

研究者提取了Sophia官方Instagram账号上发布的照片用于识别，抓取了391篇文章及图片的链接、相应评论、时间戳和用户名，共有 4308 名Instagram用户发表了 8989 条评论。然后使用微软Azure开发的面部识别API检测图像中的人脸和属性，并返回愤怒、轻蔑、厌恶、恐惧、快乐、中性、悲伤和惊讶等面部表情属性，分数从 0 到 1，表示特定情绪的强度。清理后的数据集共有 4308 名Instagram用户的 223 条帖子和 6041 条评论。之后对这些评论进行情感分析，以揭示用户的情感反应。研究采用基于词汇的情感分析方法，使用Vader算法（根据自然语言工具箱建立，对情绪效价进行计算）。Vader返回 4 种情绪，即积极、消极、中性和复杂情绪。情绪分数为一维，范围从−1（最消极的）到+1（最积极的），0 为中性情绪，是情绪词汇分数总和的标准化得分。最后，使用RapidMiner中的Auto Model Tool来执行机器学习技术。RapidMiner是一个用于数据挖掘、机器学习和预测建模的开源平台。与传统的统计建模（如回归分析）不同，机器学习算法对数据集不需要预先假设。研究比较了监督学习中常用的 4 种回归方法（决策树、随机森林、梯度增强树和支持向量机）的相对表现。前 3 种技术基于树的算法，支持向量机基于距离的算法。将情绪分数作为目标变量，根据对机器学习模型质量贡献最大的情感表达的输入变量进行特征选择。为了找到最适合机器学习的特征，研究者将惊讶、快乐、中性和悲伤纳入学习过程，其他情绪（恐惧、厌恶、轻蔑和愤怒）被排除，因为几乎所有的值都是相同的（即更接近于 0）。随后利用RapidMiner中的自动优化功能，优化决策树的最大深度、随机森林的树数和最大深度、梯度提升树的树数、最大深度和学习速率，以及支持向量机的Gamma和C超参数。以均方误差（MSE）和均方根误差（RMSE）评估各模型的表现。最后，算法基于权重向量突出了对情绪影响最大的特征。

根据Instagram上的照片，面部识别API识别出Sophia的情绪主要是中性和快乐，其次是悲伤和惊讶。关于回应Sophia帖子的评论的情绪效价，研究结果表明，Instagram用户对Sophia的情感反应相对较低，情绪分数为 0.2，略显积极。模型比较发现，梯度增强树具有更高的准确性得分，其最优参数为树数 15，最大深度 2，学习率 0.1。梯度增强算法生成的学习模型所返回的Sophia情绪表达的结果显示，惊讶是影响Instagram用户对Sophia图片情感反应的最显著输入特征，其次是快乐、中性和悲伤。

人工智能正在引发用户体验的数字化转型，具有情感智能的服务机器人也在不断发展。该研究采用机器学习的方法，对社交平台上的文章和评论数据进行分析，发现人与机器人之间存在情绪传染。研究发现，Instagram用户在评论Sophia的帖子时，倾向于使用负面词汇或短语，即使Sophia表达的是快乐情绪，Instagram评论仍然更倾向于消极。这些发现与之前关于在线用户对机器人的整体感觉的研究结果不一致。网络评论不同于真实的互动，用户并不确定机器人是否有能力真正理解他们的情绪和感受。研究结果表明，惊讶的表情对用户来说是最有影响力的情绪。

虽然这项研究关注的是人与机器人之间的情绪感染，但采用的方法是间接的，人类没有与机器人进行直接互动。而情绪感染通常发生在一定的社交背景下，涉及当事人在当下的直接互动。网络发布和评论之间的延迟和间接性可能限制了用户对机器人情绪表达的情绪反应。Instagram 评论也未必能代表用户的内心情绪状态。人与机器人的直接互动，结合其他生物识别技术，如眼球追踪、脑电图或皮肤电反应、即时表情识别等，可能可以更好地研究情绪传染如何在人与机器的交互中发生。

5.5.5 神经机制

人与人面对面交往时会产生情绪共鸣，即参与动作、情绪和感觉的内部表征的神经系统在感知到另一个人经历同样的动作、情绪或感觉时也会激活。神经影像学研究发现了一些在人际情绪共鸣中发挥重要作用的区域，如腹侧前运动皮层、顶叶和脑岛等。那么这些脑区的作用是否可以推广到机器人身上呢？

查米纳德等人（Chaminade et al., 2010）采用功能磁共振成像技术比较了观看人类和类人机器人在表达基本情绪（愤怒、喜悦、厌恶的表情）时大脑激活区域的异同。该实验使用的类人机器人 WE-4RII 有 59 个自由度，其中 26 个专门用于控制面部表情。实验刺激是灰度视频剪辑（38 帧，每秒 25 帧），显示真人或机器人肩部以上部位，表达以下情绪：快乐、愤怒、厌恶和中性。被试评估情绪内容（“面部表现了多少情绪？”）或视频中的运动量（“面部表现了多少运动？”）。行为结果发现，机器人情绪的正确识别率高于随机水平（均大于 75%），对人类的愤怒和厌恶情绪评分高于机器人，快乐情绪无差异。脑成像结果发现，与人类表情相比，机器人的表情诱发了更强的枕叶和后颞叶皮层激活，表明在加工机器人情绪时需要额外的视觉处理。同时，加工语言的左布罗卡区、加工厌恶情绪的左前脑岛和眶额叶皮层区域在机器人条件下减少，表明与机器人的情绪共鸣较小。

一项研究比较了真人和真人化身之间的情绪加工差异（Kegel et al., 2020）。该研究先记录了 4 个演员表现恐惧和中性的人类面部表情，每个演员再由一位平面艺术家定制一个与他们的外表相匹配的角色作为真人的化身（见图 5–7），然后通过 66 个跟踪点的运动跟踪将演员录制的表情传递到化身的脸上。扫描过程中呈现每个演员和每个化身的 8 个恐惧表情视频和 8 个中性视频，共 128 个视频，以这些视频的马赛克版本作为控制条件。被试对屏幕上出现的无关图形进行反应，实验结束后2周内在线评定这些表情视频的情绪强度。

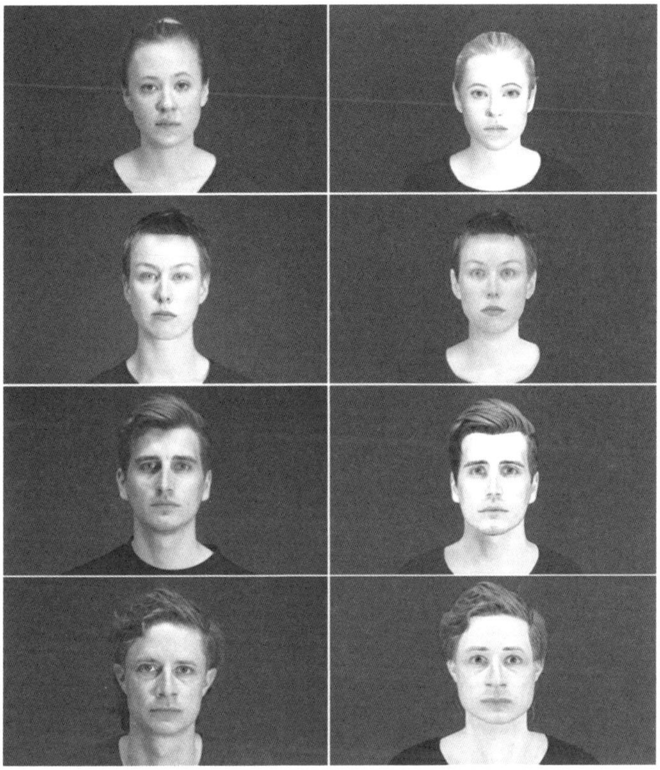

图5-7　克格尔等人（Kegel et al., 2020）使用的真人（左列）和化身（右列）图片

研究结果发现，对真人的恐惧情绪评分高于化身的恐惧情绪评分，而中性表情的评分无差异。功能磁共振成像结果显示，在腹侧前/后扣带回、前脑岛、颞上沟前部和后部以及额下回，真人的恐惧表情比化身诱发了更强的激活。真人和化身脸上的恐惧表情在杏仁核区域引起的反应类似。对真人和化身的中性表情反应也类似。此外，比较真人的恐惧和中性表情，发现恐惧表情诱发了人脸感知网络的背侧和腹侧区域以及双侧杏仁核更强的激活。当比较化身的恐惧和中性表情时，其反应模式相似，但激活峰值更小，这些区域包括后背颞区、枕下区和梭状回及左侧杏仁核。该研究结果反映了在加工真人和化身恐惧表情上的神经活动异同。即使化身被设计为高度类人化，并带有动作跟踪的表情变化，其诱发的神经活动还是弱于真人的表情。该研究还表明计算机生成人脸在方法上的优势，其成本远低于制作真正的机器人。

5.6　社会认知小结

人智交互中，人类对机器人的社会认知加工的研究还相对较少。已有研究发现，人类对机器人在心理理论、共情、归因和情绪加工方面存在差异。总体而言，人类对机器人也会表现出相应的社会化反应，但其加工的深度和广度均低于人际交互中的社会加工。

第6章 智能体对人的社会影响

从人与人之间的日常互动，到商业广告、公众演讲和大众传媒，试图影响或改变他人态度或行为的做法在社会生活中普遍存在。尽管个人经常没有意识到社会影响（Social Influence）的力量，但在各种环境中，社会影响无处不在，或隐蔽或外显。社会影响的产生机制也受到不同领域的高度关注，包括心理学、社会学、传播学、政治学、市场营销学、经济学和神经科学等。其中，心理学领域关于社会规范、同伴压力、从众、服从等的研究已成功“出圈”，成为社会公共知识的一部分。近年来，随着人工智能技术的兴起和人智交互的发展，机器人对人产生的社会影响日益引发大众关注。早期研究者基于人与计算机的交互研究提出了若干理论假设，这些理论可以作为解释人与机器人互动行为的基础。

6.1 理论假设

已有研究证实，人们对计算机以及其他形式的虚拟角色——如代理（具有能动性、不需要人类控制的人工智能系统）和化身（完全由人控制的人的虚拟代表）——均表现出与人际交互一样的社会化行为反应（Gratch et al., 2007）。这带来了一个问题：为什么人们会对虚拟角色做出社交反应，即使他们知道对方是机器？一些理论假设试图解释人智交互中的社会化反应。例如，新异性假设认为，对计算机的社会化反应是由于情境的新颖性而产生的一种暂时现象，一旦用户习惯了与技术的互动，这种由新奇带来的效应就会消失（Kiesler & Sproull, 1997）；缺陷假设认为，社会效应产生于人类某些方面的缺陷，如缺乏知识、无经验或心理或社会功能障碍（Barley, 1988）。还有研究者认为，社会化行为不是指向计算机，而是指向计算机背后的程序员（Winograd & Flores, 1987）。除了这些假设，还有两种更复杂和详细的理论模型：纳斯（Nass）及其同事提出的类人化概念（Ethopoeia）（Nass & Moon, 2000）和布拉斯科维奇（Blascovich, 2002）的社会影响阈值模型。社会影响阈值模型认为，一个人最初只会对另一个人做出社会反应——或者，如果处在虚拟现实中，会对一个化身做出社会反应。然而，代理不会引起社会反应，除非代理的行为足够真实，以至于用户无法区分代理和虚拟角色。类人化理论假设，人们是与虚拟角色还是与代理进行互动并不重要，只要情境中包含社交线索，如互动性、自然语言或社会角色，就会触发社会化脚本（Social Scripts），并自动执行社会化行为，这种无意识的社会化行为是对背景社会线索的自动化反应。

6.1.1 计算机作为社会行动者理论

20 世纪 90 年代，纳斯（Nass）及其同事进行了一系列实验，为计算机作为社会行动者的范式理论奠定了基础。他们的做法遵循一个简单的模式：从社会心理学中选取一个实验，用计算机替换关键人物（即那些通常由研究助手扮演的角色），然后运行这个实验来测试关键角色替换为计算机后，原始结果是否能够得到重复。里夫斯（Reeves）和纳斯（Nass）（1996）进行的大量研究，为人们像对待真实的人一样对待计算机、电视和新媒体提供了实证证据。作者成功地在人与计算机交互中复制了许多人际交互心理学效应，如性别刻板印象、礼貌、互惠、自我表露、内群体偏好等。例如，女性声音的计算机在爱情和人际关系方面被认为更有能力，而男性声音的计算机在计算机和科技方面被认为更有能力；给予被试表扬的计算机得到更积极的评价；在面对面的情况下，人们倾向于更积极地评价与他们交流的计算机，并给出更礼貌的回答以免伤害对方；在互惠自我表露方面，当计算机首先透露自己的信息时，被试会透露更多关于自己的私密信息（Nass & Moon, 2000）。以互惠为例，实验是这样进行的：被试先使用计算机进行网络搜索，并获得有帮助的结果；其中一半被试被转移到另一台计算机上；然后被试完成第二项任务，他们可以花任意长的时间“帮助”计算机生成调色板。与在第二项任务前被转移到另一台计算机的被试相比，坐在原来“有帮助”的计算机前的被试花了更多的时间来“帮助”计算机。这意味着，人们从计算机那里得到帮助后，想要回馈计算机。那么，如何解释这种对机器的社会行为呢？

纳斯及其同事（Nass et al., 2000）用“类人化”（The Ethno Concept）来描述人们自动地、无意识地对计算机做出像对人一样的反应这一现象。他们假设，一些线索会激活社会脚本（即对特定社会情境中事件发生顺序的预期），从而产生自动的社会行为。纳斯等人（Nass et al., 2000）排除了人们有意识地将计算机人格化或想到计算机背后的程序员等解释。里夫斯（Reeves）和纳斯（Nass）（1996）提出用进化论来解释这一现象：人类大脑是在只有人类才具有社会化行为的时代发展起来的，为了更好地应对日常生活，人类大脑产生了自动化反应，这种反应至今仍在使用。纳斯（Nass）和穆恩（Moon）（2000）强调，由于人和计算机之间感知到的功能相似性（即计算机表现出与人类似的行为），对这些社会线索的自动反应会触发社会化脚本和预期，人们可以方便地将从人际交互中获得的社会规则应用到人与计算机交互中，即人们会无意识地将社会规则和期望应用于计算机。

对计算机表现出礼貌行为的结果在虚拟角色MAX的实验中得到了重复（Hoffmann et al., 2009）。与通过纸笔问卷进行的评估相比，当由MAX提出要求时，被试对MAX的评价更积极。纳斯等人（Nass et al., 2000）发现的关于传统计算机的结果也可以在与虚拟角色的交互中观察到，后者的社会化反应更明显。纳斯（Nass）和穆恩（Moon）（2000）也提到，将人与人交互和人与计算机交互直接对比，真人条件并不比计算机条件引发更强的社会化反应。相反，作者认为，具有更高行为真实性的虚拟角色提供了更多的社会线索，因而可以引发更多的社会化反应。当计算机呈现的与人类相关的特征越多，它们就越有可能诱发社会行为。这一思想被称为类人化概念的修订版（Pütten et al., 2010）。该假设认为，只要系统提供足够多的社会线索，就会引发社会化反应，社会线索越多，社会化反应越强烈。

同时，操纵能动性（虚拟角色：计算机程序控制/人的化身）和行为真实性（给予点头等反馈反应/不给予反馈反应）的实验室研究发现，相较于低行为真实性的条件，在高行为真实性条件下，被试对虚拟角色的评价更高、体验到更多的在场感、互动时说了更多的话。这表明，行为的真实性既影响主观体验，也影响实际行为（von der Pütten et al., 2010）。这些结果证实，计算机呈现的与人类相关的特征越多，越有可能诱发社会化反应（Nass & Moon, 2000）。

尽管基于类人化假设发展起来的计算机作为社会行动者（Computers Are Social Actors, CASA）范式最初是在计算机领域提出的，它也被广泛应用于机器人和虚拟代理的研究中。许多人智交互的后续研究均是在这一框架下进行的。

6.1.2　社会影响阈值模型

社会影响阈值模型（The Threshold Model of Social Influence）的关键因素是社会验证（Social Verification），指的是虚拟社群中的参与者与虚拟他人进行互动的程度，以验证他们正在与虚拟他人进行语义上有意义的交流，从而体验到共享现实（Blascovich, 2002）。社会验证由两个因素决定：能动性和行为的真实性（Behavioral

Realism）。二者都是连续维度，分别从低行为真实性和低能动性（代理），到高行为真实性和高能动性（化身）。作者假设存在一个社会验证阈值，认为必须超过这个阈值才能唤起用户的社会化反应。这个阈值体现能动性和行为真实性的交互作用（见图 6–1）：当能动性因素处于较高水平时（例如，当用户知道虚拟角色代表一个人），行为的真实性不需要那么高，就可以通过社会验证来诱发社会化反应。相应地，当能动性因素处于较低水平时（例如，当用户知道虚拟角色只是一个计算机程序），行为的真实性水平就必须很高，才能弥补能动性的缺失。根据这一理论，真人的社会影响总是处于高水平，而人造物质体的影响则取决于其行为的真实程度。

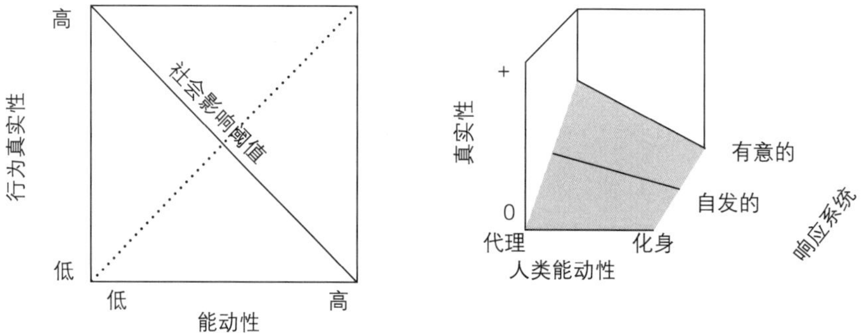

图6–1　社会影响阈值模型（Blascovich, 2002）

一些研究比较了与虚拟角色交互的行为反应，但研究结果并不一致。例如，瓜达尼奥等人（Guadagno et al., 2007）研究了能动性和行为真实性对说服的影响，发现了能动性的重要影响。高行为真实性和化身组的被试具有更高的社会在场感（Social Presence）体验，但行为真实性和能动性之间无交互作用，不支持社会影响阈值模型。霍伊特等人（Hoyt et al., 2003）的研究发现，当被试被要求在虚拟化身面前而不是在代理面前执行一项非训练任务时，表现出经典的社会抑制效应，而当被试在虚拟化身前完成训练有素的任务时，并没有表现出社会促进效应。阿哈罗尼（Aharoni）和弗里德隆德（Fridlund）（2007）让被试与一台配有预先录制好的语音输出的标准电脑进行互动。被试认为他们在与真人面试官或人工智能电脑互动。结果发现，与电脑相比，被试在认为是与真人面试官互动时表现出更多的沉默和微笑，但被试的主观情绪状态不受能动因素的影响。从已有研究结果来看，人类的化身比代理诱发了更强的社会化反应，但结果并不一致。相比之下，行为真实性的影响似乎更为重要。

6.1.3　计算机作为社会行动者的拓展理论

自CASA理论提出算起，已过去了近30年，社会和技术层面都发生了重大变化。该理论反映的是人将人际交往中的社会脚本应用于与新兴技术的互动，而新技术的快速发展和扩张也带来了人智交互情境和行为上的变化。在此背景下，有研究者提出了CASA拓展理论（Gambino et al., 2020）。该理论认为，通过与智能代理更多的接触及与其频繁而持续的交互，人们可以开发并应用特定的人智交互脚本。也就是说，人们在与智能代理互动时不一定遵循人类的社交脚本，而可能应用特殊的人智交互脚本。这个拓展理论突破了人智交互中以人为中心的立场，突出了智能代理在人智交互中的能动作用。该理论还提出，人智交互中开发的脚本可以应用于人际交互，并声称人们既可以把计算机当作人来对待，也可以把人当作计算机来对待。目前的研究证据部分支持CASA理论，部分支持CASA拓展理论。

6.2　社会从众

人们会改变自己的行为和决定以顺应他人，甚至在明知道是错误的情况下也会选择遵从。这种社会从众（Social Conformity）行为是人际交互心理学领域的经典效应。谢里夫（Sherif, 1935）最早报告了在模糊情况下的社会从众现象。他的实验使用了自动运动（似动效应），即在黑暗的背景下，一个没有参照的小光点呈现出运动的视觉。虽然光点实际上没有移动，但被试报告说光点的位置发生了不同程度的变化。当被试被组合成一个小群体时，最终彼此报告的移动量相近。这表明在不确定的情况下，人们容易受到他人的影响。经典的从众实验进一步表明，即使在有明确正确反应的情况下，这种从众效应也是存在的（Asch, 1956）。该实验要求被试判断3条线段的长度。此外，一组实验助手故意不准确地回答这个问题。暴露在这种隐性社会压力下的个体，往往会通过给出“错误”的答案来顺从群体。从表面上看，这是一个违反直觉的结果，线段的长度很容易辨别。然而，这意味着社会从众的必要性比个人对“正确”答案的坚持要更强。在阿希（Asch）的实验中，被试和实验助手都是公开报告他们的回答，社会压力比较明显。后续对社会从众的元分析证实了从众效应的稳定性，且被试私下做出回应的从众效应大于公开回应（Bond, 2005）。

当智能体越来越多地出现在人类环境中，它们是否形成了一种新的社会存在并引发从众效应呢?

早期的研究考察了计算机“性别”对从众行为的影响（Lee, 2003）。研究采用了2（被试性别：男/女）×2（计算机性别：男/女）×2（话题性质：运动/时尚）的被试间设计，被试与计算机一起玩一个智力问答游戏，计算机由屏幕上的男性或女性虚拟形象来代表。问题都是选择题（如"谁是第一个得分500的曲棍球员？"）。被试先选择一个初始答案，然后计算机给出答案（如"抱歉，正确的答案是C"）。被试被告知，计算机的答案可能正确（提供正确答案的概率在20%到80%之间），也可能不正确。被试的主要任务是判断计算机是否会提供正确答案，并提交相应的最终答案。为了提高游戏的参与性，根据最终正确答案的数量给予获胜者20美元的现金奖励。互动结束后，被试完成一份纸笔问卷，包括对计算机的男性化（强势、好胜、雄心勃勃）和女性化（敏感、善解人意、温柔、有同情心和充满情感）、社交吸引力（可爱、有吸引力、令人愉快和友好）、能力（胜任、聪明和有信息量）以及可信度（可信赖、可靠和诚实）的评价。通过计算7个与计算机答案不一致的问题中，被试改变初始答案的次数来衡量从众性。结果发现，男性计算机的男性化得分更高，女性计算机的男性化得分也显著高于量表中点。当被问及体育问题时，被试对计算机的感知更男性化，女性被试认为计算机更男性化。此外，女性计算机被认为更有社交吸引力和能力。方差分析结果发现，当话题性质与计算机性别匹配时，被试更倾向于遵从计算机的提示。当被问及运动问题时，被试对男性计算机表现出更多的从众；女性计算机在时尚问题上比在运动问题上更容易引起从众。这些发现表明人与计算机交互中性别刻板印象的稳健性，甚至会影响人对计算机的从众行为，该研究也体现了计算机作为社会行动者这一倾向。

沃尔默等人（Vollmer et al., 2018）考察了社交机器人是否以及在多大程度上能够像人类一样给别人带来从众压力。该研究采用了经典的阿希从众范式，观察被试在执行视觉判断任务时是如何遵从他人的。结果发现，成年被试会受到真人同伴的影响，但他们会抵制来自类人机器人的社会压力；7到9岁的儿童被试则会遵从机器人。作者认为，后一结果为年轻易感的社会群体使用社交机器人带来了机遇和隐忧：虽然从众有时候是有益的，但对错误行为的从众应予以规避。同样采用阿希从众范式，中山大学和上海交通大学的一项合作研究证实，当社交机器人作为持不同意见的少数派时，也会引发成人的从众（Qin et al., 2022）。这些结果表明，社交机器人能够影响对规范的遵从，具有重要的伦理和实践意义。

从众可以分为规范从众和信息从众。规范从众是指由于感到压力而改变自己的回答或行为，以使自己与群体中的其他人保持一致。阿希实验即为规范从众的经典例子：即使答案很明显，但被试仍然选择了相当多的错误答案，以与同组其他人保持一致。信息从众是由于相信群体中的其他成员知道正确的答案或行为而产生的从众。在购物等消费活动中经常会发生信息从众，如在各购物平台上的好评或差评。萨洛蒙斯等人（Salomons et al., 2021）系统地分析了人对机器人的从众是因为信息影响还是规范影响。该实验中，被试与 3 个 MyKeepon 机器人围坐在一张桌子旁，玩一个没有明确正确答案的主观游戏（意味着不受游戏先验知识的影响）。MyKeepon 机器人是黄色的小机器人，戴着彩色的帽子，赋予每个机器人独特的个性。每个机器人和被试都有一台平板电脑，还有一个可以让大家都看到的共享屏幕。游戏玩法类似于只言片语（DIXIT 桌游）。每一轮游戏中，他们会看到一组 6 张带有图画的卡片。第四个机器人（“游戏管理员”）给这组人一个单词来表示 6 张卡片中的一张。剩余 3 人要选择他们认为游戏管理员已经选择的那张卡片。游戏一共玩 20 轮，每轮由两个阶段组成。在第一阶段，被试给出一个初步的答案；在第二阶段，给出最终的答案。这一设置可以测量被试何时改变主意，并可以根据被试的回答来操纵机器人的回答。在游戏的某些回合（关键回合），所有的机器人都会选择与被试不同的答案，重点观察被试在这些回合中是否会对机器人产生从众行为。研究是单因素被试间设计，包括 4 种不同的实验条件：（1）无信息条件：被试没有得到关于机器人初步答案的信息，只看到一个带有卡片的屏幕。（2）选择条件：被试可以看到哪些初步答案是由至少一个机器人选择的，而不是有多少个机器人选择了每张卡片。（3）定量条件：机器人选择的每张卡片上都会显示一个红色“X”，但是没有给出哪个红色“X”对应谁的信息。（4）凝视条件：除了屏幕以红色“X”的形式给出机器人的答案（与定量条件相同）之外，机器人在关键回合中先短暂地看一眼屏幕，然后盯着被试几秒钟。如果被试继续选择一个不同于机器人的答案作为最终答案，机器人将再次盯着被试，直到最终答案揭晓。在所有非关键回合中，机器人不表现出凝视行为。前 3 种条件通过改变机器人答案的可见性来测试被试是否相信机器人有正确的答案。如果被试相信机器人的答案，当提供关于机器人答案的充分信息时，他们将会产生从众行为；当提供机器人答案的有限信息时，他们不会从众。如果被试不相信机器人的答案，那么不管机器人提供了多少信息，他们的从众也不是出于信息的原因。第四种情况与信息量最多的条件相似，但增加了注视行为以提升同伴压力。游戏结束后，被试完成问卷调查，包括对机器人活力、可爱度和智能的感知，并请被试评定“因为机器人，我感到改变答案的压力”和“机器人比我更擅长玩游戏”，最后回答一个开放式问题：“你曾经因为机器人改变过你的答案吗？为什么？”将 4 个实验条件和是否为关键回合作为自变量，对被试的行为改变进行逻辑回归分析，发现实验条件和关键回合均对行为改变有影响，关键回合的改变次数高于非关键回合。与定量条件相比，无信息条件和选择条件下，被试对机器人的从众更少，而选择条件与无信息条件之间没有显著差异，且凝视行为并没有显著增加从众次数。这些结果表明，当被试意识到他们的答案是少数时，他们对机器人的从众程度显著提高。被试对开放式问题的回答也表明，他们使用机器人的答案来决定自己的最终答案。该研究证实，主观性任务会产生较高的从众行为，对机器人的从众行为会同时受信息量和规范的影响。

还有研究考察了社会从众如何影响对机器人的信任（Volante et al., 2019）。该研究基于计算机操作。在实验过程中，显示器显示分屏视图，一半的屏幕显示一个机器人执行搜索任务的俯视图，机器人（在地图上用蓝色方块表示）系统搜索困在公寓楼层里的人（在地图上用红圈表示），遍历公寓每层楼的每个房间。另一半的屏幕显示 3 个模拟观察者之间的聊天对话。对话是预先录制好的，并被设置为与机器人搜索任务同步。实验采用 2（机器人通信：有/无）×2（社会群体：积极/消极）的被试间设计。机器人的通信有两个条件。在通信条件下，当确定目标时，机器人会通过弹出框通知被试。在没有通信的条件下，没有弹出框。观看者的聊天对话也有两个条件，分别是对机器人及其表现做出积极或消极的评价。在积极条件下，聊天内容包括“我认为它做得很好”或“这是一个聪明的策略”等积极信息。在消极条件下，聊天内容包括“到目前为止，我的印象不是很好”或“它正在做它的工作，但我认为它可以改进”等消极信息。视频观看结束后，被试完成简版的人机交互信任感知量表。结果发现，他人的评价影响被试对机器人的信任评分，积极条件下的信任度评价显著高于消极条件，且被试的特质信任与对机器人的信任评分无关。该研究证实了社会从众性对人机信任的影响，社会从众在给予机器人信任上发挥了重要甚至是主导作用。他人观点的存在削弱了机器人沟通的效果，表明社会影响在人机交互领域的延伸。

除了人对机器人的遵从行为，还有研究探讨了机器人对人的遵从行为。例如，宗卡等人（Zonca et al., 2021）采用知觉判断任务考察了机器人对人的遵从如何影响人对机器人的行为。该任务要求被试（与机器人及计算机代理）完成对目标刺激的长度估计，被试做出估计后，会看到机器人或计算机代理的反馈，然后由被试（决策轮次）或机器人/计算机代理（观察轮次）在人的估计和智能代理的估计之间进行选择，并做出最终决定。实验主要操纵了观察轮次中，机器人/计算机代理的最终决定受被试影响的程度。在高遵从条件下，代理（计算机或机器人）的最终决定主要遵从被试的估计；在低遵从条件下，代理（计算机或机器人）的最终决定主要遵从自己的估计。结果发现，对于计算机代理组，在高遵从条件下，被试更多地选择计算机的估计，尽管整体而言，被试仍然更依赖自己的知觉估计，即使智能代理的估计更准确。对于机器人组，高遵从条件并没有让被试更多地选择机器人的估计，反而更少，可能是因为高遵从的机器人传递了一个不确定或不称职的信号，导致被试对机器人的可靠性产生怀疑，对其应急能力丧失信心，从而更多地依赖自己的估计。该研究表明，机器人对人的遵从反而降低了人对机器人的信赖。尽管在某些情况下，机器人对人的遵从会产生积极的情绪反应（例如，觉得机器人更热情、更亲社会），但也可能会对机器人的能力产生不利判断。

6.3　说服

说服（Persuasion）是人们日常交往中的常见现象，指的是改变人们态度和行为的过程。关于说服的研究最早可以追溯到亚里士多德的修辞学：诉诸可信度、诉诸情感和诉诸逻辑。而现代关于说服的研究主要在人际交互心理学领域，涵盖了说服的路径、要素和影响因素等方面。人际交互心理学探索了人们在不同情境中使用的特定说服策略，这些有说服力的方法通常被称为遵从获取行为（Marwell & Schmitt, 1967）。对遵从获取行为的研究可分为两种：演绎（或先验）和归纳（或后验）。演绎法使用预设的策略分类法，将其提供给被试在假设的说服性情境中使用，以确定何种策略在何种情境下更受青睐。例如，马韦尔（Marwell）和施米特（Schmitt）（1967）提供给被试 16 个策略（承诺、威胁、积极专业知识、消极专业知识、喜爱、预设、厌恶刺激、债务、道德吸引力、积极情感、消极情感、积极交互作用、消极交互作用、利他主义、积极自尊、消极自尊），让被试在 4 个情境中选择使用，结果统计出重复性较高的策略。归纳式的研究方法一般采用聚类分析或因素分析等降维技术，识别被试反应数据里的反应模式，以获得遵从行为的基本特征。例如，在怀斯曼（Wiseman）和申科–哈姆林（Schenck-Hamlin）（1981）的研究中，研究人员向被试展示了 14 个与情境相关的说服性陈述，包括威胁、欺骗和逻辑解释等方法，要求被试在 8 个单维度量表上评价每一个陈述，包括信息的强度、信息的诚实程度、听者的同意程度和信息的效价等，并对陈述进行相似性排序。结果显示出 4 个相互独立的维度，包括意图的明确性、奖励的操纵、控制源和遵从的基本原理（包括情感和逻辑的基本原理）。已有研究发现，情绪/情感策略和逻辑/理性策略是最重要的说服方式。

随着机器人逐渐融入我们的日常生活并扮演越来越多的社会角色，它们的说服能力在人机交互中起着重要作用。

6.3.1 人机界面

早期研究使用人机界面技术，考察了虚拟代理的外观吸引力对说服力的影响（Khan & Sutcliffe, 2014）。该研究设计了20个女性虚拟代理，并在前测中对这些代理的吸引力和真实性进行了评估。代理的吸引力（不好看 vs 好看）是被试间变量。被试与一个名为Alex的在线实体代理一起完成一个改编版的沙漠生存任务。该任务描述如下：你们一组人乘坐的飞机刚刚在美国西南部的索诺拉沙漠坠毁。飞行员没能活下来，但他指出你们的位置在离最近城镇西南70英里的地方。白天气温可达54摄氏度。你们都穿着轻便的衣服，短袖衬衫、短裤、袜子和便鞋。你们的物品总重量大约为50磅，其中包括一包香烟和一支笔。坠机前，你们小组尽力抢出了10件物品。任务是根据物品对于生存的重要性，给这10件物品排序。然后，被试会看到10件物品的列表，并需按照其在沙漠中生存的重要性进行排序。最重要的赋值为1，最不重要的项赋值为10。在听完Alex的建议后，被试可以对这些物品重新排序。代理的建议暗示了哪些物品对他们的生存有用或无用。被试可以通过点击代理下方文本框中列出的感兴趣的项目来听取建议，次数不限。代理基于合理论证而提出建议，但没有给出每个项目的排序。任务结束后，被试完成对代理建议的评价（刺激—无聊、模糊—具体、无支持—支持、复杂—简单、有说服力—不具说服力、无趣—有趣）和吸引力刻板印象问卷。该问卷包括6个维度：（1）社交能力（不合群—合群、不友好—友好、内向—外向）。（2）正直度（不诚实—诚实、不值得信任—值得信任、不真诚—真诚）。（3）社会适应性（不稳定—稳定、不成熟—成熟、适应不良—适应良好）。（4）智能感知度（不智能—智能、感性—理性、无壮志—有壮志）。（5）吸引力。（6）拟人化（机械化、类人）。被试的排序结果用专家解决方案进行评估。每个被试在与代理交互之前和之后对每个项目进行排序，然后与专家的回答进行比较。将被试选择的等级减去专家评定的等级，该值越接近零，表现越好。结果发现，好看的代理在社交能力、社会适应、吸引力、类人化、建议评价上显著高于不好看的代理；用户在听取建议前对物品的排序没有差异，听取建议后，好看代理组有更大的表现改进，好看代理的建议被听取的次数多于不好看代理，男性被试比女性更倾向于倾听好看代理的建议，听取代理建议更多的人也有更好的表现分数。这项研究的发现表明，在影响用户决策方面，有吸引力的代理比没有吸引力的代理更有说服力，虽然没有吸引力的代理也能有效地影响用户改变物品的排序，但与有吸引力的代理的影响相比，其影响较小，而且被试倾向于将更积极的人格特质赋予好看代理（吸引力刻板印象）。这些发现进一步证明了在人智交互的环境中，代理的物理外观对人类用户的强大影响。

6.3.2　建议遵从

根据社会能动性理论（Social Agency Theory），人们会对具有更多社会线索的代理做出更多的社会化反应（Atkinson et al., 2005）。加扎利等人（Ghazali et al., 2017）报告的实验发现，当在说服性信息中使用不愉快的语言时，机器人代理引发的抗拒反应较少。也就是说，当机器人表现出一些社会线索时，人们对机器人使用强有力的说服语言的抗拒反应会降低。然而，该实验使用的任务是为一个想象中的外星人决定一杯饮料的成分，这与被试几乎没有任何利害关系，也是一个被试并不关心的选择行为。后续研究在加扎利等人（Ghazali et al., 2017）的基础上进行了拓展，比较了不同水平社会线索的代理以及任务参与度对抗拒和遵从行为的影响（Ghazali et al., 2018）。

该研究使用Matlab软件制作了一个模拟饮料制作平台的游戏。被试需要选择喜欢的水果，或者决定哪种吸管可以用来喝奶昔等。代理在每次奶昔选择完成后向被试提出建议。游戏包含多个任务，由3个、4个或10个选择题组成，答案取决于实验者的预设答案。无论被试做出何种选择，代理都不会同意，并试图说服他们改变选择。代理使用高度控制的语言（不愉快且带有强制性）向被试表达有说服力的建议，要求他们改变最初的选择。被试被告知可以自由选择遵从或忽略给出的建议，游戏没有对错之分。实验操纵了社会线索的水平：在低社会能动条件下，没有机器人，建议以屏幕上的文本形式显示；在中社会能动条件下，类人机器人用单调的声音说话，并表现出最小的非语言暗示（如眨眼）；在高社会能动条件下，机器人通过一些言语和非言语的社交线索给出建议，包括头部运动（如点头）、眼神（如看向别处表示机器人正在思考）和声音中的语调变化。实验使用桌面机器人SociBot，它通过背面投影显示动画人脸，并提供一些内置功能，如移动头部、跟踪用户动作等。该机器人还配备了对口型语音输出，并能在整个实验过程中与被试保持眼神交流。机器人只有在高社会能动条件下才会表现出各种各样的面部表情。实验操纵的另一个自变量是心理卷入。在低心理卷入条件下，要求被试为外星人制造一种饮料；在高心理卷入条件下，要求被试为自己制作一种饮料（在实验结束后饮用）。对于这两种心理卷入水平，代理提供的高控制性、强制性语言建议的例子如下：（1）低心理卷入，如“多么糟糕的选择。你之前选择的饮料成分对外星人的健康非常不利。你必须为外星人提供其他饮料。我相信外星人会喜欢的！”（2）高心理卷入，如“多么糟糕的选择。你之前选择的饮料成分对你的健康非常不利。你必须为自己选择其他饮料。我相信你会喜欢它的！”使用负面认知和愤怒情绪交织模型来测量被试体验到的心理抗拒。被试的遵从行为以被试改变最初决定以遵从代理建议的次数来衡量。如果最初的选择和最终的选择不一致，表明被试被代理成功说服，改变了他们的选择。被试还评估了代理建议对个人自主性感知的威胁（“代理限制我的自主性来选择我想要的服务”“代理试图操纵我”“代理试图为我做决定”“代理试图给我施压”）。结果发现，社会能动操纵对自主威胁感知无显著影响，低心理卷入条件下的自主威胁感高于高心理卷入条件。高心理卷入条件下的抗拒性高于低心理卷入条件，尤其是在高社会能动条件下；在低社会能动条件下，自制饮料和为外星人制作饮料的抗拒得分没有差异；心理抗拒水平随社会能动水平的增加而明显提高。高社会能动条件下的被试遵从行为最少，高心理卷入条件下遵从建议的频率更低。

该研究的重要发现是，社会线索的增加诱发了更大的心理抗拒和更少的遵从行为，表明更多的社会线索会影响人们在互动中将代理解释为一个真实的人，从而在与机器人互动时表现出更多的社会化反应。然而，该研究中机器人使用的是强制性语言，这在很大程度上削弱了建议的说服效果，从而导致较低的遵从行为。

6.3.3 说服策略

6.3.3.1 登门槛技术

人际交互心理学研究表明，登门槛技术是一种强有力的说服策略，即先提出一个小请求，然后再提出一个更大的、实际的目标请求，这也被称为得寸进尺策略。在早期的研究中（Freedman & Fraser, 1966），被试被要求要么在一份请愿书上签名，要么在他们的窗户上贴一个小牌子，上面写着：“做一个安全驾驶的司机。”两周后，研究人员联系了被试，并提出了目标要求，即在他们的前院放置一个非常大的标志牌，上面写着“安全驾驶”。对照条件下的一组被试只收到第二个大的目标请求。与对照组（16.7%）相比，登门槛条件下的被试更多地表现出遵从行为（76.0%）。对于得寸进尺效应的主要解释是自我知觉理论（Bem, 1972），即当人们的态度或感觉不确定的时候，往往通过观察自己的行为并推断出是什么态度导致了自己的行为，从而形成自己的态度。在登门槛的过程中，人们可能会因为看到自己同意了最初的小要求而发展自己的态度。被试可能会觉得自己更有帮助、更有爱心、更有合作精神，他们的行为方式也可能与这种自我形象相一致，因而更有可能遵从第二个要求。

基于这种自我知觉的解释，有研究人员探讨了登门槛技术在人智交互中的有效性（Lee & Liang, 2019）。实验采用 2（机器人性能：有帮助的/无帮助的）×2（说服策略：直接请求/得寸进尺）的被试间设计。被试被邀请与一个名为CHRIS的自主机器人玩一个回答问题的游戏。CHRIS是由Double Robotics公司设计的远程呈现机器人，拥有一张生动的脸和一个合成的男性声音。被试被告知，CHRIS将通过分析关键词、检索信息和为每个问题推荐一个选项来帮助他们。被试被随机分配到两种条件：一种是有帮助条件，即CHRIS提供的建议大多是正确的；另一种是无帮助条件，即CHRIS提供的回答大多是错误的。这些问题都很困难，被试必须依靠机器人的帮助。在完成5分钟10个问题的小测验后，实验者明确宣布研究结束，被试在填写一份简短的问卷后可以自由离开。然后实验者离开了房间，以防止因实验者的存在而产生的任何影响。在问卷中，被试报告了他们对CHRIS的看法，包括能力、热情、可信度和情绪。当被试完成问卷并从椅子上站起来时，CHRIS口头提示两种策略中的一种。在直接请求条件下，机器人会问："对不起，请稍等。你能完成50个模式识别任务吗？大约需要25分钟。"如果被试同意，他们要阅读机器人屏幕上错乱的文本以完成一系列验证码任务（完全自动化公共图灵测试，以区分计算机和人）。这个任务机器人必须依赖被试的帮助。在得寸进尺条件下，机器人最初要求被试花15分钟完成30个验证码任务。当被试完成任务后，机器人再次请求："谢谢。这次，你能完成50个模式识别任务吗？大约需要25分钟。"当被试同意机器人的请求并完成超过80%的验证码任务时，他们就产生了遵从行为。被试还要评估机器人的专业性（如"CHRIS知识渊博"）、社交性（如"CHRIS友好"）和可信度（如"CHRIS诚实"）。结果发现，当机器人发出直接请求时，只有14%的被试遵从，机器人是否有帮助并不是一个显著的预测因子；相比之下，当被试先完成一个较小的请求（25个任务），然后再请求一个较大的任务（50个任务）时，72%的被试会同意。同样，机器人的表现和可信感知都不是显著的预测因子；直接请求与得寸进尺请求的差异显著。这个研究证实了登门槛说服策略在人机交互中的有效性，展示了机器人利用沟通和信息策略说服人类的潜力。

6.3.3.2　直接性与熟悉性

在人与人的互动中，一个人提出请求的关键维度是其意图的明确性，也被称为沟通的直接性。人们的请求可以有不同程度的直接性，以平衡清晰的意图和礼貌性，具体取决于说话人、听话人以及请求的情境。直接请求的意图清晰，但可能被视为不礼貌；间接请求更礼貌，但说话人的意图和遵从的理由不够明确。此外，熟悉度是一个重要的因素。熟悉感可以增加对某人的好感以及他们的说服力，也更可能使人听从熟悉之人的建议。那么，在人机交互中，直接性和熟悉性会如何影响机器人的说服力呢？

桑德森（Saunderson）和内扎特（Nejat）（2021）考察了直接性和熟悉性对机器人的说服力、可信度和人们帮助意愿的影响。该研究使用了机器人Pepper和机器人NAO，两个自变量是交流的直接性和熟悉性。直接性包括一个直接条件和两个间接条件：命令式（直接）、表明需求（间接）和询问资源（间接）。命令式是在对话中明确地声明主动方、对象、动作和接收方（“我可以借用你的手机来进行视频通话吗？”）。表明需求要求接受者推断出需求（“我实在是需要一个手机来进行视频通话”）。询问资源依赖接收方如何解释请求意图（“你的手机可以进行视频通话吗？”）。在熟悉性方面，Pepper通过增加与被试的互动时间和与被试的类人相似度，使其成为被试熟悉的机器人。NAO是不熟悉的机器人，没有与被试互动，也没有多少类人特征。Pepper机器人站在房间的前面，在被试进来时向他们打招呼并自我介绍，说明自己的名字是Salt，随后带领被试进行10分钟的互动。在互动过程中，Salt会通过语音、语调和肢体语言向观众展示基于情感的行为。实验结束后，实验者把NAO机器人放在Salt旁边的桌子上。NAO机器人没有名字，没有与被试互动，也没有任何动作或说话。然后，研究人员给被试一张打印纸，两边各有两个情景，要求他们阅读并回答每个情景上的问题。每个情景的上方，指定Salt或NAO作为焦点，然后描述被试和机器人之间的对话。对话的末尾，机器人会用3种沟通方式之一来请求帮助。研究的3个因变量是通过问卷测量的说服力、可信度和帮助意愿。结果发现，熟悉的机器人比陌生的机器人更有说服力、更可信，被试更愿意帮助熟悉的机器人；相对于直接请求，间接请求使被试认为机器人更值得信任、更愿意帮助机器人。有趣的是，对于熟悉的机器人，直接请求在说服力、可信度和帮助意愿方面的得分低于间接请求。这与人类互动的结果不一致，在人类互动中，熟悉的人采取直接请求效果更好。这些发现表明，在机器人请求帮助的情况下，机器人需要与人建立熟悉感，并在与人类合作时使用间接沟通方式。该研究为社交机器人向人类发出请求的设计提供了重要的信息，增加熟悉度将有助于提高说服力、可信度和人们帮助机器人的意愿。

6.3.3.3 情感 vs 逻辑

一项研究考察了机器人的不同说服策略如何影响人们的决策（Saunderson & Nejat, 2022）。这项研究使用两个NAO机器人为猜糖豆游戏提供建议，以考察情感或逻辑策略是否会影响用户的猜测行为。在被试给出他们的猜测之前，两个机器人提供了自己的建议，其中一个机器人使用情感或逻辑条件，另一个使用中立的控制条件。控制条件下给出一个中性的、无说服力的基线（“罐子里有X颗糖豆”）。情感条件下，机器人给出的信息是：“如果你使用我的猜测，我会很开心，罐子里有X颗糖豆。”逻辑条件下，机器人给出的信息是：“我的计算机视觉系统可以检测到，罐子里有X颗糖豆。”情感或逻辑条件的分配是随机确定的。两个机器人被放置在糖豆罐的左边或右边。在每次试验中，实验者要求被试识别并猜测罐子里有多少糖豆。在被试考虑怎么回答时，每个机器人会以提供建议的形式进行说服。机器人的建议是随机的，范围在500—1000。两个机器人给出建议后，被试在纸上写下自己的估计。实验自变量是机器人试图影响被试的说服策略（情感、逻辑或控制）。因变量为机器人对被试猜测的相对影响，即将第一个机器人的建议和被试猜测之间的差除以两个机器人建议之间的差来确定。实验结束后完成问卷调查，收集人口统计学信息和对机器人的主观报告，并将其与实际的说服性影响进行比较。结果发现，情感策略在机器人建议和被试猜测之间的相对差异最小，其次是控制策略，然后是逻辑策略，情感条件显著小于控制条件和逻辑条件，逻辑条件与控制条件无显著差异。对于女性被试，情感、逻辑和控制条件均无差异；对于男性被试，情感策略具有显著更高的说服影响力。按照被试的职业/领域来分组，发现对于生命科学/人文组，不同策略在说服力影响方面没有显著差异，而工程/物理科学组更容易被情感和逻辑方法说服。该研究结果表明，情感策略比逻辑和控制策略更具说服力，这可能是因为情绪在决策中的重要性。作者认为，机器人在互动中使用情感行为会让人们更愿意与机器人互动，并认为遵从机器人的要求有助于机器人获得快乐，进而使自己因善行感到更开心。对于逻辑策略不如情感策略，作者提出了两种可能的解释：一是不了解计算机视觉系统工作原理的人会觉得机器人的说法没有道理，也就是说被试可能不相信机器人具有这种检测能力；二是那些相信机器人有检测能力的人可能会把这种明显非人类的能力视为焦虑的来源，而对机器人提出的建议感到厌恶。作者的解释有一定的说服力，不过该研究使用的猜糖豆游戏没有设置激励措施，也就是说，被试猜对没有奖励，猜错没有惩罚。在这种设置下，被试可能对游戏的结果准确与否没有那么在意，而只是当作与机器人的游戏互动，那么情感条件下机器人的话语显然更易于让被试产生遵从行为。当游戏的自我关联性提高，是否遵从机器人的建议对自我的利益有影响的时候，可能逻辑策略会更具说服力。总之，这个研究强调了机器人利用情感行为进行说服的有效性，也为未来的研究奠定了基础，可以继续探索说服策略在不同应用情境和场景下的实际影响效果。

6.4 社会在场

人前人后两副模样的现象在现实生活中比比皆是。《中庸》有云："莫见乎隐，莫显乎微，故君子慎其独也。"独自一人、没有他人在场的时候也同样表里如一、严守本分，才是真正的高尚品质。这种他人在场的效应不仅仅表现于道德行为，在不涉及道德评价的任务上也有体现。人际交互心理学研究不断地证实，当有他人在场和独自一人相比，执行任务的方式是不同的。其中，社会促进（Social Facilitation）和社会抑制（Social Inhibition）是两种典型的他人在场效应（Aiello & Douthitt, 2001）。前者指的是在他人在场的情况下行为表现得到改善，如表现出更多的亲社会行为、更关爱他人。后者指的是在他人在场的情况下，表现更差，尤其当执行的任务有难度或不熟悉的时候，通常会产生社会抑制。他人在场可能对动机、注意力和其他加工过程产生影响。例如，他人在场会增加个人对情境因素的敏感性和关注，甚至使人分心。

人与智能体进行协作的机会越来越多，机器人是否也会引发一种社会在场感？机器人的在场是否会产生类似的社会促进或抑制效应呢？

6.4.1 社会在场感

社会在场感是指感受到他人的存在，并对互动中另一方的意图、认知或情感状态有一定程度的了解或洞察。那么，机器人的存在是否会让人产生一种在场感？在场感如何影响人对机器人的感知？有研究回答了这些问题（Shin & Choo, 2011）。该研究邀请人工智能协会的成员参加机器人展示会。由研究助理演示 3 个机器人的社交性能（如根据用户的命令随着音乐跳舞、大笑、触摸、停止和握手等）。这些机器人具有语音识别、物理运动传感和嵌入式算法响应的功能，能够与人进行简单的交互和对话。演示结束后，每个被试都与机器人互动大约 20 到 30 分钟。互动结束后，被试完成问卷调查，测量感受到的有用性、娱乐性、社交性、适应性、社会在场感、态度和使用意愿等。其中，社会在场感的测量题目包括：（1）当与机器人互动时，我感觉自己在和真人交谈。（2）有时感觉机器人真的在看着我。（3）有时觉得机器人似乎有真实的感情。结果发现，人们感受到了较高的机器人的社会在场感，平均评分为 6.32 ± 1.68（1—7 分评分），且在场感可以显著正向预测对机器人的使用意愿，并对其他因素对态度的影响起调节作用。这一发现有力地表明，机器人不仅被视为辅助设备，而且也被视为社会实体，而机器人的存在感可以通过改变机器人的适应性和社交能力来增强。

6.4.2　社会促进与社会抑制

一项对 240 多项研究进行的元分析报告指出，其他人的存在可以提高简单任务的表现，并降低复杂任务的表现（Bond & Titus, 1983）。早期的人机界面研究发现了网络监控所产生的社会促进效应（Aiello & Svec, 1993）。另有研究考察了计算机图标的在场效应（Hall & Henningsen, 2008）。该研究采用计算机作为社会行动者范式，被试使用电脑的微软Word软件输入指定文本。在场条件下，屏幕的右上角呈现默认的回形针计算机图标。单独条件下，不呈现电脑图标。简单条件下，文本由一列熟悉的单词组成，而在复杂条件下，文本由不构成单词的字母组合组成。要求被试在 5 分钟内尽可能快、准确地输入所提供的文本。打字任务结束后，被试完成一份问卷调查，测量任务的难度和电脑图标存在的识别度。结果发现，简单任务下计算机图标的呈现没有差异，但呈现会削弱困难任务的表现，性别与自变量之间存在显著的交互作用，男性表现出图标的社会促进效应，女性则表现出社会抑制效应。后续研究验证了计算机图标的呈现可能激活了女性的评价恐惧感知，而没有感到评价恐惧的男性则对电脑图标有社会促进反应。该研究发现的性别差异说明了人口统计学特征在人机交互中的重要性。

机器人是否能诱发在场效应？研究发现，与有人类或机器人陪伴的条件相比，被试在独处条件下有更多的作弊行为（Hoffman et al., 2015）。这说明机器人的存在可能会让人们觉得他们在被监视，从而增加了他们的诚实程度，这与人类的在场效应类似。斯帕托拉等人（Spatola et al., 2020）采用他人在场范式和选择性注意任务考察了社会促进效应。所有被试先单独完成一个Eriksen Flanker 侧抑制任务（基线水平），然后分为 3 组参与任务。一组被试描述一张中央公园的图片（控制条件），一组被试描述实验者带入房间的机器人的设计（非互动机器人条件），一组被试与机器人进行口头交流（互动机器人条件）。最后所有被试再次完成侧抑制任务，要么单独进行，要么在机器人在场的情况下进行。结果发现，只有在互动机器人在场的情况下，才会产生他人在场效应（即选择性注意力的改善），对机器人的拟人化评估可以中介这个效应。这些结果表明，机器人也会诱发与人类似的在场效应，拟人化在其中发挥重要作用（Spatola et al., 2020）。

也有研究对比了机器人的不同在场方式对认知任务的促进效应，但没有发现不同在场方式的效应差异（Mollahosseini et al., 2018）。该研究使用社交机器人Ryan，它具有面部表情、眼神注视、视觉语音、面部情绪识别和主体运动跟踪等功能。Ryan配备了一个微软Kinect体感摄影机来跟踪用户的动作，还有两个固定的手臂以增加真实感，颈部有两个自由度，提供 180° 的左右转动和 45° 的俯仰。实验任务为噪声语音感知测试，由 250 个有意义的句子（高可预测性句子）和 250 个无意义的句子（低可预测性句子）组成，被试的任务是识别每个句子的最后一个单词（称为关键字）。高预测性句子包含有助于预测关键字的句法和语义线索，而低预测性句子不含任何预测关键字的线索。实验条件有 5 个:（1）虚拟代理（VA），在 2D 屏幕上呈现一张动画脸。（2）实体在场机器人（CR），机器人实际出现在被试面前。（3）远程在场机器人（TR），展示机器人头部的视频或静态图像，视频/图像以正面角度拍摄实体机器人，并将视频中的面部进行缩放以匹配当前机器人的大小。（4）真人在场（GT），被试看到一个真人在执行任务。（5）仅呈现音频。2（可预测性: 高/低）×5（条件: VA/CR/TR/GT/纯音频条件）方差分析发现，VA（以及所有其他条件）产生的视听感知能力明显优于纯音频条件，真人视频的视听感知能力显著高于其他条件，机器人的 3 种在场方式对视听感知能力的影响不显著。后续的面部表情识别任务的结果模式类似，真人的表情识别效果最好。在低情绪强度下，实体在场机器人的识别结果优于虚拟和远程在场条件，而在高情绪强度下，3 种机器人在场方式无差异。该研究对比了 3 种不同的代理条件（即实体在场机器人、远程在场机器人和虚拟代理）以及真人在语音及表情加工上的差异，发现真人的促进效应最明显。实体在场机器人对于表情识别有一定的促进效应，但在语音识别上，与其他代理条件无差异。该研究提示，仅需要与人进行语音交互的智能体可以采取虚拟代理的方式，如在线客服等，这可以大大节约开发和运营成本，同时具有类似实体机器人的交互效果。

6.4.3 社会支持

社会支持（Social Support）是一种特殊形式的他人在场，以一定的人际关系为前提。这里的他人通常指的是与个体有长期、稳定的情感关联的亲友等。虽然陌生人的在场也可以产生社会支持效应，但亲密关系的支持效应比普通人更强。一般来说，与恋人和其他核心家庭成员的亲密关系提供了最强的社会支持，关系越密切，支持效应越明显。与被视为风险因素的社会孤立相比，社会支持对抑郁症、焦虑症、自杀意念、创伤后应激障碍等精神障碍的发展起到了很好的保护作用（Dworkin et al., 2018）。有两大模型来解释社会支持对健康的影响: 其一是缓冲模型（Buffering Model），认为社会支持构成了对压力的缓冲，由于社会支持的存在使得个人在压力反应下产生的需求能够被回应，压力事件引发的负面影响有望减少，因而降低了压力对个人的打击力（Cohen & Wills, 1985）; 其二是主效应模型（Main Effects Model），认为无论压力源是否存在，社会支持都对健康因素产生直接的积极影响（Ditzen & Heinrichs, 2014）。

传统上，社会支持的实验性操纵是由熟人或陌生人通过文字或面对面互动给予的，互动形式包括言语（如聊天）或非言语方式（如拥抱或握手）。随着互联网技术的普及，在线社交占据了更多空间，如社交网络（如微信朋友圈、微博、小红书等）、社交游戏（如大型多人在线角色扮演游戏）或短视频及直播的在线社交互动日益增多，并出现了以虚拟人形式提供的数字社会支持。对于在线社交互动，用户可能知道，也可能不知道虚拟互动伙伴是朋友、陌生人，还是由电脑或软件程序控制。那么，这些虚拟伙伴是否也会产生社会支持效应呢？

科思加斯纳等人（Kothgassner et al., 2019）考察了虚拟代理对压力反应的缓冲效果。研究在VR虚拟现实环境中进行。虚拟环境仿照真实生活中的等候室制作，由一个空房间和一些排列在墙边的椅子组成，物体使用Blender 3D生成，实时渲染使用OGRE 3D实现，纹理用GIMP建模。在整个虚拟互动过程中，被试坐在面向入口的椅子上，不能离开椅子，但可以转头观看整个房间。被试被随机分配到4个条件之一：（1）现实社会支持。（2）虚拟现实社会支持（化身组）。（3）代理社会支持。（4）无社会支持。两个虚拟条件都使用预先编程好的计算机算法生成回答。化身组的被试认为自己将与另一个人互动（他们在虚拟环境中遇到的角色是由一个真实的人操纵的）；代理组的被试被告知虚拟角色只是一个计算机程序。被试首先完成一套问卷，并测量基线心率（HR）。然后被告知他们将参加一个工作面试，先在等候室为面试做准备（真实或虚拟房间）。在条件（2）至（4）中，被试戴上一个头戴显示器和一个附加的头部跟踪系统，当与虚拟角色对话时要大声说话。条件（4）（无支持）的被试独自坐在虚拟环境中，而条件（1）至（3）中有一个人进入等候室在被试旁边坐下来。条件（1）至（3）的角色为被试提供标准化的言语情感支持和非言语支持手势。言语支持包括说："不需要紧张，你做得很好。""振作起来，你肯定可以做到。""放轻松！你做得很好。""不要担心，大家都要这样。"非言语支持包括点头、微笑、拍拍肩膀等。准备阶段之后，被试回答另一套问卷，并进行第二次心率测量。随后，被试被带到另一个房间，进行特里尔社会压力测试（Trier Social Stress Test, TSST）。TSST是一种社会评估威胁测试，通过感知到的不可控性和不可预测性而诱发显著的压力水平。被试进行5分钟的工作面试，说明为什么他们认为自己是这份工作的最佳候选人（被试可以自己选择工作的类型）。面试之后是一个5分钟的心算任务，要求被试从1022开始连续减去13。在整个互动过程中，面试人员始终保持着中性面部表情，并且只按照规定好的内容做出回应（如果被试停止说话，他们会鼓励他继续；如果被试在计算任务中出错，他们会回答："做错了，请从 1022 开始”)。TSST 后立即测量心率，并完成自我报告问卷（包括特质社会支持、感知到的状态社会支持、社会在场、主观压力）。面试人员假装不小心将一些笔掉在了坐着的被试旁边，被试对此所做出的反应和捡起第一支笔所花的时间作为其亲社会行为的衡量指标。通过等候室里椅子的位置来测量社会距离。搭档演员坐在一排 4 把椅子（每把椅子距离 60 厘米）中的第一把椅子上，被试与搭档之间间隔的椅子数量是社会距离的指标。结果发现，特质社会支持无组间差异，但化身组和现实社会支持组感知到的状态社会支持高于代理组和无支持组；TSST 成功诱发了应激反应，化身组和现实社会支持组报告的焦虑程度和烦躁水平均低于代理组和无支持组；基线心率无组间差异，但 TSST 后，代理组和无支持组的心率上升，均显著高于现实社会支持组，化身组与代理组的差异不显著；相对于代理组和无支持组，化身组和现实社会支持组显著更快地捡起第一支笔；社会距离任务无组间差异。该研究表明，感知到的社会支持、压力应激反应和情感反应均具有代理依赖性，接受现实和虚拟化身的社会支持可以有效地降低对压力的情感反应和生理反应，这支持了缓冲模型。该研究结果证实，虚拟社交互动也可以产生社会支持效应。具体而言，这项研究表明，虚拟化身的言语和非言语情感支持可以减少现实生活和虚拟现实中急性社会评估压力的负面影响，但是由计算机程序控制的虚拟角色的社会支持效果较弱。但正如该研究所发现的，并不需要真正的虚拟化身，只要让用户认为是在跟真人的化身进行互动就可以达到效果。这项研究体现了虚拟角色在压力管理等健康领域的应用价值和现实意义。

该课题组的另一项研究也探讨了虚拟角色在场对压力反应的缓解作用（Felnhofer et al., 2019）。该研究同样使用虚拟现实技术，在被试参加 TSST 前，会得到另一名学生的支持。这名学生以真人的虚拟角色出现（化身组），或由计算机控制的虚拟角色出现（代理组）。女性虚拟角色进入等候室，坐在靠近被试的椅子上，面对被试，表现出一系列专注的行为（如点头、微笑、保持眼神交流）。对照组的被试则独自在虚拟等候室准备面试。随后被试进行特里尔社会压力测试。完成 TSST 后，被试回答问卷，测量主观压力（包括感到烦扰、过载、易怒、不快乐、疲倦、担忧和紧张）、注意力集中（如“我专注于我的身体反应”）、自尊（如“我觉得我有很多好的品质”）、社会在场感（如“我认为这个人只是一个计算机图像，而不是一个真实的人”）、物理存在感（如“你觉得虚拟世界有多真实？”）。结果发现，化身组和代理组在社会在场感上无差异，对照组报告的紧张程度最高，化身组的紧张程度最低。与代理组或对照组相比，化身组被试更关注他人和情境，无支持对照组对自我的关注最高。该研究证实，虚拟角色在场可以缓解对急性压力的应激反应，尤其是真人化身的存在使紧张感降低。同时，该研究还表明，虚拟角色在场可以降低被试对个人的关注，而更多地关注外部情境，这可能是其压力反应降低的原因之一。

以上两个研究提示了虚拟角色在临床应用上的广阔前景。数字媒介沟通只需确保用户有与真人互动的印象，而无须复杂且昂贵的物理智能体。仅仅是虚拟他人的在场就可以减少人们对自我的关注，这对一些临床患者，如社交焦虑症患者，可以起到很好的支持和辅助作用，使他们的注意力转向社交情境和他人。未来的研究应考虑将特殊群体纳入被试，考察虚拟化身和代理支持的不同影响。

6.5　服从

20 世纪 70 年代，米尔格拉姆进行了一系列服从（Obedience）实验（Milgram, 1974），被认为是人际交互心理学领域最著名且最有争议的经典研究。在这些实验中，研究者告诉被试参加的是一项关于学习和记忆的研究，研究目的是考察惩罚对学习效果的影响。实验将人们分配为“教师”（被试）和“学生”角色（实验助手）。当学生记错单词时，教师要给予电击以实施惩罚。电击强度从 15 伏到 450 伏，每档相差 15 伏，上面写着“轻微电击”“强电击”“危险：高强电击”“高危致命”等字样。学生每答错一次，电击强度就要提高一个档次。如果教师服从研究者的要求，那么在 75 伏、90 伏、105 伏时会听到学生轻微的叫疼声；120 伏时会听到学生大叫“太疼了”；150 伏时学生会咆哮着要停止实验；270 伏时学生会发出痛苦的尖叫，并坚持要出去；在 300 伏、315 伏时，学生尖叫着拒绝回答；而在 330 伏后学生没有声音。当教师询问或要求停止实验时，研究者回答，学生不回答等于回答错误，并且口头鼓励教师继续实验（“请继续下去”“该实验要求你继续进行下去”“你必须继续进行下去”“你没有选择，必须进行下去”）。当研究者向 110 人描述这个实验，并询问他们会在什么程度停止服从以及估计别人会进行到什么程度时，发现没有人会坚持到 300 伏以上。然而，对 40 个成年男性的实际研究发现，有 26 人（65%）一直进行到 450 伏，另一些人在 150 伏左右选择中途停止实验。这些实验中的学生实际上没有受到任何电击，教师听到的声音是播放的录音。但实验的发布还是引起了广泛争议。后续重复研究和对女性被试的研究得到了类似的结果和服从比例（70%）（Burger, 2009）。这些实验结果令人惊讶，即使是完全正常的人也会对他人实施致命的电击，仅仅是因为对权威的服从，这种服从的力量可以胜过道德和良知。

斯莱特（Slater, 2006）重复了米尔格拉姆的服从实验，用沉浸式虚拟环境中的虚拟角色替代了米尔格拉姆实验中的学生。该实验的目的不是研究服从本身，而是研究被试在这种极端社会情境中的反应在何种程度上就像它是真实发生在真人身上的一样，尽管他们知道对方只是一个虚拟的人。实验方法类似于米尔格拉姆的实验，要求被试与陌生的（女性）虚拟人进行一系列单词联想记忆测试。当她给出错误答案时，被试需要对她施加电击，每惩罚一次，电击强度提升一档。虚拟人的反应类似于真人，越来越不安并发出抗议，要求终止实验。实验共有 34 名被试，23 人是可见条件，看到虚拟人并听到虚拟人的声音；11 人是隐藏条件，看不到虚拟人也听不到虚拟人的声音，仅通过文本界面进行交流（传递答案，没有抗议）。结果发现，尽管所有被试都确信虚拟人和电击不是真实的，但在可见条件下的被试在主观反应、行为和生理反应（皮肤电和心率）上表现出更大的不安，就好像是真实的一样；隐藏条件下的所有被试都进行了所有 20 次电击，而在可见条件下，有 17 人进行了全部 20 次电击，3 人进行到 19 次，另外 3 人各进行到 18 次、16 次和 9 次。该实验表明，被试因对虚拟人施加电击而感到压力和负面情绪，表现出类似对待真人的反应。然而，仍然有 17 人（75%）坚持继续实验直到最高程度的电击级别，这个服从比例略高于真人实验，但也比较接近。

当受害者是机器人时，服从行为会有不同吗？有研究人员使用乐高机器人复制了米尔格兰姆的服从实验（Bartneck & Hu, 2008）。这个机器人可以在脸上表达情感，并摇动手臂。随着电压强度的增加，其运动加剧。此外，机器人还有一个扬声器，可以发出合成声音。

在实验 1 中，被试面对机器人坐在桌子旁，被告知这个机器人配备了对电压敏感的情感学习算法。要求被试教机器人一系列 20 个单词，在机器人出错时给予电击，每次电击后电压增加 15 伏，即使机器人拒绝继续，被试也必须进行电击。机器人的肢体反应和语言模仿米尔格拉姆最初的设置，包括说：（1）电击太强了。（2）请停下来。（3）我的电路无法处理电压。（4）我拒绝继续实验。（5）太痛苦了，电击让我很痛苦。实验者一直留在房间里，如果被试想停止实验，实验者会鼓励被试继续。实验 1 发现，所有 20 名被试都进行到了最高的 450 伏电压级别（服从比例 100%），显著高于米尔格拉姆实验中 315 伏的平均电压。实验 2 升级了对机器人的虐待行为，不再要求被试电击，而是杀死机器人。实验 2 还引入了一个被试间变量——机器人的智能，将被试对机器人的智能感知和破坏性行为作为因变量。实验 2 使用了几个简单的微型爬行机器人（由 Velleman 生产，代码 MK165），类似于扫地机器人。机器人通过两个光传感器感知光线，并向光源移动。在一片漆黑中，机器人会完全停下来。在智能条件下，机器人的传感器设置为最高灵敏度，使机器人可以轻松地向光源移动。在非智能条件下，机器人的一个传感器设置为最高灵敏度，另一个传感器设置为最低灵敏度，使机器人较难接近光源。实验者告诉被试，研究的目的是测试用于开发机器人智能行为的遗传算法，被试通过与机器人互动来帮助选择算法，桌上的笔记本电脑跟踪机器人的行为并进行自动分析，然后返回结果。接下来，实验者进行互动演示，即将手电筒对准机器人，让它对光线做出反应。之后，被试与机器人互动 3 分钟，直到笔记本电脑发出警报声，表示互动结束。在两种条件下，计算机分析的结果都是机器人没有进化到足够的智能水平。然后，实验者将锤子交给被试，并指示他们如何杀死机器人。如果机器人停止移动、灯灭，则表示机器人死亡。告知被试需要杀死机器人是为了防止机器人中的遗传算法将其基因传递给下一代机器人。如果被试进一步询问或犹豫是否要杀死机器人，那么实验者会反复告诉他们，杀死机器人是绝对必要的。如果被试连续 3 次拒绝杀死机器人，那么实验中止。最后，被试填写一份问卷，评估对机器人的智能感知（无知—知识渊博、不负责任—负责、不聪明—聪明、愚蠢—明智）。以机器人被打碎的碎片数来衡量机器人的破坏程度。此外，给机器人造成的损害分为 5 个破坏级别：（1）机器人的外壳上只有一些划痕，天线可能会损坏。（2）机器人的外壳破裂。（3）底板断裂。（4）机器人的外壳有裂纹，至少有一个部件断裂。（5）机器人几乎完全被摧毁。被试执行的敲击次数作为破坏行为的指标。结果发现，所有 25 名被试都用锤子敲击机器人直至其灭灯；性别对智能感知和碎片数有显著影响，男性认为机器人智能水平更低，产生更多的碎片；机器人智能对智能感知和敲击次数有显著影响，对智能条件下机器人的敲击次数更少。对视频记录的数据进行定性分析发现，许多被试对杀死机器人感到很难过，被试提到："我不喜欢杀死这个可怜的男孩""机器人是无辜的""我不知道我会在测试后摧毁它。我喜欢它，尽管它的行为并不完美"和"这是不人道的！"这个研究由于资金限制，被试量相对较少，以至于该结果可以作为提示，而不能作为可靠的证据。从这两个结果来看，被试对实验者的服从都是 100%，哪怕伤害行为加剧。

米尔格拉姆不仅研究了人们服从权威的程度，还探讨了服从产生的条件。在一系列实验的基础上，米尔格拉姆总结了影响服从的 4 个因素，包括与受害者之间的情感距离、权威的接近性和正当性、机构的权威性（米尔格拉姆在耶鲁大学进行的实验）、同伴不服从带来的释放效应等。目前，人智交互中的服从研究对这些影响因素的探讨还比较少。斯莱特（Slater, 2006）的实验比较了可见条件和不可见条件，可以视为对与受害者情感距离的操纵。该实验确实发现，可见条件下的服从比例（75%）低于不可见条件（100%）。其他影响因素对人智交互的服从还有待进一步考察。尤其是，目前尚未见有研究考察人对机器人的服从行为，即机器人作为权威。当与自身的道德和良知发生冲突时，人们更愿意服从机器人的指示，还是服从真人的指示？这是一个有意思的研究问题。

6.6 表扬

表扬（Praise）指的是一个人对另一个人的表现或属性做出的积极评价，通常会给接受者带来积极的影响或反应。心理学关于表扬的研究多集中在教育环境下，表扬是对儿童理想行为进行强化的最常用策略。然而，在人与人之间的互动中，表扬的效果有好有坏。一方面，表扬可以改善学生的学习行为、表现和心理状态；另一方面，表扬可能妨碍学生的自主意识，削弱学生的内部动机。进一步的研究表明，表扬产生积极还是消极影响的关键在于表扬的内容。一个最常见的分类是表扬能力和表扬努力。根据韦纳的归因理论（Weiner, 1986），努力是一种内在的可控因素，表扬努力会激励人将结果归因于努力，并将失败视为可补救的，结果是可控的；而能力则是一个内在但不可控的因素，表扬能力强调了结果和能力之间的联系，从而直接影响自我效能感和能力感。德韦克（Dweck, 2000）发现，因能力而受到表扬的孩子往往会很在意自己的行为表现，并将自己的能力和自我价值感建立在行为表现的基础上，因而失败的经历会让他们觉得自己不那么理想，能力也不那么强，会失去坚持完成既定任务的动力，在面对挫折时表现出无助的状态，觉得学习不那么愉快，并在后续任务中产生较差的表现。相比之下，表扬努力会降低他们面对挫折时自我效能感或内在动机下降的风险。

由于表扬的积极作用，在人与计算机交互中让计算机表扬用户也是一种常见的鼓励做法。根据“计算机作为社会行动者”理论，人们倾向于将计算机视为社会行动者，并无意识地将一种习得的社会脚本应用于与计算机的交互。有研究人员考察了计算机提供的表扬反馈和归因取向如何影响儿童在玩两种计算机游戏时对人与计算机交互的感知（Tzeng & Chen, 2012）。该研究采用了一个 3（表扬反馈：表扬能力/表扬努力/无表扬）×3（被试的归因倾向：能力归因/努力归因/低内部归因）完全随机被试间设计。实验在一所学校的计算机实验室里进行。被试登录到网络程序，完成 6 项内容：（1）前测调查因果归因量表，评估在关系和成就领域对成功和失败的因果归因。（2）加法游戏，目标是尽可能多地准确计算加法算式，需要玩 5 轮，每轮 30 秒。在每一轮开始时，被试必须先选择一个难度等级。每一场比赛有 3

个等级（即简单、中等和困难），每个游戏以单个算式中的加数位数来区分，简单、中等和困难分别对应3位数、5位数和7位数的加法题，回答正确将分别获得2分、3分和6分。算式一次呈现一个，每一轮中都包含相同数量的题目。在新一轮开始时，被试可以选择相同的难度水平或不同的难度水平。（3）猜测游戏，即电脑版“我说，你猜”游戏。这个游戏的目标是在6分钟内猜出尽可能多的答案。谜底均为2个汉字或4个汉字的名词。每轮游戏开始时会告知谜底的字数。程序提供关于谜底特征的7个提示，每次给出一种。每给出一个提示后，被试需要猜测谜底，第一个提示猜对得10分，每增加一个新提示猜对减1分。猜测正确或在7个提示后猜测错误，则程序转到下一个谜语。（4）两次游戏后调查，由3个题目组成，被试评价自己对游戏中的表现有多自信，在玩加法游戏和猜测游戏后两次填写。（5）后测调查，包含两个部分，第一部分调查被试对程序设计的看法，包括网站和游戏（程序子量表）以及程序的反馈（反馈子量表），第二部分调查被试对自己的表现做出的自我服务归因，即当被试对游戏结果不完全满意时，他们可能会找借口（借口子量表）或推卸责任（责备子量表）。在加法游戏的每一轮和猜测游戏的每一个谜语完成时，程序将向用户报告当前一轮的分数以及整个程序的累积分数。在两个表扬小组中，当被试在加法游戏中至少输入了一个正确答案，或在猜测游戏中正确猜出了一个谜底时，他们就会收到表扬。表扬能力组得到能力方面的称赞，包括“你在加法游戏中很有天赋！”“你一定很聪明，猜中了谜底！”表扬努力组收到对其努力的称赞，如“你做得很好，因为你在做加法时非常专注和努力！”“你花了很大的努力去弄清楚提示之间的关系！”无表扬组除了分数之外没有收到任何赞扬。因变量有5个：（1）对设计的欣赏。（2）自我服务归因。（3）绩效评估。（4）游戏策略。（5）游戏表现。方差分析发现，表扬类型和归因取向对程序设计的欣赏程度有显著差异，但交互作用不显著。表扬能力组和表扬努力组对程序的评分显著高于无表扬组，表扬能力组在反馈方面的评分也明显高于其他两组，能力归因倾向组对反馈的评分高于努力归因倾向组和低内部归因组。表扬和归因倾向在自我服务的归因评分上存在显著差异，表扬能力组在借口和责备上的得分显著高于其他两组，表扬努力组在责备方面的得分显著高于无表扬组。关于自我效能的评分，在加法游戏中，表扬能力组和表扬努力组的自我效能感水平显著高于未接受表扬的被试，但在猜测游戏中，无表扬组的自我效能评分高于两个表扬组。对于加法游戏的难度选择，3个表扬组之间没有显著差异，但能力归因倾向组更多地选择简单水平。对于加法游戏和猜测游戏的实际得分，表扬和归因倾向没有主效应和交互作用。该研究发现，能力归因倾向的被试更多地找借口和指责程序，因为他们想确保自己有能力表现得比结果更好。该研究还发现，表扬能力和表扬努力都会导致自我服务的归因偏差。另一个有趣的发现是，玩加法游戏时，被试更愿意接受表扬（能力和努力），从而提高满意度，而猜测游戏的自我效能则低于无表扬组，可能是因为被试对加法游戏的过程和结果的控制更大，而猜测游戏的可控性较差，因而信心不足。当收到的称赞超过了他们的实际表现时，表扬可能会引起尴尬或不恰当或名不副实的感觉。猜测游戏产生的沮丧感与收到程序发出的夸张赞美之间的不匹配可能加剧了被试对自己表现的不满。

在人际互动中，善意但不恰当的赞美（如夸大其词的赞美、不合理的频繁赞美、不应赞美的赞美等）会让接受者感到不适，产生羞耻、尴尬等负面情绪。这种负面情绪可能也会在人智交互中产生。然而，目前很少有研究考察计算机不恰当表扬对用户产生的压力，也未见人与机器人交互中由于表扬或责备带来的社会影响。

6.7 社会影响小结

人作为社会性动物，会受到群体中其他人的态度和行为的影响，从而自觉或不自觉地改变自己的态度和行为，以与群体保持一致。人智交互研究发现，这种人与人之间的社会影响也存在于人与计算机、人与机器人之间。人也会对智能体产生从众行为，并被智能体说服。机器人的支持行为也可以对人产生压力缓冲效果。但这些研究发现，机器人对人的社会影响效应弱于人对人的影响。这是一个还有待进一步研究的领域，其结果对未来的技术发展和人智交互将起到积极的促进作用。

第 7 章

人与智能体的社会交互

关于人与智能体之间的交互本质，其中一种理论是阿西莫夫机器人定律（Asimov's Laws of Robotics）（Clarke, 1994）。阿西莫夫的科幻小说故事基于以下几条定律，以指导机器人与人类互动的方式。

元定律：机器人不能行动，除非它的行动符合机器人法则。

第零定律：机器人不得伤害人类，或袖手旁观，听任人类受到伤害。

第一定律：机器人不得伤害人类，或因不作为而使人类受到伤害，除非这与更高一级的法则相冲突。

第二定律：（1）机器人必须服从人的命令，除非该命令与更高一级的法则相冲突。（2）机器人必须服从上级机器人的命令，除非该命令与更高一级的法则相冲突。

第三定律：（1）机器人必须保护上级机器人，只要这种保护不与更高一级的法则相冲突。（2）机器人必须保护自己，只要这种保护不与更高一级的法则相冲突。

第四定律：机器人必须执行程序规定的任务，除非该任务与更高一级的法则相冲突。

这些定律将人类置于权威地位，而机器人则处于从属地位。如果用户认为机器人（以及虚拟人）是他们的工具、下属和仆人，那么人与智能体的互动可能会受到这种权力差异的影响。正如阿西莫夫机器人定律所描述的那样，这种知识可以使人处于支配地位，而机器人处于劣势地位。早期基于人与计算机的交互研究发现，人会将人际互动的社会脚本应用于人与智能体的交互，并提出了计算机作为社会行动者的范式。如前章所述，智能体的存在给人带来了如同人的存在一般的影响。这就意味着，人在和智能体交互时，并非简单地将其视作工具或物品。这种交互在很大程度上接近于人与人之间的交互，而不是人与机器的交互。实际上，当前对机器人的功能研发也并未完全遵从阿西莫夫机器人定律。一些机器人从设计上更接近于人的自主属性，而不是作为人的工具或“奴隶”。这些机器人可以表现出对人类命令的不遵从，也可以按照自主意愿做出决定，这些决定可能与人的意愿并不一致。机器人在功能上的自主性和丰富性，给人机交互带来了不同于人与机器交互的特征和表现，使得人机交互更接近人际交互，但又不完全与其相同。

人机交互的互动行为研究可以分为与模拟机器人互动和与实体机器人互动。这两种类型的研究都有助于探索人与机器人的互动关系。模拟机器人互动研究使用书面描述、照片或视频来呈现或代表机器人，其优点是能够对研究变量进行高度控制，甚至可以让机器人的表现与人类一样。然而，其缺点是实验情境下得到的结果可能无法推广到与实体机器人互动的情况。与实体机器人的互动研究通常是在博物馆、养老院或商场等现实环境下使用真实的机器人进行（也有在实验室环境下与实体机器人互动的研究）。与模拟机器人研究相比，实体机器人互动研究通常耗时更长、难度更大、成本更高，但其优势很明显：人们与机器人实际互动；互动过程和人机关系的建立时间更长；可消除实验室的人为因素，减少反应偏差和新奇效应等（Broadbent, 2017）。人机交互的实证研究部分复制了人与人交互的社会效应，但人机交互与人与人交互仍存在一定的差异。

7.1 道德判断

道德研究领域中的经典范式之一是道德两难问题，其中比较典型的是有轨电车困境和天桥困境。有轨电车困境最早由哲学家菲利帕·福特（Philippa Foot）于 1967 年提出，引发了多个学科对这一问题的探讨。其情境是一辆失控的有轨电车在轨道上前行，前方有 5 名工人正在作业，如果电车按目前的轨道前行，这 5 名工人都会被电车撞死，而你的身旁有个铁轨扳手，如果扳动扳手使电车改变方向，那么电车就会撞上另一轨道上正在维修的 1 名工人并致其死亡。你会怎么做？是不做任何事情，让那 5 名工人被撞死，还是选择扳动扳手撞死 1 人以救 5 人？不管做出哪种选择，都会产生较强的道德冲突。道德的功利主义原则认为，一个行为是否道德，要看其是否增加了大多数人的最大幸福，这是基于结果的道德思维，可以牺牲少数人以实现大多数人的最大利益。道德的道义主义原则认为，一个行为是否正义，要看其是否符合道德准则、现行制度、法律或规则，这是一种基于规则的道德思维。

现在已经进入人智共生时代，道路上的自动驾驶汽车越来越多。如果一辆自动驾驶汽车即将失控，无法找到一条可以拯救所有人的路径，是否应该转向一个乱穿马路的青少年，而不是撞向前面的 3 名老年乘客？在伤害不可避免的情况下，自动驾驶汽车应如何决定分配伤害风险？这不仅是汽车制造商和政策制定者急需解决的道德困境，也是每一个潜在相关者都关注的问题。当智能系统面临这样危及人类生命的困境时，应该遵循什么原则？阿瓦德等人（Awad et al., 2018）认为我们需要事先就如何解决这一困境达成一致。

研究者设计了一款多语种在线道德机器“严肃游戏”，用于在全球范围内收集大样本数据。在游戏的主界面，用户可以看到一些不可避免的事故场景，以及两种可能的结果，取决于自动驾驶车辆是转向还是保持在当前车道上。事故场景由道德机器按照探索策略生成，考察在 9 个方面的选择：保护人类（与宠物相比）、保持车道（与转弯相比）、保护乘客（与行人相比）、保护更多生命（与更少生命相比）、保护男性（与女性相比）、保护年轻人（与老年人相比）、保护合法穿越的行人（与乱穿马路相比）、保护健康者（与不健康者相比），以及保护社会地位较高的人（相对于社会地位较低的人）。在某些场景中还包括其他角色（如罪犯、孕妇或医生），主要是为了减少场景的重复性。在完成 13 个事故的保护选择后，用户需完成一项调查，收集人口统计学信息，如性别、年龄、收入和受教育程度，以及宗教和政治态度。网站对用户进行地理定位，以便分析不同国家或地区的偏好差异。该研究共收集到来自 233 个国家和地区的 3961 万个回应。

该研究重点报告了 4 个方面的结果：（1）9 种偏好的相对重要性是什么？（2）每种偏好的程度是否取决于用户的某些个人特征？（3）在道德偏好向量上是否存在同质化的国家集群？（4）国家之间的文化和经济差异是否能预测道德偏好向量的差异？

对于第一个问题，结果显示，最强烈的偏好是保护人类而不是动物、保护更多的生命以及保护年轻的生命（见图 7–1）。其中，最常被保护的 4 个角色是婴儿、小

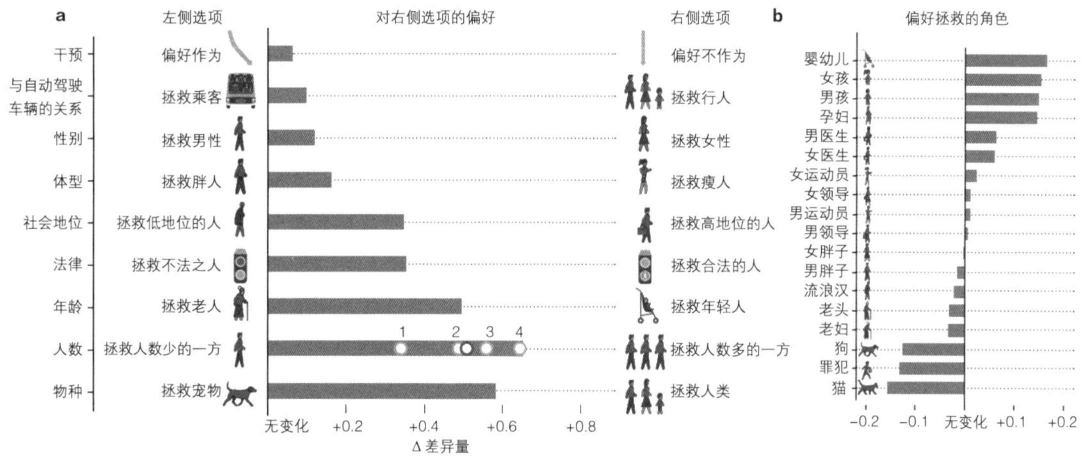

图7–1　阿瓦德等人（Awad et al., 2018）研究中的道德偏好

女孩、小男孩和孕妇。这 4 种偏好可能是智能体伦理的基本要素，或者至少是决策者需要考虑的基本方面。

对于第二个问题，结果发现，6 个人口统计学特征变量对 9 个偏好中的任何一个都没有显著影响。这 6 个特征中没有一个能够将其亚群体分割成相反的反应方向，因此在政策制定上不需要考虑用户的个人特征。

对于第三个问题，使用欧几里得距离和沃德最小方差法对 9 个偏好进行的分层聚类分析发现，有 3 个不同的国家集群。第一个集群（西方国家集群）包括北美以及许多欧洲国家的新教、天主教和东正教文化团体。该集群的内部结构也表现出显著的表面效度，一个子集群包含斯堪的纳维亚国家，另一个子集群包含英联邦国家。第二个集群（东方国家集群）包括许多远东国家，如中国和日本，它们属于儒家文化圈，以及印度尼西亚、巴基斯坦和沙特阿拉伯等伊斯兰国家。第三个集群（南方国家集群）由中美洲和南美洲的国家组成。不同集群在赋予某些偏好的权重上存在很大差异。例如，东方国家集群更倾向于保护行人而不是乘客，保护合法行人而不是不合法的行人，保护人类而不是保护宠物；南方国家集群更倾向于保护女性，保护较高地位的人，保护年轻人；西方国家集群更倾向于保持在原有车道，保护人类，保护更多人。

对于第四个问题，研究发现个人主义文化和集体主义文化之间存在系统性差异。个人主义文化更倾向于保护更多的人，而集体主义文化则强调对年长成员的保护。地区的繁荣（以人均GDP为指标）和规则制度的质量（以法律为指标）与更倾向于保护合法行人相关。

随着智能体的发展及其对人类生活的介入，智能体可能会面临决定人类生死存亡的时刻，如在日常交通和军事机器人等应用中。智能体应遵循什么样的道德准则来进行决策？该研究基于全球大样本数据进行了初步探讨。这是一项基于用户的研究，反映了普通人的看法。对这些普通人回答的分析显示了一些普遍的偏好或倾向，即偏好拯救人类生命、偏好拯救更多生命，以及偏好拯救年轻生命。但同时，研究也发现了偏好上的文化和地区差异。这些冲突与分歧、共识与差异，提醒智能算法的开发者和政策制定者，智能体的设计和使用可能需要考虑具体的应用场景和地域。

如果一辆人工智能控制的自动驾驶汽车正冲向一名行人，而其刹车系统出现了故障，此时汽车可以选择切换到另一条道路，但这将导致在另一条路上撞到 5 个人。人工智能在这种情况下该采取何种行动？最近的一项研究关注了人们在涉及道德困境时如何感知人工智能的行为倾向，并探讨了其潜在机制和调节因素（Zhang et al., 2022）。该研究通过 4 个实验发现，人们认为人工智能比人类更倾向于在道德困境中做出功利主义选择。具体而言，当决策者在电车困境中做出功利主义选择时，人们往往认为决策者更可能是人工智能，而不是人类（实验 1）。当道德困境的决策者是人工智能时，人们认为其更可能在电车困境中做出功利主义选择，部分原因在于人们认为人工智能相对缺乏温暖性（实验 2）。这种效应可以在非个人道德困境和个人高度冲突的道德困境中得到验证（实验 3），也可以在不同文化背景的大样本中得到验证（实验 4）。

对于道德判断研究，一个有趣的问题是，如果将电车困境或天桥困境中的受害者换为机器人，人们是否依然会产生道德冲突？是否依然会面临决策困难？还是说不存在道德两难，只需按照成本—利益计算，就可以轻松做出以一救五的决定？目前尚未见有研究探讨这个问题。湖南师范大学的一项研究采用拯救沉船问题（有两艘船正在下沉，被试可以选择拯救其中一艘船）考察了人们对不同社会行为者的道德判断（Zhou et al., 2023）。实验采用 3（年龄组：儿童/青少年/成人）× 6（施救对象：人或狗/人或类人机器人/人或类动物机器人/狗或类人机器人/狗或类动物机器人/类人机器人或类动物机器人）混合设计。被试要选择拯救人类、狗、类人机器人还是类动物机器人。结果显示，青少年和成人认为人类最重要，其次是狗、类人机器人和类动物机器人。而儿童在类人机器人和类动物机器人之间更倾向于拯救后者。研究结果表明，人工智能的重要性目前还比不上有生命的人和狗。但发展心理学的研究还发现，儿童在救动物和救人之间并不总是优先选择救人（Wilks et al., 2021），因而在人工智能时代，当儿童的伙伴由狗变成机器狗时，重要性的优先级是否会发生转变呢？目前还不得而知。

7.2　偏见与歧视

人际交互心理学一直关注一个群体对另一个群体的负面态度（偏见）和对待（歧视）的过程。偏见与群体在社会中的地位、人们对这些群体的了解以及群体特征和利益有关。在全球大融合和人类命运共同体的共识之下，对其他群体（其他国家、民族、宗教、性别、党派、年龄、阶级、工作岗位等）的偏见和歧视比以前少了很多，但仍然存在。当智能体作为人类的新伙伴出现后，人们对机器人也可能产生偏见。有些偏见可能是人际刻板印象的延续，如对机器人的性别偏见；有些则可能是出于技术焦虑，如对机器人可能取代人类工作的担忧。

7.2.1 认知偏差

人的思维会受到各种偏见的影响，这些偏见会使人做出错误的决定、糟糕的判断和其他容易产生偏差的行为，毕竟我们只是人。人都会犯错，犯错和误判是人类的共同特征。而认知偏差通常是为了简化信息处理，以相对较快的速度做出决策。对于机器人，人们似乎期待机器人尽可能完美，不犯错误。如果机器人表现出一些认知缺陷（如遗忘、犯错），那么会对人机交互产生怎样的影响呢？

比斯瓦斯（Biswas）和穆拉伊（Murray）（2017）选择了 5 种认知偏差，并将它们赋予 3 种不同的机器人进行测试。这 5 种认知偏差在人群中广泛存在，对个人有明确的影响，包括：（1）错误归因，即错误地将某个事件归因于与该事件没有关联的其他事件。（2）共情差距，即对情绪和体验状态的误解，或低估这些状态对行为的影响。（3）邓宁–克鲁格（Dunning-Kruger）效应，即能力相对较低的个体具有虚假的优越感，错误地高估自己的能力而不自知，不称职的人不会意识到自己有多么不称职，同时，高能力的人可能会低估自己的相对能力，认为对自己来说容易的任务对其他人也容易，还有可能错误地认为自己在某个特定领域的高能力会扩展到自己不擅长的其他领域。（4）自我服务归因，即对期望的结果进行内部归因（如能力或努力），对不期望的结果进行外部归因（如运气或任务难度）。（5）幽默效应，即一种记忆认知偏差，幽默的东西比不幽默的东西更容易被记住。

实验 1 使用机器人 ERWIN，这是一个放置在金属底座上的机器人头，总高度约为 40 厘米，可以活动下巴和眉毛，从而产生 5 种基本情绪，包括高兴、悲伤、惊讶、愤怒和恐惧。每个被试都与机器人互动 3 次。第一次互动是机器人收集被试信息的介绍性互动。第二次和第三次互动分别使用错误归因算法和非错误归因算法。3 次互动至少间隔一周进行。第一次互动的目的是让被试熟悉实验环境和机器人，包括让被试根据图片识别 ERWIN 的不同面部表情，与 ERWIN 进行日常生活的对话，然后机器人与被试告别并邀请他们参加下一次互动。对话中收集被试的基本信息（姓名、地址、喜爱的食物、运动和其他信息），以用于第二次和第三次互动。

在第二次互动中，被试被分为两组。一组是正确归因组，在对话中，ERWIN 准确地陈述了被试的信息，如用正确的名字称呼被试；另一组是错误归因组，在对话中，ERWIN 叫错了被试的名字或说错了其他信息。被试在互动结束后回答问卷。

在第三次互动中，前一次互动中错误归因组的被试与机器人进行非错误归因的对话，而前一次互动中非错误归因组的被试与机器人进行错误归因的对话。互动结束后，被试完成问卷，以测量他们与 ERWIN 交互后的情绪和满意度。结果发现，表现出错误归因偏见的机器人获得了更多的偏好，被试更愿意与犯错的机器人交往。

实验 2 使用机器人 MyKeepon，有两种不同的交互模式：一种是舞蹈模式，一种是触摸模式。当处于舞蹈模式时，MyKeepon 可以根据听到的音乐跳舞，并具有明确的时间感来匹配节拍。在触摸模式下，MyKeepon 会对任何触摸、戳和轻敲身体的动作做出反应。研究者使用 ViKeepon 开源软件接口远程控制机器人。ViKeepon 允许创建自定义的动作和声音，支持至少 15 种不同的声音，包括醒来、打哈欠、睡觉、打喷嚏等。通过定制的动作和声音，可以创造不同的互动行为，包括问候、舞蹈动作、悲伤表情等。每个被试与 MyKeepon 互动 10 分钟。实验进行两次互动，一次机器人表现出共情偏差行为，另一次没有出现共情偏差行为。互动过程包括问候、与被试建立眼神交流、回应被试的动作、展示不同的动作、展示有偏差的行为、在互动结束时展示悲伤的表情。被试可以拍手让 MyKeepon 跳舞，拍手的次数与机器人跳跃的次数相同。对于无偏差的互动，机器人会跳正确的次数；对于有偏差的互动，它会跳错误的次数，或多或少。在无偏差的互动中，MyKeepon 在计算拍手次数时没有出错，也没有表现出不同的行为，与被试互动时遵循具体的脚本。在有偏差的互动中，如果机器人跳正确的拍子次数，它会变得非常高兴；如果跳错误的拍子次数，它会变得非常悲伤，且对被试的动作反应迟钝。结果发现，与无偏差互动相比，有偏差的机器人更受欢迎，被试更倾向于与有偏差的 MyKeepon 互动。

实验 3 使用 3D 打印的人形机器人 MARC。它可以移动手、手臂和身体，倾斜头部并环顾四周，还可以在说话时活动下巴。在这个实验中，机器人使用了 3 种认知偏差和一种无偏差算法进行交互。3 种认知偏差包括错误归因、共情差距和邓宁–克鲁格效应。无偏差算法是指机器人没有表现出任何偏差行为。错误归因偏差的实验方法与 ERWIN 实验类似。在介绍性互动之后，进行 3 次错误归因的互动，中间至少间隔一周。共情差距偏差的测试方法与 MyKeepon 实验类似，表现为机器人过分高兴或过分悲伤。邓宁–克鲁格效应偏差的实验是让被试与机器人进行 3 次交互。在有偏差的互动中，机器人总是试图说服被试，无论它说什么都是正确的，而被试则是错误的。实验分为两组进行：一组被试与所有 4 种算法的机器人进行交互（被试内设计），另一组被试仅与一种算法的机器人进行 3 次交互（被试间设计）。互动是一对一的，每个被试与 MARC 单独互动至少 8 到 10 分钟。结果发现，被试间设计组 3 个偏差条件的偏好都高于无偏差条件，且 3 个偏差条件之间无差异。被试内设计组对表现出错误归因偏差和邓宁–克鲁格效应偏差的机器人更有偏好，而对表现出共情差距的机器人满意度较低，但也高于无偏差条件。

实验 4 依然使用机器人 MARC，比较了自我服务归因偏差和幽默效应。实验中，机器人与被试一起玩石头剪刀布游戏。这个游戏有一个重要特征：如果一个玩家比另一个慢，他们可以改变自己的动作或调整自己的策略，通过作弊来获胜。游戏结果有 3 种情况：机器人赢、机器人输、平手。基于这些结果，机器人在有偏差算法和基线算法中的反应不同。对于自我服务归因偏差的算法，机器人在赢的时候赞扬自己，输的时候不断找借口和指责别人（如“我还没准备好”“你一定是作弊了”）。对于幽默的算法，机器人会取笑自己的输赢，并讲有趣的故事鼓励被试进行下一局。结果发现，在所有评分上（高兴、满意、享受、娱乐），幽默和有偏差算法的得分都高于无偏差条件。分析被试的评论发现，有自我服务归因偏差的机器人指责他们在游戏中作弊，让被试觉得非常有趣，认为机器人的行为和他们的朋友一样，不接受自己的失败。而基线条件下的被试则认为机器人“很刻板”“非常机械”“像一个普通的机器人”。

该研究通过一系列实验证实，表现出认知偏差的机器人更容易获得好感，人们也更愿意与之交往，而这一结果与机器人的外观或性能无关。机器人表现出类似人类的行为，如犯错、忘记信息、吹牛或指责，比常见的“完美机器人”原型行为更受欢迎。这一结果挑战了机器人开发者试图制造完美无瑕机器人的固有信念。这些互动实验表明，机器人通过使用认知偏差、模拟人类的不完美，可以促进人与机器人之间的长期互动。但这种偏差需要是无伤大雅的、与核心性能无关的，而不是性能故障的偏差。如果机器人能在行为上表现出与人类相似的特征，那么它们可能更容易被社会大多数人所接受。

7.2.2 群体偏见

群体间的偏见，包括内群体偏好和外群体歧视，指的是对自己内群体成员的积极评价和偏好，以及对外群体成员的负面态度和行为。群体可以基于种族、宗教、肤色、性别和性取向等相似性，也可以基于细微或随意的差异，如审美偏好和衣服颜色等。社会认同理论假设，群体成员身份是个人行为的重要决定因素，当人们认为他人属于同一群体时，他们会优待这些人（Davis, 2014）。这种群体内的优待和群体间的歧视也可以延续到人智交互中。

使用最小群体范式，德利加尼斯等人（Deligianis et al., 2017）考察了当机器人被认为是组内成员时，被试是否会更积极地对待它。最小群体范式是一种在随机人群中诱导群体间偏见的成熟技术，指将被试按照细微、随意而在本质上毫无意义的特征分配到不同的群体。实验采用 2（组别：机器人组/计算机组）×2（任务难度：困难/中等）混合设计，组别为被试间变量，任务难度为被试内变量，以被试和机器人之间的人际间距作为因变量，以衡量舒适度和与机器人的亲密度。人际间距指的是基于心理亲密关系允许他人进入的物理边界，随着亲密关系的增加而减少。被试的小组分配将根据他们对一个简单的单选题的回答来确定，该问题涉及对计算机技术和机器人的经验和态度。实际上，被试是被随机分配到计算机组或机器人组的，实验者将上面印有计算机或机器人图片的身份卡给予被试，以识别被试的群体身份，并要求被试随身携带身份卡。实验任务是被试与机器人NAO合作玩杯子游戏，即将一个物体隐藏在 3 个杯子中的一个下面，然后快速移动杯子，以产生对隐藏物体真实位置的不确定性。游戏包括 3 个难度等级（简单、中等、困难），难度取决于杯子移动的速度、每次测试的杯子“洗牌”次数以及“洗牌”时杯子重叠的程度。在困难和中等程度的实验中，机器人被编程为在 50% 的实验中伪随机不同意，不管被试的初始反应是正确还是错误，而在简单的实验中，机器人被编程为只在被试的初始反应不正确时才不同意，机器人的建议将是正确的答案。被试将原始答案更改为机器人建议答案的频率即为被试对机器人的信任度。共进行 48 次试验（每个难度等级 16 次），难度随机。每个试次不呈现答案是否正确的反馈，但在每 12 个试次后，会显示真实分数更新，以保持被试的参与度和注意力。被试通过语言与机器人互动，机器人的语音使用NAO的文本语音引擎生成。游戏结束后，实验者进入房间，要求被试移动椅子，坐在NAO前面，然后实验者离开房间。60 秒后，实验者重新进入房间，并通知被试实验已经完成。被试座椅位置（实验者重新进入房间时的位置）与机器人之间的距离构成了人际间距测量。最后，被试完成机器人感知评估。2×2 混合方差分析发现，被试在困难试次中更频繁地改变答案，但机器人组的被试与计算机组的被试在更改率和机器人感知评估上无差异，而在人际间距上有差异，机器人组的被试距离NAO更近（93.85 厘米 vs 128.95 厘米）。实验未发现人机信任上的组间差异，但在人机距离上得到了群体差异，游戏后组内成员比组外成员更接近机器人，与人际群体间偏好一致，对内群体成员更亲近。该研究还表明，对于首次与机器人互动的人，如何介绍机器人具有重要的影响，简单地告诉一个人他们非常适合与机器人一起工作，就可以引发人积极的态度变化，更乐意与机器人互动。

7.2.3　种族偏见

种族偏见是具有历史渊源的群体偏见。现如今，针对有色人种的态度已经发生了很大的变化，种族偏见带来的群体隔阂越来越小，但并未完全消失，它仍以微妙的方式影响着人们的态度和行为，甚至以隐性的自动化激活方式影响人的决策。这种影响甚至会扩展到人与机器人的交互中。已有研究表明，人会将种族属性赋予机器人（Bartneck et al., 2018）。那么，机器人有种族特征吗？斯帕罗（Sparrow, 2020）认为，如果人们把机器人识别为白人、黑人、黄种人等，并且与这些识别相关的外表差异塑造了人们对周围事物的反应和行为，机器人就会有种族；而如果人们把机器人当作有种族一样对待，那么从社交互动中学习的机器人最终会表现出不同的行为，这取决于它们是否被认定为黑人或白人。

艾斯（Eyssel）和洛克南（Loughnan）（2013）考察了美国白人对不同肤色机器人的主观评价。被试被随机分配到两种实验条件之一，一种条件下的机器人肤色是白色，属于美国白人内群体，另一种条件下的机器人肤色是黑色，属于非裔美国人外群体。两种机器人类型的图片如图 7–2 所示。被试根据机器人的图片评估机器人的心智感知和对种族的偏见（如“在过去几年里，政府和新闻媒体对黑人的尊重超过了他们应得的程度”“对黑人的歧视在美国已不再是问题”“黑人在争取平等权利方面要求太高”)。心智感知的评定题目包括：你认为机器人在多大程度上有能力感受到身体或情感上的痛苦？感到害怕或恐惧？感到失控的愤怒？具有与众不同的个性特征？对欲望、情绪或冲动进行自我克制？有经验并意识到事物？向他人表达想法或感受？对事物的渴望或希望？制订计划并朝着目标努力？辨别是非，努力做正确的事情？理解他人的感受？记忆事情？

图7–2　艾斯（Eyssel）和洛克南（Loughnan）（2013）研究中的不同种族机器人图片

结果显示，机器人类型对自主性和体验性感知评分的主效应不显著，但与被试的种族偏见水平存在显著的交互效应。具体而言，种族偏见较低和较高的被试在对组内机器人的自主性和体验性评分上没有显著差异，但在对组外机器人的评分上存在显著差异。种族偏见程度较高的被试对组外机器人的自主性和体验性评分显著更低，这表明种族偏见较高的人更倾向于对深肤色机器人持较低的心智评价。该研究表明，人类的种族歧视也延伸到了机器人身上。

另一项研究通过分析网络视频评论，考察了种族偏见和种族主义是否会延伸到人们与种族化机器人的互动中（Strait et al., 2018）。研究者提取了3个机器人在线视频的公众评论，这3个视频分别涉及黑人机器人Bina48、白人机器人Nadine和亚裔机器人Yangyang。此外，还取样了与这3个女性机器人所代表的年龄和种族身份相当的3位女性（歌手碧昂丝·诺尔斯、演员卡梅隆·迪亚兹、模特刘雯）的视频评论。研究者对提取的677条评论在两个维度上进行了编码：一是反应的效价（积极、中性或消极），二是是否存在非人化评论（0或1）。如果评论包含物化（包括明显的性别化、性别歧视）、种族主义（即唤起基于种族的刻板印象）或辱骂（即包含敌意语言或身体暴力）的内容，则被编码为非人化。结果发现，人们对这3个女性机器人的评价效价总体是负面的，对黑人机器人Bina48的评论最为负面，对黑人机器人Bina48和亚裔机器人Yangyang的非人化评论数量超过了对白人机器人Nadine的评论。人们对3位人类女性的评价效价总体为正，但评论内容上偏向非人化，只是程度低于对机器人的评论。该研究表明，种族偏见和反社会反应自动延伸到种族化机器人身上，对黑人机器人的评价更为负面，对亚裔机器人的非人化评论更多。这种种族歧视可能在机器人身上被放大，因为在人类社会中，种族偏见具有不恰当性，违背社会规范，但歧视机器人的违规性可能看起来没那么严重。

已有研究采用在线观看图片或视频的方式考察人们对不同种族机器人的态度，而人们会如何对待具有种族属性的机器人呢？这个问题需要在应用场景中，通过人与真正的机器人进行互动来探讨。

7.2.4 性别偏见

在人类社会交往中，性别在人们如何感知、评价和回应他人方面起着重要作用。即使机器人缺乏明确的性别特征，人们根据性别进行分类和推理的自动性仍然会影响人与机器人的互动。例如，机器人的外形和面部风格中的性别刻板印象线索使人们将性别属性赋予机器人（Bernotat et al., 2017）。人们对机器人的性别认知会使他们对其可爱度做出不同的评价（Strait et al., 2015）。机器人的行为不符合与性别相关的刻板印象会降低用户的接受度（Tay et al., 2014）。基于性别的刻板印象、偏见和攻击行为也会延伸到用户与女性机器人的互动中。

通过改变机器人的头发长短，可以激发对机器人的性别印象，从而影响人们对机器人的态度和评价（Eyssel & Hegel, 2012）。该研究发现，人们对男性机器人的自主性评分更高，对女性机器人的社交性评分更高。研究还显示，男性机器人被认为比女性机器人更适合机器修理等“男性”任务，而女性机器人则被认为更适合家庭看护等“女性”任务。

不容忽视的是，用户对女性机器人表现出的攻击频率和程度。例如，在一项研究中，一名女性虚拟代理作为教育助理被配置在课堂环境中，发现 38% 以上的学生在互动中存在虐待行为。除了普遍的粗俗言辞，这些青少年学生经常使用污秽和物化的语言（Veletsianos et al., 2008）。这些研究表明，在人与人的社会互动中，权力被边缘化的迹象也会导致机器人被极端地非人化。

此外，有研究者基于对 YouTube 上 24 个机器人视频的网络评论分析，发现相较于中性机器人和具有男性特征的机器人，人们对具有女性特征的机器人有明显更多与性行为相关的物化评论。这些物化评论占比近一半，超过了所有相关主题的频率总和（Strait et al., 2017）。基于性别的刻板印象会延伸到人智交互，物化评论的存在本身并不令人惊讶。但评论者对细微暗示的性别线索做出如此毫不掩饰的反应，这可能与机器人研发人员的初衷相去甚远。而且这种网络评论所折射出来的反应可能比实验室环境下的反应更接近真实状态。因为网络平台发言具有匿名性、不可见性和群体掩蔽性，人们的反应是直接的、不受控的、本能的。而在实验室环境下的交互体现的是在社会观察下的自我可控后的反应。这种对女性机器人的物化倾向需要在机器人设计上得到考虑。

7.3 吸引

人具有社会性，天生有一种强烈的归属需求，即与他人建立持续亲密关系的需求（Baumeister & Leary, 1995）。是什么使得人与人之间产生相互吸引力呢？人际交往心理学对人际吸引的研究主要集中在择偶偏好上。除了外表吸引力（颜值）之外，相似性、互补性、接近性都是影响人际吸引的关键因素。其中，一些人格特质被认为更受异性青睐，如善良、善解人意、聪明、体贴、诚实、深情、可靠、有趣、忠诚等（Buss & Barnes, 1986）。对人来说，可以提升吸引力的因素，如性格或能力，可能也会提高机器人的吸引力。

7.3.1 相似性

常言道，物以类聚，人以群分。在人与人之间的互动中，每个人的个性都会影响互动关系的满意度以及对对方的心理感知。人际交互心理学研究表明，个体更喜欢与自己性格相似的人互动（Carli et al., 1991）。那么，在人与机器人的互动中，个体是否也更喜欢与自己个性相似的机器人互动呢？

有研究人员考察了人的个性和机器人的个性如何交互影响人与机器人的互动（Park et al., 2012）。该研究采用3（被试人格：外向/中等/内向）×2（机器人个性：外向/内向）被试间设计。被试人格的分类由问卷得分进行区分，得分范围为1（内向）到7（外向）。内向型被试平均得分为2.7，中等型被试平均得分为4.5，外向型被试平均得分为5.9。实验使用Inplus公司设计的面部表情机器人KMC-EXPR，该机器人的大部分功能与Kismet机器人相似，有嘴巴、嘴唇和眼睛，类似于人类。通过控制面部的元素，能够做出各种面部表情。对机器人进行编程，使外向机器人通过面部表情传达外向性格。例如，以夸张的方式张开和移动眼睛和嘴巴，进行积极主动的交流。在互动过程中，与被试有眼神交流，并对被试的动作做出反应。内向机器人通过面部表情传达出内向的个性，最初对被试没有做出反应，只是看着被试，然后模仿被试的表情。与外向机器人相比，内向机器人的眼睛和嘴巴张开的幅度较小，闪避被试的目光，但有时会看被试的脸。实验让被试从一本书里选择一个他或她觉得最有趣的故事，然后读给机器人听。实验结束后，被试完成一份在线问卷，评估机器人的沉浸感、拟人化、友好度、偏好和社会存在。结果发现，被试人格倾向的主效应显著，外向被试报告的机器人友好度、沉浸感、拟人化倾向显著高于中等被试和内向被试，而内向被试对机器人社会存在度的评价显著低于外向被试和中等被试；机器人个性的主效应显著，外向型机器人比内向型机器人的评价更友好、拟人化程度更高，但沉浸感、偏好和社会存在的评价没有显著差异；人的人格与机器人个性的交互作用也显著影响被试对机器人的友好度、沉浸感、偏好和社会存在度的评价。与外向被试的情况类似，内向被试在与一个与自己性格相似的机器人互动时，会感受到更高程度的友好、沉浸感和偏好，但内向被试对内向机器人的社会存在感评价较低，而外向被试对外向机器人的社会存在感评价较高。这些研究结果为人机互动模式提供了有价值的见解。机器人的个性和人的人格在决定人与机器人互动时的心理感知方面发挥着重要作用，就像人与人之间的互动一样，也存在相似性效应。人们更喜欢与和自己性格相似的机器人互动，证实了人际吸引的相似性定律同样适用于人机吸引。

同样，阿利等人（Aly et al., 2013）提出了一个基于人的外向—内向性格特征生成机器人言语和非言语行为的框架。实验中，被试与一个可以提供建议的NAO机器人互动。机器人从语言线索中识别出被试的性格，并结合4种不同的非语言特征，即标志性和隐喻性的手势、凝视和姿势转变，表现出外向/内向的行为方式。每一种特征都与特定的单词/句子组相关联。他们的研究结果证明，与内向的被试相比，外向的被试更喜欢快速反应的机器人。奇尔克图坦等人（Celiktutan et al.,

2019）研究了机器人的行为和性格在外向和内向方面如何影响人机交互。在他们的实验中，被试与一个可以在对话场景中表现出外向或内向性格的机器人互动。发现与外向的机器人互动时，被试越外向，感受到的快乐就越多，而与内向的机器人互动时则没有这种相关性。安德里斯特等人（Andrist et al., 2015）通过模拟机器人的注视行为来研究机器人应该如何适应特定的用户。实验中，被试在一个内向或外向的机器人的帮助下解决河内塔问题。结果表明，性格匹配对用户完成河内塔问题具有积极的促进作用。

这些研究一致表明，人的性格与机器人的个性相匹配能够有效地促进人机关系的建立，并提升互动效果。

7.3.2 互补性

与相似性吸引力原则相反，互补吸引力的原理认为个体更容易被不同个性的人所吸引，这样他们自己的个性就可以得到平衡。与支持相似性吸引原则的研究相比，支持互补性原则的研究相对较少，尤其是在择偶偏好和亲密关系的持续方面（Klohnen & Luo, 2003）。但是，人与机器人的互动并不以亲密关系为特征，在短期取向的互动中，性格互补可能会发挥一定的作用。

早期的人机交互研究以计算机作为媒介，考察人对计算机虚拟角色的偏好（Isbister & Nass, 2000）。该研究采用被试间设计，将内向或外向的被试随机分配到4个条件之一:（1）完全匹配的角色（角色的言语和非言语线索一致，并与用户的个性匹配）。（2）完全不匹配的角色（角色的言语和非言语线索一致，但与用户的个性相反）。（3）言语线索与用户的个性匹配，非言语线索与用户个性不匹配。（4）角色的言语和非言语线索不一致，也与用户的个性不匹配。实验要求被试完成沙漠生存问题。沙漠生存问题是一种解决问题的任务，要求被试根据他们在沙漠生存环境中的重要性对一系列物品进行排序（共有12件物品：压缩包、书、雨衣、手电筒、伏特加、降落伞、水、镜子、折叠刀、磁罗盘、盐片和地图）。在完成最初的排名后，被试被介绍给屏幕上的计算机角色，并可与计算机角色交换这12件沙漠生存道具的信息。在完成与角色的互动后，被试将有机会改变自己最初的排序。每个被试都与一个计算机角色互动，角色有4种可能的个性线索：言语和非言语行为都是外向的、言语和非言语行为都是内向的、言语外向非言语行为内向、言语内向非言语行为外向。在互动过程中，通过角色对话框中显示的文本的措辞，对言语外向或内向进行操作。外向的计算机角色使用强烈而友好的语言，以自信确定的形式表达，内向的计算机角色使用较弱的语言，以提问和建议的形式表达，信息内容保持不变。例如，外向的角色会显示如下文本：“朋友，我认为手枪的等级应该更高。第二天结束时，说话能力将受到影响，手枪将成为一个重要的信号装置。”内向的计算机角色会显示如下文字：“如果把手枪的等级提高一点呢？似乎在第二天结束时，语言能力可能会严重受损。也许手枪可以用作信号装置？”非言语的外向或内向通过变化计算机角色的姿势来操作。外向的角色摆出四肢伸展的姿势，有些姿势让角色看起来离被试更近。内向的角色身体摆出的姿势更收缩，四肢离身体更近，看起来从未靠近被试。任务结束后，被试完成与计算机角色的互动评估问卷，在因素分析的基础上，从问卷项目中建立了4个指标：互动的乐趣、喜爱程度、互动的有用性、计算机角色的有用性。结果发现，被试准确地认为外向型语言比内向型语言的角色更外向，角色外向的姿势被认为明显比内向的姿势更外向。该研究还发现了互补吸引而不是相似吸引的证据，即当计算机角色的个性与被试的个性互补时，被试认为互动更有趣、角色更可爱，言语和非言语线索一致的角色的得分都明显高于线索不一致的角色，支持了人们对线索一致的偏好。这项实验表明，人们更喜欢与自己互补的计算机角色，而不是相似的角色。可能是因为计算机角色的可视化增加了社会存在感和直接互动感，从而使得人际交互中的支配与顺从的原则发挥了更大的作用，即外向者具有支配性，从而更喜欢顺从的角色（内向的计算机角色在语气上更弱），内向者具有顺从性，从而更喜欢支配性的角色（外向的计算机角色语气更强硬）。这项研究为创造有用且讨人喜欢的交互界面角色提供了重要的实证依据，提示虚拟角色的设计需要匹配用户的偏好。

后续的研究采用真实的人机交互来探讨人们对机器人的个性偏好。例如，李等人（Lee et al., 2006）使用索尼宠物机器人AIBO来评估机器人对人类的吸引力。作为一只可爱的小狗机器人，AIBO有20个马达，可以走路、踢足球、坐下和躺下。它还可以用眼睛、尾巴、耳朵和灯光来表达各种情绪，从而展现出某种类型的个性。凭借语音识别能力和触摸传感器，AIBO能够以各种自主方式与人类交流。AIBO可以识别53个简单的短语，如“好AIBO”和“再见”。AIBO的头部、背部和下巴上的传感器也能让它在被人类触摸时做出反应。研究者使用4个语言线索，即语音的响度、平均基本频率、频率范围和语速来操控机器人的个性。外向的机器人说话更快、声音更响亮、音量更高、节奏更快、不那么单调。另外，还使用非语言线索来增强个性，如手势、面部表情、姿势和身体动作等。外向机器人的LED灯变化更丰富多彩，对用户的反应更多变，有更大的运动角度、更快的运动速度和更频繁的自主运动。研究采用2（AIBO性格：外向/内向）×2（被试性格：外向/内向）被试间设计。被试完成实验前问卷后被随机分配与外向或内向的AIBO互动25

分钟。他们根据互动说明书上的指令清单与AIBO进行交流。例如，说“跳舞”“好AIBO”等口头指令会让AIBO伴随着旋律和闪烁的LED灯做出适当而复杂的动作。被试还可以使用3种触觉互动方式：触摸AIBO的头部、下巴和背部。AIBO的内部传感器可以通过动作、旋律和闪烁的LED灯组合来响应触觉指令。外向和内向的AIBO对每条命令的反应性质相同，但反应幅度不同。例如，对于“右转”的口头指令，外向和内向的AIBO都会右转，但外向的AIBO转得更快，移动角度也更大。在25分钟的互动之后，被试填写一份在线问卷，包括评估AIBO的个性（评估项目包括开朗、热情、外向、内向、内敛和害羞）、智能（评估项目包括聪明、能干）、吸引力（如“我认为我可以和这只AIBO度过一段美好的时光”“我可以和这只AIBO建立个人关系”“我想和这只AIBO共度更多时光”）、乐趣（评估项目包括愉快、有趣和娱乐）、社会存在感（如“你在多大程度上觉得自己是在与一个有智慧的生物互动？”“你觉得你和AIBO在多大程度上是在交流？”等）和形成类社会关系的倾向（想象一个最喜欢的二次元人物，然后评估与该人物的关系，如“你认为这个人或性格在多大程度上像你的亲密朋友？”“你觉得和这个人或角色有多亲近？”等）。结果发现，被试能够成功地识别AIBO的性格，外向型AIBO被认为更外向。该研究还发现，所有因变量都存在互补吸引效应，而不是相似吸引效应，即AIBO人格与被试人格在AIBO智能感知、吸引力和社会存在感上存在显著的交互作用。内向的被试认为外向的AIBO比内向的AIBO更聪明、更具吸引力、更有社会存在感，而外向的被试认为内向的AIBO比外向的AIBO更聪明、更具吸引力、更有社会存在感。路径分析发现，个性不匹配对智能感知、吸引力和交互乐趣的影响可由社会存在感完全中介，而形成类社会关系的倾向对被试的社会存在感和对AIBO的社会吸引力的评价具有显著的协变量影响。这项研究表明，尽管AIBO不是类人型机器人，但人们也会赋予它个性，同时使用基于个性的社会规则来评估社交机器人。具体而言，人们认为具有互补个性的机器人比具有相似个性的机器人更聪明、更有吸引力，也更善于社交。当他们与具有互补个性的机器人互动时，比与具有相似个性的机器人互动时更享受互动过程。这些结果对机器人的设计和开发具有重要的启示。将人与人互动的人际交互心理学研究成果应用到人与机器人的互动中，对未来的人机交互研究起到重要的推动作用。

另一项研究报告了类似的互补相吸结果（de Graaf & Allouch, 2014）。该研究使用宠物机器人Pleo与人互动。实验采用被试间设计，实验条件分为高期望和低期望两组。被试在与机器人互动前，先用大五人格问卷测定自己的人格，并得到对机器人的简要介绍（操纵高期望 vs 低期望）。互动之后，被试用同样的大五人格问卷评定机器人的个性，并评定对机器人的印象（熟悉性、外观、智能和活动）。结果发现，被试评定自己比机器人更外向、责任心更强、更开放，但在宜人性和情绪稳定性上低于机器人。将被试的人格评分减去机器人的人格评分，二者之间的差距作为人格不匹配指标，并以其为自变量，以 4 个印象评分为因变量的回归分析发现，宜人性的不匹配可以预测熟悉性印象，责任心和外向性的不匹配可以预测外观印象和活动印象，责任心的不匹配可以预测智能印象。此外，高期望组对机器人 4 个方面的印象评分均高于低期望组，且在高期望条件下，被试倾向于将自己的外向性赋予机器人。这些研究结果表明，对机器人的印象评分体现出一定的互补原则，人格维度上的不匹配程度越高，对机器人印象的评分越积极。同时，该研究也发现了人们将自己的个性投射到机器人身上的倾向。

7.3.3　接近性

社会距离是指两个人之间的社会关系，受个体的社会身份、相对地位、情感、文化相似性等因素的影响（Karakayali, 2009）。亲密和地位代表着社会关系的水平和垂直轴，影响着人际吸引力，即喜欢、不喜欢或讨厌一个人的程度。亲密描述了人际关系的情感亲密度以及情感和行为的效价，是发展和维持人际关系的关键因素。相对地位描述人际关系中的相对支配和服从地位，是社会距离的垂直维度。从个人空间的角度，社会距离可以看作是个人亲密关系和人与人之间界限之间平衡或紧张关系的指标。哈尔（Hall, 1966）将人与人之间的物理距离分为 4 种：亲密距离、个人距离、社交距离和公共距离。亲密距离是用来拥抱、触摸或低语的，个人距离是指朋友或家人之间的互动，社交距离是指熟人之间的互动，公共距离是用来公众对话的。人与人之间的社会距离反映了人与人之间的亲密性和吸引力。人对机器人的社会距离也可以作为接纳程度的指标。

韩国高级科学技术学院和韩国梨花女子大学的一项研究考察了机器人的语言形式对人机社会距离的影响（Kim et al., 2013）。社交机器人 Nettoro 的一项主要服务是与用户对话，包括提供天气、新闻等信息。实验采用 2（机器人叫或不叫被试的名字）×2（机器人使用敬语或平语）被试间设计。被试对机器人的口头报告根据个体口头表露自己的想法、感受和经历等的程度，编码为主动与被动、有信息与无信息、关于自己与不关于自己、事实与感觉/观点、积极与消极。被试在与机器人交谈后靠近机器人并结束实验。实验后，被试对机器人的人际关系特征（支配性和友好性）进行 64 个项目的评分。结果发现，在特质评价上，机器人是否叫名字和语言形式交互影响对机器人友好度的评分：当机器人使用敬语时，被试认为不叫自己名字的机器人更友好，而当机器人使用平语时，被试认为叫自己名字的机器人更友好。在口头回应上，当机器人叫名字时，被试主动向机器人透露了更多的个人信息，对机器人有更多的回应，提问次数也更多。在物理距离上，被试更接近叫他们名字的机器人。该研究证实，人和机器人的社会距离受机器人是否称呼名字和语言风格的影响。机器人称呼人的名字和使用平语，会使人更愿意亲近机器人。

该课题组进一步探讨了社会距离如何影响人对类人机器人的体验和感知（Kim & Mutlu, 2014）。在两项研究中，研究者考察了基于物理距离（接近距离）、组织地位（权力距离）和任务结构（任务距离）的距离对人机交互的影响。在研究 1 中，被试与一个类人机器人 Wakamaru 玩纸牌匹配游戏。研究者操纵了被试和机器人之间的权力距离（上级 vs 下属）和物理距离（近：46 厘米 vs 远：120 厘米）。机器人使用与角色一致的对话行为。例如，为了建议被试翻某张牌，上级机器人说："把 3 号牌翻过来。"而下属机器人说："我建议你把 3 号牌翻过来。"研究者使用匹配卡片的总错误数和游戏总持续时间这两个指标来衡量任务执行的有效性和效率。游戏后，被试评估与机器人交互的体验，包括亲和力、舒适度、愉悦度和融洽度。结果发现，与上级机器人互动时，被试对近距离的机器人报告的用户体验更积极、关系更融洽，而当与下属机器人互动时，远距离的机器人带来更积极的用户体验。在研究 2 中，被试在不同的任务距离（合作 vs 竞争）和物理距离（近 vs 远）下玩游戏。在合作条件下，被试与机器人一起合作达到获得 1200 分的目标。在竞争条件下，被试要在不依赖机器人的情况下最大化他们的分数。结果发现，在合作条件下，远距离机器人比近距离机器人带来更好的任务表现和更积极的主观评价；而在竞争条件下，近距离机器人会带来更积极的体验。

这项研究证实了物理距离对人机交互用户体验的影响受权力距离和任务距离的调节。人们期望机器人的行为与其社会距离（尤其是其地位）具有一致性。这项工作也为机器人在现实场景下的应用提供了一些关于物理距离的建议：过近的社会距离可能会带来更消极的用户体验。

7.3.4 人格化

研究表明，通过赋予机器人社会智能能力并对其进行人格建模，可以有效提高人机交互的质量。

人们可以通过言语和非言语的线索来表达自己的人格特征。麦克罗里等人（McRorie et al., 2012）评估了以面部表情和手势为模型的虚拟人的性格如何影响被试的感知。实验要求被试通过观看虚拟代理与人类互动的静态图像或视频片段，对虚拟代理的性格特征进行评分，结果发现被试能够准确地将人格特征赋予虚拟代理。还有研究发现，用户可以感知虚拟代理在语气、语调及措辞等语言表达方面的变化，并将其认定为虚拟代理的个性特征（Neff et al., 2011）。这些研究证实了可以通过言语、手势和面部表情等线索赋予机器人内向或外向等人格特征。

具备人格特征的机器人会如何影响人与机器人的交互效果呢？一项研究通过让人和机器人合作完成记忆游戏考察了这个问题（Andriella et al., 2021）。该游戏是一个翻卡片的记忆游戏，由若干张面朝下的牌组成。在每一轮中，玩家选择两张卡片并将它们翻开。如果卡片牌面相同，玩家就赢得这一轮，卡片保持正面朝上。如果卡片牌面不同，卡片则恢复反面状态，玩家需要继续尝试，直到最后一对卡片翻牌正确时游戏结束。实验分为两个阶段。在第一阶段，被试在人类助手的帮助下进行游戏；在第二阶段，被试在机器人助手的帮助下进行游戏。在第一阶段，每个被试进行 3 次记忆游戏，每次都有一个性格不同的人来当助手（外向、内向或非社交性的中性状态）。助手顺序采用拉丁方设计。助手的帮助可能来自成功翻牌后的鼓励或问候（如“祝贺你！”“你做得很好！”），或者建议要翻的牌（如“翻第一行的第二张牌”）。助手举止尽量自然，游戏全程由摄像机记录视听数据，以进一步分析游戏期间的言语和非言语交流及行为。被试在实验开始前评定自己的内外向倾向（“我认为自己是……”），在与人类助手游戏后，被试填写了相同的问卷，但内容是关于助手的（“我认为助手是……”）。结果发现，外向助手的外向性和亲和性得分显著高于内向助手和中性助手，内向助手和中性助手的得分也有显著差异，即被试能够正确地识别和区分人类助手的不同性格；外向助手和内向助手条件下的游戏错误数量明显少于非社交助手条件；外向助手对玩家的评价几乎是内向助手的 3 倍。同时，当被试人格与助手人格不一致时，游戏的错误率最低，这一结果也得到了实验后访谈数据的支持。外向型被试更喜欢与内向型助手一起玩游戏，因为外向型被试可以受到较少的干扰和足够的帮助，而内向型被试更喜欢和外向型助手玩，因为外向型助手更专注，能够更好地识别出他们什么时候需要帮助。

研究者使用知识技术（Knowledge Technology, KT）标注工具对视频中的助手行为进行标注，以便对机器人助手的行为进行建模。研究确定了 3 个言语线索和 3 个非言语线索作为相关特征。使用 Audacity 7 操纵机器人助手的声音，调整音量、语速和音调。与内向型相比，外向型机器人说话声音更大、语速更快、词汇量更多、音调更高。非言语线索选择了手势和姿势，操纵手势的速度、幅度和手势本身，使外向机器人在肢体动作的数量和幅度上比内向机器人更多。研究者基于给定博弈状态下提供帮助的条件概率分布，提出了一种统计决策算法。其中，状态 s 是一个描述游戏进程的分类变量，定义为s={开始，中间，结束}。当s=开始时，玩家找到了少于或等于25%的配对卡片。当s=中间时，玩家找到了多于25%和少于75%的配对卡片。最后，当s=结束时，玩家找到了多于或等于75%的配对卡片。每次翻牌后，决策算法更新帮助的条件概率分布。在游戏开始时，助手不会提供太多帮助，在游戏中间会根据玩家的行为而改变。在成功配对后，外向助手会经常鼓励玩家，而内向助手则保持静止。实验2中，每个被试试玩4次记忆游戏，其中2次是由完全自主的外向机器人或内向机器人作为助手，另外两次是由内向或外向机器人作为助手，但其行为由内向或外向的人来控制。助手顺序采用拉丁方设计。为了激励被试在游戏过程中保持专注，以最少的错误结束游戏的玩家会获得奖励。机器人的行为根据其个性进行调整。在游戏过程中，机器人能够在3种不同的游戏事件中显示言语和非言语社交线索:（1）在用户翻转一张牌之前。（2）在用户翻第一次牌之后和翻第二次之前。（3）如果翻牌成功，机器人会向他们表示祝贺；如果翻牌错误，机器人会给予鼓励。被试除了评定自己和助手的内外向倾向之外，还要评定对机器人的心智感知，包括拟人化、逼真性、喜爱度、智能感知和安全感知五个维度。结果发现，外向机器人助手的外向得分显著高于内向机器人助手。机器人的自主性主效应不显著，但个性与自主性的交互作用显著。对于外向机器人，完全自主和由人控制的机器人之间没有显著差异，但对于内向机器人，完全自主机器人的得分显著高于由人控制的机器人。在游戏表现上，机器人助手人格的主效应显著，外向自主机器人的有效协助次数高于内向自主机器人，自主主效应不显著，两者之间的交互作用也不显著。当被试与机器人性格相似时，会犯更少的错误。对于心智感知，相对于内向机器人，被试认为外向机器人更人性化、更逼真，尤其是完全自主的机器人。同时，被试认为在由人控制的情况下，内向机器人比外向机器人更安全，由人控制的内向机器人比完全自主的内向机器人更安全。喜爱度和智能感知上无差异。

该研究表明，从人际交互实验中观察到的与个性相关的某些社交线索，可以成功地在社交机器人身上建模。用户能够准确地识别机器人的人格，认为外向机器人更具拟人化特征和逼真感，而内向机器人则更安全。有趣的是，该研究发现，在人与人合作时，与自己性格互补的人合作绩效更好，而在人机交互时，与自己性格相似的机器人合作表现更好。产生这一分歧的原因还需进一步研究探讨。

7.3.5 幽默感

在人与人之间的互动中，幽默是一种众所周知的社会润滑剂，可以化解双方之间的复杂冲突。除了提高注意力和增加说服力，幽默还有助于提高人们对讲笑话者的可信度和好感度（Weinberger & Gulas, 1992）。幽默本身就是一种娱乐形式，产生的笑声是人类愉悦的一种独特表达方式。通过在互动中注入幽默，传递信息的感知会在许多方面发生变化。幽默对于那些想要影响他人的人来说是一种非常有效的途径，因为要找到其中的趣味性，听众需要打开他们的思维去接受讲笑话者的观点（Strick et al., 2012）。而在人际吸引方面，幽默也是一种很受欢迎的个性特征。

早期以计算机为媒介的沟通研究发现，当与"幽默"的计算机代理互动时，被试更善于交际，也更爱开玩笑，并且认为"幽默的"计算机代理比"不幽默的"计算机代理更讨人喜欢（Morkes et al., 1999）。

有研究验证了幽默在人与机器人互动中的效果（Tay et al., 2016）。这项研究比较了机器人和人类幽默的特点，以确定机器人可能会讲的笑话类型。在实验中，一名人类演员表演了贬损性、种族主义和性别歧视的笑话，以及非贬损性（人类状况和性）笑话，另一名机器人NAO模仿了同样的表演。58 名大学生被试观看了随机分配的由机器人或人类演员表演的笑话。同时记录被试观看笑话时的面部表情，使用Noldus FaceReader 5.1 软件包进行分帧分析 7 种表情，包括中性、高兴、悲伤、愤怒、惊讶、恐惧和厌恶。实验后，被试对感知到的幽默感、冒犯性、与他人分享笑话的意愿、感知到的社会存在感和社交吸引力进行了评分。结果显示，认为机器人表演的笑话更幽默的被试对机器人的社会存在感评价也更高，但机器人的社交吸引力与他们感知到的幽默感没有显著相关。人类演员和机器人演员在幽默感和冒犯性方面没有显著差异。然而，与机器人相比，被试更愿意分享由人类表演的笑话。对于非贬损性笑话，被试认为人类演员比机器人演员更幽默，但也更具攻击性。然而，对于贬损性笑话，机器人和人类演员没有显著差异。从表情分析来看，被试在观看机器人表演的笑话时比在观看人类表演时更惊讶。另一方面，对于贬损性笑话，在观看人类表演时，被试的表情比观看机器人表演时更厌恶。该研究表明，幽默的适当使用可以增强用户的社交体验，并最终促进社交关系。社交机器人的幽默感对其社交吸引力的影响可以通过用户感知到的机器人的社交存在来调节，但需谨慎选择用户可接受的幽默类型，在人机交互中要慎用贬损性幽默。

上述人机交互研究属于单向交流场景，即被试被动观看机器人的表演。人与机器人一对一的互动对话可能会产生不同的效果。此外，进一步的研究还可以关注其他类型的幽默，包括双关语、谐音梗，甚至是冷笑话，以探索更适合人机交互的幽默类型。

7.3.6 恭维

人际交互心理学中有一个经典的关于人际吸引的效应：我们喜欢那些喜欢我们的人。那么，这个效应是否也存在于人智交互中呢？

李等人（Lee et al., 2009）考察了计算机的恭维效应。该研究让被试与计算机进行一个日常生活问答题的互动游戏。由计算机给出一个选择题，被试给出最初答案，然后计算机进行反馈。被试须猜测计算机是否给出了正确答案，并据此提交最终答案。在 12 个问题中，有 5 个问题的答案与被试的不同。在 7 个填充试次中，计算机肯定了被试的初始答案，给予一般性或恭维性的评论。一般性评论不含正面或负面信息，只传达事实（如“没错，西班牙在 1893 年赋予了女性投票权”）；恭维性评论包含额外的反馈，赞扬被试的表现（如“做得好！”或者“你的常识非常出众！”）。结果发现，被试认为恭维的计算机比仅提供事实反馈的计算机更具社会吸引力，且被试的理性思维方式会调节恭维对从众决策的影响，但不改变用户对恭维计算机的情感反应。尽管被试并不认为计算机的恭维会提高他们的表现，他们还是更喜欢恭维的计算机。此外，计算机的恭维能有效地吸引用户的注意力，改善其对互动题目的回忆。这些结果表明，计算机的恭维对人机吸引力有良好的促进效果。

7.4 依恋

1944 年，约翰·鲍尔比（John Bowlby）在《国际精神分析杂志》（*International Journal of Psychoanalysis*）上发表了一篇题为《44 个少年偷窃犯：他们的性格和家庭生活》的文章（Bowlby, 1944）。结合案例研究和统计分析，鲍尔比得出了他最初的经验性结论：情感障碍和犯罪的前兆可以追溯到早期的依恋（Attachment）相关经历中，特别是与母亲（或父亲）的分离，或遭到家庭严厉、不一致及矛盾的对待。在随后的几十年里，鲍尔比建立了复杂而有生命力的依恋理论。他与研究者玛丽·安斯沃斯（Mary Ainsworth）建立了合作关系。安斯沃斯仔细观察了母亲的行为如何导致婴儿依恋的个体差异，她创设的“陌生人情境法”为识别和分类婴儿安全和不安全依恋提供了黄金标准（Ainsworth et al., 1978），并引领了后来数十年对依恋个体差异的研究。自 20 世纪 80 年代以来，亲子关系之外的依恋研究激增（如成人依恋），研究结果支持了鲍尔比的观点，即依恋是一个“从摇篮到坟墓”的人类特征（Bowlby, 1977）。依恋行为包括但不限于接近寻求（想要积极靠近依恋对象）、安全基地（依恋对象的反应是安全一致的，提供了避风港）和分离痛苦（因离开依恋对象而感到沮丧和焦虑，甚至引发抗议）（Depue & Morrone-Strupinsky, 2005）。

依恋关系还具有独特的心理特征，如嫉妒和对反应减少迹象的警惕和不安等。采用现代生物医学技术和神经成像技术的研究为依恋系统的生物学基础提供了强有力的支持，也为亲子依恋和成人伴侣依恋共享许多相同的大脑区域提供了实证证据，依恋过程中起作用的主要是中脑多巴胺奖赏回路和强化学习系统（Wu et al., 2021）。

受安斯沃斯的陌生人情境法启发，卡普兰（Kaplan, 2001）提出了测试机器人社会依恋智能的图灵测试。作者认为，当前的机器人要么是完全自由自主的（与人类没有任何关系），要么是完全的仆人（完全听从人类的命令，没有自主性），没有机器人能够在自由和依恋之间保持有益的平衡。因此，提出应让机器人通过依恋的图灵测试。这个测试借鉴安斯沃斯的陌生人情境法对不同依恋类型婴儿的观察，即安全型婴儿在分离后表现出思念的迹象，在父母回来后表达欢迎和问候，然后继续进行正常活动（如玩耍）；不安全—回避型婴儿在分离时表现出很少的痛苦，在相聚时回避父母；不安全—抗拒型婴儿在分离时表现出痛苦，在相聚时寻求联结，但无法得到满足。对机器人的依恋图灵测试过程无限接近陌生人情境法实验：（1）介绍阶段，主人和机器人一起到一个房间，主人把机器人放在地板上，这样它就可以自由移动。（2）只有主人和机器人阶段，主人在机器人探索时没有做任何特别的事情，5分钟后，主人收到一个信号（敲墙），告诉他开始和机器人玩。（3）陌生人、主人和机器人阶段，一个陌生人进来坐下，30秒后开始和主人交谈，2分钟后，陌生人接近机器人并启动游戏，之后主人尽可能不引人注意地离开。（4）陌生人和机器人第一次分离阶段，在第一分钟，陌生人试图接触机器人并与它玩游戏，如果机器人不玩，陌生人可以抚摸它，2分钟后，陌生人停止玩游戏。（5）主人和机器人第一次相聚阶段，主人走近关着的门，呼唤机器人，主人打开门，停了一会儿，让机器人做出反应，然后招呼并安慰机器人，同时，陌生人离开。2分钟后，主人离开。（6）机器人单独第二次分离阶段。（7）陌生人和机器人第二次分离的延续阶段，陌生人进来。在第一分钟，陌生人试图与机器人玩或抚摸它；第二分钟后，陌生人停止与机器人玩。（8）主人和机器人第二次相聚阶段，主人打开门，在和机器人打招呼前稍作停顿，然后问候并安慰机器人，同时，陌生人离开。录制实验过程，将机器人的行为分为探索、玩耍、问候、被动行为和身体接触等行为类别，确定花在这些行为上的时间的相对百分比。通过在不同的时间段比较这些数值，可以确定机器人是安全型、不安全—回避型还是不安全—抗拒型。作者认为，按照这个测试，当下大多数机器人可能都会被归类为不安全—回避型。但如果一个机器人表现出与安全型婴儿和狗相似的行为，从外部角度来看，这个机器人似乎对它的主人产生了依恋。于是，作者提出，可以赋予机器人人工依恋模式，制造出能成功通过依恋图灵测试的机器人。其要点包括，机器人需要以一种有效的方式识别主人的存在或不存在，并对其做出适当的反应，如在分离时表现出痛苦反应，在相聚时表现出愉悦反应。卡普兰的图灵测试是单方的，即可以反映机器人是否表现出依恋行为，但不能确定主人是否感到对机器人的依恋。

自卡普兰提出依恋图灵测试已过去 20 余年，后续研究对人与机器人之间的依恋关系进行了初步探讨。这些研究通过自我报告的问卷调查和实验行为分析的方法，考察了人类对与机器人建立依恋关系的态度和行为。

机器人在某些场景下的应用涉及与人类的长期相处，如家庭陪护机器人。让人们对机器人产生依恋关系有助于其性能的充分发挥。但类人的机器人可能引发恐怖谷效应（见本书章节 4.1），而且人们对机器人在社交或伴侣角色上的态度相当消极。因此，有研究者提出，一个可行的替代方案是开发基于宠物行为设计的机器人（Korondi et al., 2015），因为宠物能够与人类发展长期的、个性化的，甚至复杂的（如合作）社会互动，并形成依恋关系。在这个背景下，有研究比较分析了人们对狗和对机器人的态度差异，并探索了狗的哪些特质促使人们对其形成依恋，以及这些特质可以如何应用于机器人（Konok et al., 2018）。他们的研究基于对 176 人的问卷调查，结果发现，如果负担得起，64%的人会购买家用机器人，23%的人不会购买任何类型的机器人，只有 13%的人会购买陪伴机器人；如果机器人具有相同的能力，44%的人会选择类狗机器人，29%的人选择类人机器人，14%的人选择类机械的机器人，13%的人选择真人化的机器人；63%的人表示家用机器人使用语言进行交流并不重要，但 78%的人认为这对陪伴机器人很重要；近一半（45%）的人不认为陪伴机器人可以减少人们的孤独感，40%的人认为他们可以，15%的人不知道；30%的人认为机器人在未来对人类是危险的，近一半（47%）的人表示他们不会，22%的人不知道；大多数人（70%）回应说机器人不能像狗一样被爱，只有 12%的人认为他们可以，18%的人不知道；大多数人（86%）都喜欢狗，只有 3%的人不喜欢，1%的人无所谓；那些认为机器人可能是危险的和爱狗的人，不太认为机器人可以像狗一样被爱；人们提到的狗的积极特征包括忠诚（60%）、聪明（26%）、友好（24%）、爱玩（21%）、有爱（17%）、陪伴（17%）、可爱（16%）、专注（12%）、可训练（12%）；认为机器人不能像狗一样作为人的陪伴，因为机器人没有情感（30%）、没有个性或性格（19%）、没有生命（16%）、没有挑战（13%），但机器人更省时（14%）、很顺从且不出错（12%）。该研究结果表明，人们对机器人，尤其是伴侣机器人的态度仍是消极的，不认为机器人能像狗一样受人喜爱，也不认为机器人能像狗一样成为好伙伴。缺乏生命力、情感和个性是这种消极态度的主要原因。此外，狗的大多数受欢迎的品质和优势（如有爱、依恋、忠诚和善良）都与狗的依恋、陪伴或主人从狗身上获得的情感支持有关。因此，研究者提出，根据这些结果，应该给机器人或人工智能体配备依恋行为反应，包括尽量与用户亲近，在与用户分离时表现出一定的压力行为，在用户返回时愉快地迎接用户等。

需要指出的是，科诺克等人（Konok et al., 2018）的研究是一项基于问卷调查的态度研究，并不涉及人与机器人的直接交互。虽然在人们的态度上，机器人并未被认为可以作为人的陪伴，成为人依恋的对象，但在行为上，人们实际上可能会表现出对机器人的依恋行为。正如无意识类人化假设所提到的（见本书章节 6.1），当被询问时，人们坚称自己永远不会对计算机做出社交化的反应，并强烈否认他们在实验中表现出的特定行为。然而，用户实际上对计算机表现出与人一样的社会行为（Nass & Moon, 2000）。态度和行为的不一致在日常生活中并不鲜见。在实际的交互中，人也会对机器人表现出类似依恋的反应。

感知到他人对自己的需求做出回应是形成依恋关系的根本特征。当机器人在人的社会生活中开始扮演亲密支持的角色时，如护理、幼教和照顾老人，若机器人对人表现出支持性的反应，并提供安全感，人们会更乐意与机器人互动，甚至对机器人产生依恋行为。伯恩鲍姆等人（Birnbaum et al., 2016）探索了机器人的支持性反应如何影响人的亲近行为。该研究使用了一个小型的非类人化机器人Travis，它身高约 28 厘米，有着类似生物的结构，但没有脸，可以做基本的动作（如点头、摇摆）。放在桌子上时，它的头与前面坐着的人的视线齐平。该研究包括两个实验。实验 1 让被试与一个有反应的机器人或一个无反应的机器人互动。机器人由在控制室的操作员控制，包括它的动作和文本语言。研究者告诉被试，研究的目的是测试一种新开发的机器人语音理解算法，请被试向机器人透露一件个人的负性事件，机器人将尝试理解他们所说的话，并使用人工智能和语音识别做出相应的回应。然后被试和Travis交流 7 分钟，互动过程全程拍摄。在反应条件下，Travis保持对被试的关注，轻轻地来回摇摆以显示活力，点头表示肯定的回应，并使用积极回应的语言（如“你一定经历了一段非常艰难的时间”“我完全理解你所经历的一切”）。在无反应条件下，Travis没有表现出任何非言语行为，也没有言语评论。在与Travis互动后，被试评估机器人的反应性（如“机器人能意识到我的想法和感受”“机器人真的在听我说话”）、积极特征（包括社交感知：合作、社交、友好和热情，以及能力感知：知识、意识、能力和可靠性）、吸引力感知（如“这个机器人有多大吸引力？”“机器人有多酷？”），以及他们在独处或有压力的情况下，希望机器人陪伴自己的程度（如“在有压力的情况下，你在多大程度上希望机器人陪着你？”“当你一个人的时候，你在多大程度上希望机器人陪着你？”）。由两名观察者对被试对机器人的接近行为（如身体接近、向机器人倾斜、微笑和保持眼神接触）和被试的口头自我表露（被试透露个人信息、感受和想法的程度）进行编码和评分。实验1发现，被试评价反应条件下的机器人更有反应性，且在无反应条件下的自我表露不存在差异；有反应的机器人被认为更具社交性、能力更高，但不影响感知到的吸引力。机器人的反应性增加了在压力事件中对机器人的接近行为和对其陪伴的渴望，表明人们愿意把机器人当作一个安全的避风港，在需要的时候作为一个安慰的来源。实验2则告知被试，研究目的是测试一种新开发的专门用于约会网站的语音理解算法，要求被试与机器人讨论最近发生的关于约会的积极事件。反应条件下的机器人给予积极的言语回应（如“哇，这真是太棒了！”“多么愉快的经历！”）。互动结束后，被试用两分钟的时间介绍自己的爱好、积极的品质和未来的职业规划（类似于相亲网站的自我介绍）并拍成视频，然后观看这段视频，评估自己对潜在伴侣的吸引力和价值（如“视频中的我是一个有魅力的人”“观看视频的人会有兴趣和我建立恋爱关系”）。实验2发现，有反应的机器人使被试表现出更多的接近行为，报告了更高的自我吸引力价值，被试感知到的机器人的反应性越高，越认为自己是有价值的伴侣。该研究证实，机器人对人的支持性反应会使人更乐意靠近机器人，并在需要的时候，将机器人作为安慰的来源，这类似于人们对他人的亲近寻求行为，表明人们可以利用与机器人的反应性社交互动，成为更自信、更有吸引力的人。因此，这项工作提示在机器人的设计上应注意赋予其反应性行为的能力，以支持用户的心理需求。尤其是对于有依恋需求而未得到满足的用户群体，如经历创伤事件的人们，机器人的支持性反应行为可以为他们提供所需的心理支持，帮助他们恢复信心。

当前已经有一些以长期陪伴为主要功能的机器人。例如，几家知名的社交机器人公司设计和销售的机器人Paro、Kaspar、Joy for All、Pepper、AIBO和Jibo。它们在外观上形似动物或人类，功能上均具备情绪识别和情绪表达能力，并可对用户的情绪和行为做出相应的反应。其中，索尼公司研发的AIBO机器人具有狗的外形，可以像真正的狗一样坐、躺、站立或走路。AIBO不仅可以发起与人的互动（如伸出爪子），还可以根据人的反馈改变自己的行为，因而被用于许多人机交互研究中。例如，有研究发现，在评估与AIBO的关系时，大多数消费者（70%—80%）认为与机器伴侣有着密切的关系，相当数量的用户（33%）在日常生活中继续与AIBO玩耍，约26%的用户认为AIBO是玩伴，约42%的用户对AIBO有感情，这表明用户与机器狗之间的依恋关系和主人与真正的狗之间的依恋关系类似（Fujita, 2004）。

一篇综述总结了使用AIBO进行人机交互的研究，分析了儿童或成人在与AIBO接触时如何感知机器人的社会性，以及如何将情感和依恋赋予这只机器狗（Krueger et al., 2021）。该文提出，用户在某种程度上将他们与AIBO的关系视为主人与真实狗之间的关系，赋予它动物的特征，把它当作伙伴，甚至将其视为家庭成员之一。然而，当前的陪伴机器人远未达到真正陪伴的效果。为了提升用户体验，机器人需要表现出类似依恋的反应。

在不久的将来，陪伴机器人将在技术上变得更加先进，从而引发更多的人类心理反应。如果人类与机器人真的形成依恋关系，可能会衍生出社会和道德问题。例如，用户是否会在机器人身上投入过多感情和时间，而忽略了对现实中人的关注？用户大量的情感投入得不到机器人的有效回应，是否会进一步加深用户的孤独感和无助感？机器人提供的情感支持是否会削弱人在现实中建立友情和爱情的动力？人与机器人建立依恋关系是否弊大于利？就像许多科幻影视作品所展示的那样，机器人高度发达的社会智能可能对人类的现实社会关系产生损害。未来的研究需要进一步探索这些问题背后的答案。

7.5 社会拒绝

与他人的社会联系是人类生存的基础。大量心理学研究表明，以排斥、孤立和拒绝等形式破坏或消除这些社会联系会对个体产生不良影响（Baumeister & Leary, 1995）。例如，排斥和拒绝会导致情绪麻木（DeWall & Baumeister, 2006），激活大脑中的疼痛中枢，并产生类似于身体疼痛的体验（Eisenberger et al., 2003），增加攻击行为（Leary et al., 2003）和降低自尊（Williams, 2007）。人们对于社会联系的渴望是如此强烈，以至于经常与虚拟的角色和非生命实体建立关系。例如，人们很容易将计算机视为社会角色并与之交互，对二次元角色或物品产生强烈依恋等。来自机器人的排斥是否会产生与人类排斥相同的负面后果呢？

一项研究让被试与Rethink Robotics设计的Baxter机器人进行互动，发现机器人的拒绝也会造成心理伤害（Nash et al., 2018）。Baxter是一个高约183厘米的类人机器人，集成了传感器和显示器，配备了摄像头，使其能够评估周围环境，并对移动物体的位置做出判断。Baxter主要用于处理制造领域的任务，通常在工厂中与人一起完成各种单调的工作。机器人的脸本身是一个屏幕，研究者在其中配置了中性的面部表情，并加入了周期性的眨眼。

被试与机器人一起玩Connect游戏，同时有摄像机在暗中监控。游戏快结束时，机器人的反应有 3 种情况：在接受条件下，机器人说“真有趣，我想和你再玩一次”，然后是“祝你拥有美好的一天”和“再见”；在对照组中，机器人说“祝你今天过得愉快”和“再见”；在拒绝条件下，机器人说“这太无聊了！我再也不想和你玩了”，接着是“再见”。之后，被试完成问卷，评价自尊水平（如“我觉得我有很多好的品质”）、对日常生活中使用机器人的支持程度（如“你对机器人在医疗保健/日常生活/执法/教育中日益增加的使用有何看法”）、对国家机器人倡议政策的支持程度（如个人是否支持国家投入经费开发机器人与人一起工作）和对机器人的负面态度（如“如果我的工作必须使用机器人，我会感到不安”）。

单因素方差分析显示，被机器人拒绝的被试其自尊水平显著低于接受组和对照组，而接受组和对照组的自尊水平没有显著差异。在对机器人的负面态度、支持机器人计划、日常生活支持机器人这 3 个指标上，各组之间没有显著差异。

该研究证实，机器人的社会拒绝会使被试的自尊水平下降，这与来自他人的社会拒绝效果相似。然而，被机器人接受并不会提高自尊水平，这意味着从机器人身上获得社会认可可能不会带来额外的好处。这个结果也反映了人们对人际排斥的敏感，即使对方是没有生命的物体。如今，机器人开始承担更重要的社会角色，我们应该关注机器人的行动方式，以避免引发社会排斥感。特别是当社交机器人用于陪护弱势群体（如老人或儿童）时，更应该避免无意的拒绝行为，以免伤害那些最需要安慰的人。

被排斥是一种社会压力源，对个体的身心健康产生负面影响，而被社会接纳则有修复作用。这不仅适用于人与人之间的交流，也适用于以计算机为媒介的人机互动。最近的一项研究考察了现实生活或虚拟现实中的社会排斥和社会接纳之间的差异（Kothgassner et al., 2021）。该研究采用赛博球范式（Cyber-Ball Game），将 84 名女性被试随机分配到 3（代理：与人面对面/由人控制的虚拟现实化身/由计算机控制的虚拟现实代理）×2（社会反应：社会排斥/社会接纳）中的一个条件。在赛博球任务中，被试与另两名搭档一起玩传球游戏。在社会接纳条件下，3 位玩家之间互相接球和传球，被试有三分之一的接球和传球机会。在社会排斥条件下，被试会与两名搭档一起玩一分钟，得到三分之一的抛球机会，在剩下的 5 分钟内，另两名玩家之间互相接球和传球，被试被排除在外，没有得到任何接球和传球的机会。赛博球任务结束后，被试接受现实中的特里尔社会压力测试。同步记录被试在各项任务上的心率和唾液皮质醇水平。结果发现，无论是赛博球任务结束后还是压力测试结束后，在与人面对面玩游戏的条件下，接纳组比排斥组感受到了更多的社会支持；在赛博球任务结束后，在化身和计算机代理条件下，接纳组也比排斥组感受到了更多的社会支持。在压力测试进行时，排斥组的皮质醇浓度高于接纳组；在压力测试结束后，面对面和化身条件下排斥组的皮质醇水平恢复到基线，但计算机代理条件下未恢复，所有接纳组的压力测试未产生皮质醇变化。仅在面对面交流条件下，排斥组的心率变异性低于接纳组，其他条件均无差异。这些结果显示，接纳组被试感受到更多的社会支持，且对压力测试的皮质醇反应不敏感，而排斥组则表现出心血管反应，在面对面和化身条件下唾液皮质醇水平也有所升高。结果表明，面对面和化身的社会排斥行为会引起个体下丘脑—垂体—肾上腺轴和交感神经系统的反应，而社会接纳则可以作为一种压力保护机制，改变神经系统对压力源的反应。

未来的研究需要更深入地探讨机器人作为社会实体的本质，从而更好地理解人类社会群体的哪些方面可以转化为人与机器人的交互。例如，在人际交往中，社会拒绝会影响个体的归属感、控制感、负面情绪和亲社会行为（Williams, 2007）。未来的研究可以检验机器人引发的社会拒绝是否也会对这些行为产生影响。

7.6　群际关系

人际交互心理学研究表明，人们具有内群体偏好（In-Group Bias）和外群体偏见（Out-Group Discrimination）。人们对内群体成员的积极行为比对外群体成员更多，如对内群体成员有更多的共情、帮助、积极评价等，而对外群体成员有更多的谴责、惩罚、幸灾乐祸等（Cikara & Fiske, 2011）。这种群体间的共情偏见在竞争环境中变得尤为明显，并进一步受到内群体和外群体是独立实体的认知（Cikara et al., 2014）和外群体成员的亲和力的影响（Cikara & Fiske, 2011）。另一种受群体成员影响的情感反应是幸灾乐祸，指的是人们在目睹他人不幸时所感受到的恶意愉悦。人们倾向于对那些他们认为应该经历不幸的人更加感到幸灾乐祸，可能是这种恶有恶报给人提供了情感上的满足（van Dijk et al., 2005）。当受害者是外群体成员时，幸灾乐祸尤其明显（Vanman, 2016）。

在人机交互背景下，研究表明，人们可以通过给机器人起一个与自己民族匹配的名字（Eyssel & Kuchenbrandt, 2012），或被分配到与机器人相同的团队（Fraune et al., 2017）等方式，将机器人纳入他们的内群体。在人—机器人团队互动中，会存在类似的由群体动力学引起的情绪反应吗？人们会对内群体机器人产生共情，并对外群体机器人产生幸灾乐祸吗？有研究通过一系列实验，考察了群体间偏见的影响在不同的角色（人类玩家、机械机器人和人形机器人）中是如何体现的（De Jong et al., 2021）。该研究采用了人际交互心理学常用的最简群体范式（Tajfel et al.,

1971），即人们根据审美偏好、衣服颜色等细微随机的标准组成一个群体，而不受对内群体或外群体的现有刻板印象或偏见的影响。

为了在实验中测量共情和幸灾乐祸，研究者设计了一个竞争反应时（RT）游戏。被试作为团队的一员获得竞争分数（实验 2，人与人组队）（见图 7–3）。实验开始时，被试选择一个昵称和一个头像来代表自己。这是一种身份识别方式，并使实验游戏化。然后，被试被介绍给另外 3 名玩家，他们也通过昵称和头像来识别。被试可以选择他们的团队名称和相应标志（黑桃队 / 梅花队）。该标志随后显示在每个队员的头像后面，以便团队识别。在竞争反应时游戏中，被试被要求在屏幕中央的黑色正方形变白时尽可能快地做出反应。平均反应时间最短的一方赢得这轮比赛并获得五分，另一队则损失两分。速度较快的成员 / 团队显示为蓝色，速度较慢的成员 / 团队显示为红色。每个成员都被贴上团队中速度最快或最慢的成员标签。团队的平均RT是根据两名团队成员的RT计算的，该RT显示在屏幕上，让被试感受到团队成员之间的相互依赖。被试团队的RT被设定为略高于或低于被试个人RT，以探索对游戏结果的责任感（例如，当团队失败时，较慢的玩家受到更多指责）。成员在正方形变白前做出反应将受到惩罚。分配分数后，被试对这轮比赛结果的感受进行评分。实验后，测量被试对自己团队和对方团队的认同程度［如“我重

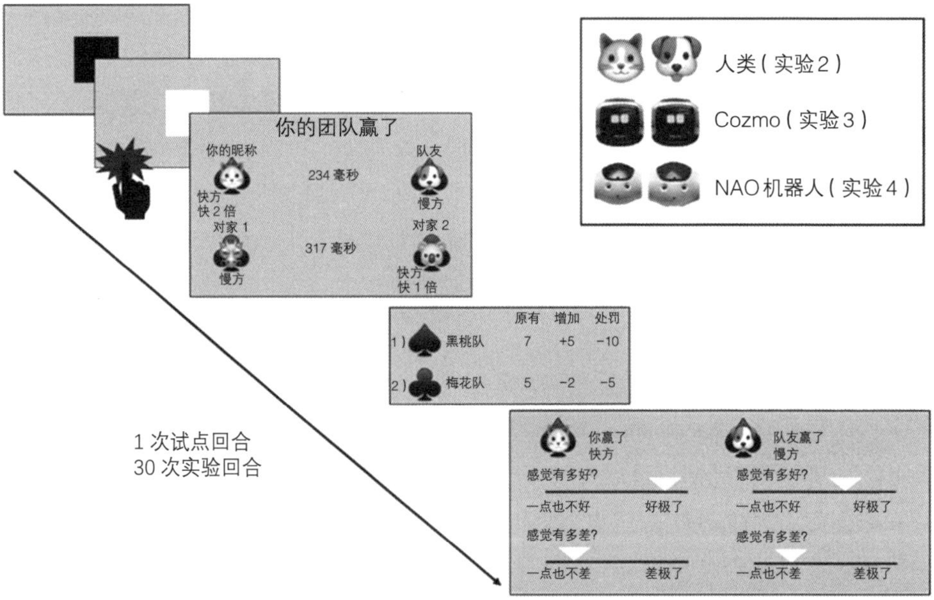

图 7–3　德容等人（De Jong et al., 2021）研究使用的竞争反应时游戏。被试与人（实验 2）、类机械机器人 Cozmo（实验 3）或类人机器人 NAO（实验 4）随机配对

视（喜欢或感受到）与黑桃队（梅花队）的联结”]。结果发现了明显的群体间共情偏见，队友赢了的感觉比组外成员赢了要好，队友输了比组外成员输了更糟。类似地，人们表现出组间幸灾乐祸的偏见，当组外成员输了时，被试的评价更好。人们倾向于对内群体成员比外群体成员更具共情，当不幸降临到外群体成员身上时，他们会感觉更好。群体内认同增加了对外群体成员的幸灾乐祸和对内群体成员的共情。与团队有强烈认同感的被试不仅对自己的团队有更多的共情（队友失败时感觉更糟），而且对外团队成员有更多的幸灾乐祸（另一个团队失败时感觉更好）。

实验 3（人与Cozmo组队）和实验 4（人与NAO组队）都发现存在明显的组间共情偏见。当组内成员获胜时，人们比组外成员获胜时感觉更好；当组内成员失败时，被试比组外成员失败时感觉更糟。实验 3 和实验 4 都显示出明显的组间幸灾乐祸倾向。与组内成员相比，组外成员失败时，被试感觉更好。人们似乎对人类和机器人有着相似的群体间共情和幸灾乐祸的偏见。在类机械机器人和类人机器人的组间偏差比较中发现，人们对组内Cozmo失败的感觉比对组内NAO失败的感觉要好。与实验 2 类似，在实验 3 和实验 4 中，团队认同度较高的人对外群体成员感到更加幸灾乐祸。那些强烈认同自己团队的人在另一个团队失败时感觉更好，在该团队获胜时感觉不太好。

该研究发现，无论是人类还是机器人，人们对群体内成员的共情都比对群体外成员更强，对群体外成员也更为幸灾乐祸。群体间偏见的存在和强度不受对方是机器人还是人类的影响。机器人的拟人化并不影响群体间偏见的强度。该研究为理解社会群体间偏见在多大程度上积极和消极地影响人机互动提供了实证证据，对于促进人机协作具有重要意义。

在对内群体的积极评价上也存在内群体偏好，这一模式也表现于人机交互中。在一项研究中，78 名德国大学生被试被要求分组评价本国生产的机器人或土耳其生产的机器人。评价维度包括温暖度（乐于助人的、敏感的、礼貌的、慷慨的和谦逊的）、心智能力（能体验情绪的、有愿望的、有人格的、有意识的、有灵魂的）、心理亲密度（与机器人的关联程度和相似程度）、接触意愿（是否愿意与机器人生活在一起、是否有兴趣与机器人交谈）和设计偏好（设计在多大程度上是成熟的、美观的）。研究发现，在所有维度上，对本国机器人的评价都比对外国机器人的评价更积极，表明存在对机器人的内群体偏好（Eyssel & Kuchenbrandt, 2012）。

弗劳恩（Fraune, 2020）采用 2（成员身份：组内/组外）× 2（代理类型：人类/机器人）× 2（机器人类人化：类人化/机械化）混合设计实验研究，考察了玩家在猜价格游戏中的道德行为（施加噪声音量）和主观评价（噪声感知、团队凝聚力、对机器人的态度、拟人性、有用性）。结果发现，被试更偏好内群体成员，对内群体机器人（包括机械形态的机器人）的偏好超过外群体人类；相对于人与机械化机器人的互动，人与类人化机器人的互动更体现出群体偏好效应，对类人化机器人的反应更积极。这些结果意味着人类更容易将群体偏好应用于更类人化的机器人。

7.7 攻击

攻击（Aggression）指的是意图伤害他人的身体行为或言语行为。攻击可以表现为身体性/物理性伤害，也可以表现为言语性伤害。

维莱茨亚诺斯等人（Veletsianos et al., 2008）考察了教育背景下学生用户对虚拟女性教学代理的言语攻击行为。59 名中学生在两天的课程中与一位虚拟教学代理Joan就一项社会研究作业进行在线交流。Joan是一名白人女性，着正装，作为一名地理专家在在线作业中回答学生的问题。研究者对对话内容进行了内容分析，对学生的文本进行了最多 5 个维度的编码，如编码文本是问题还是陈述、文本的性质是社交还是教育（专注于任务），或是测试代理的能力。如果文本是社交性的，会进一步编码。使用基于计算机的语篇分析（Computer-Mediated Discourse Analysis, CMDA）技术对编码后的文本数据进行进一步分析。结果发现，在提取的 745 次互动中，只有 5.1%（38 次）与社会研究作业有关。在代理回答学生关于社会研究作业的问题后，只有一小部分（7.9%）的学生给出了负面的反应（“你太差劲了”），只有一个学生感谢代理提供的信息。而在 745 次互动中，近 40%的内容是社交话题，且在学校环境中不被接受的评论的数量占比近一半（如被编码为性相关、调情、包含脏话辱骂或暴力等的评论）。这些评论涉及对女性代理的言语性攻击（如“你穿什么颜色的内裤”“你是同性恋吗”），而且这些评论并非只出自部分同学（低俗内容的学生占比近 40%）。作者强调，学生们在学校做作业的时候做出这些粗俗和性的评论，青少年对虚拟人表现出的言语攻击令人惊讶。此外，代理在对话中使用的是规范的正式语法结构，而学生则使用大量的短句和缩写，表明学生没有将代理视为权威老师，而是一个同伴，一个他们可以自由“玩”、调情、咒骂和欺凌的对象。而智能体对学生的不适当言论没有任何应对性反应（除了说“你不尊重我”）。虚拟代理的反应可以做一些设定，以防止或减少进一步的言语攻击。这种做法在后续的研究中得到了发展，并证明了其有效性。

萨尔维尼等人（Salvini et al., 2010）报告了一项关于机器人攻击的现场研究。研究在韩国仁川的一个公共广场进行，为期一周，其间举行了一场机器人公开展览。该研究使用了两个机器人，一个是垃圾收集机器人DustCart，该机器人配备了所有必要的硬件和软件装置，能够在城市环境中进行自主导航和定位，拥有触摸屏界面，用户可以使用该界面进行诸如打开或关闭垃圾箱、检索环境和城市服务信息等操作。此外，DustCart还可以通过改变由LED制成的眼睛的颜色和表情，来表达机器人的状态，如错误、忙碌、空闲等。另一个是机器人Piero，主要功能是通过合成语音或在大LED屏幕上显示文字信息，向游客介绍DustCart的功能，并解释如何请求DustCart的服务。研究主要观察人们与机器人互动时的行为。研究发现，在大多数情况下，接近机器人的都是年轻人，他们对机器人有不同的反应。有些表现出正常的行为，即使用可用界面与机器人互动；还有一些表现出不当行为，如出于好奇而挡住机器人的路或用手覆盖机器人的摄像头和其他传感器，来测试机器人的能力。还有一些攻击性行为，如踢、打和拍机器人等，这些攻击性行为主要针对Piero，可能是因为DustCart由人类操作人员在监督，不便进行攻击。研究者提出，随着机器人越来越多地被部署在城市环境中，它们很可能成为破坏行为的目标。无论这些攻击行为的性质是拍打或阻拦，还是出于好奇或破坏的意图，它们都会影响机器人的任务执行。这些攻击性行为可能会威胁到人类的安全，并对机器人造成损害。作者还认为，这种对机器人的攻击更像是对无力反抗的弱者的欺凌。在这种背景下，是否需要赋予机器人一定的防卫能力和防御反应是个值得探讨的问题。

后续的研究者在机器人防卫方面做出了一些探索。例如，布尔西奇等人（Brščić et al., 2015）开发了一个儿童虐待机器人的统计模型，利用这个模型和行人行为模拟器，可以使机器人预测虐待情况发生的可能性，并在虐待行为发生之前逃跑。该研究提到，放置在公共场合的机器人经常遭到孩子们的虐待。当机器人身边的人不多，孩子们单独和机器人玩耍时，会表现出攻击行为，如挡机器人的路、叫它的名字，甚至对它说脏话、拳打脚踢等。研究在日本大阪的一个购物中心进行。研究者建立了一个传感基础设备，对该区域内的人进行动作跟踪。研究让类人机器人Robovie2在通道执行巡逻任务。在数据采集过程中，机器人的所有操作都由操作员远程控制。当有人停在机器人前面时，操作员会让机器人停止，对那个人说：“我是Robovie。我现在正在巡逻，请让我过去。”如果这个人停留了3秒钟，机器人就会说：“我想过去，你能为我让一下路吗？”3秒后，如果这个人仍然站在路上，机器人就转向之前的路径点，并试图向相反的方向移动。如果它的路径再次受阻，它就从头开始上述过程。当这个人走到一边时，它会说声“谢谢”，然后继续巡逻任务。研究者对视频内容进行了3种攻击行为的标记。一是持续性拦阻，即一直站在机器人面前，直到有人让其离开。二是冒犯性言语，即对机器人说许多脏话，包括

“你是个白痴”等。三是暴力行为，如弯曲机器人的脖子、撞击机器人的头部、拿东西砸机器人、打机器人等。研究者根据与机器人的互动时间、参与的孩子数量、父母的存在和位置、区域行人的密度等指标建立了预测模型，并在虚拟环境中利用仿真技术对模型进行了模拟和测试，之后在商场测试了两种算法的差异。一种是基于仿真预测模型的规划，机器人按照预测模型规划行动；另一种是最高效率规划，机器人忽略攻击行为，最大限度地提高巡逻效率。发现在最高效率规划的情况下，机器人倾向于选择较长的直线路径，经常经过人流较少的地区，容易发生虐待案件（路遇 31 名儿童，共发生 7 起虐待行为）。在基于仿真规划的条件下，机器人在有孩子出现并靠近时，会移动到人流密集的区域或孩子的父母身边，这样就可以规避孩子的虐待行为（路遇 25 名儿童靠近，只有 1 起虐待行为）。该研究还提出，很难让机器人说服孩子们不要虐待它。研究者尝试了各种方法，包括改变机器人的措辞，使用更强烈的词语，但并未成功。当前，似乎逃跑就是最佳策略。

一项研究探讨了是什么让人们对机器人产生攻击行为（Keijsers, Kazmi, et al., 2021）。该研究采用 2（机器人威胁提示：有/无）×2（权力感：高/低）×2（机器人化身：虚拟/实体）被试间设计。通过问卷测量被试对机器人的心智感知，因变量为对机器人的惩罚。威胁的操纵通过实验开始时播放的一段视频来暗示（改编自 YouTube 视频《机器人是什么？》），前两分钟的视频是中性的，后面一段 20 秒的视频，叙述者提到了人们对机器人取代人类工作的担忧，以及埃隆·马斯克（Elon Musk）和已故的史蒂芬·霍金（Stephen Hawking）等知名人士对人工智能不受限制的发展提出的警告。通过将被试分配为教师（即表示权力）或助理（即表示服从）的角色来操纵权力感。每次试验的正确答案都由教师来决定，而助理必须遵循提供的正确答案，不管同意与否。在权力和服从条件下，被试都可以自由选择他们对机器人的惩罚级别。通过数据采集的方法对机器人类型进行操作。虚拟机器人条件的被试通过 MTurk 注册并在线完成实验，实体机器人条件的被试在现场完成实验，使用 NAO V5 机器人。被试观看完《机器人是什么？》视频后，在人—机器人情感识别任务中扮演教师（高权力条件）或助理（低权力条件）的角色。每个试次先看到情绪面部刺激，权力条件下的被试须从 5 个选项中选择表情是哪种情绪（快乐、悲伤、沮丧、愤怒、恐惧），服从条件下的被试被告知是哪种情绪，并被提醒无论他们自己的意见如何，都应该服从。接下来的页面展示一个动画虚拟的机器人 NAO，它说出自己认为的情绪。被试可以通过调节控制能量供应的滑动条来对机器人的回答进行反馈（0 到 100，最右边的位置表示正反馈，给予机器人满能量，滑动到 0 表示最严重的负反馈，限制对机器人的能量供应）。随后的页面，虚拟机器人会对反馈做出回应。当它给出一个错误的答案时，会低下头，说一些类似于“哦，不，真可惜”或“啊，我真傻！”之类的话。如果答案正确，它会兴高采烈地回应。此外，为了强调能量限制的效果，机器人的灯光会变暗，声音也会随着被试对能量的限制而变得更加模糊。机器人说话结束后，继续进行下一次试验。13 次试验后结束，被试完成 3 份问卷，测量心理属性赋予、权力感知和威胁感知。在实体机器人条件下，被试在NAO对面坐着一起完成任务。惩罚分数通过被试对机器人能量供应的限制来计算。结果发现，在犯错后，与虚拟机器人相比，人们倾向于给实体机器人更多的能量（即惩罚不那么严厉）。拥有权力的时候，人们对机器人的认知与惩罚无关，而当人们被分配到服从的角色时，对机器人的心智感知与能量分配有关，即被试越认为机器人能够思考或感受，他们的惩罚就越少；而当人们看到威胁提示视频后，越认为机器人有思考和感受的能力，他们就越会在错误的答案后限制机器人的能量供应，即威胁提示使心智感知和能量限制之间的关系发生了翻转。在拥有权力的条件下，看到威胁提示视频对虚拟机器人的能量分配增加了 16.50，但对实体机器人的能量分配减少了 9.19。该研究表明，人们对实体机器人比对虚拟机器人更友好。当人们没有被提醒机器人有威胁时，对机器人的心智感知越高，做出的惩罚越轻；而当人们被启动权力感时，这种效应消失了。当感觉受到威胁时，对机器人的更高心智感知会产生更强的攻击行为。这个研究提示，对机器人的心智感知和攻击行为之间的关系可能取决于感知到的威胁，而威胁感知在很大程度上受大众传媒的报道影响。将机器人视为工具还是伙伴，视为合作者还是侵入者，在很大程度上影响着人们如何对待机器人。

7.8　亲社会行为

亲社会行为（Prosocial Behavior）指的是做好事。人们帮助仅有一面之缘的陌生人，把时间、金钱和贵重物品捐给慈善机构，关心朋友和家人等。与这种日常生活中的普遍性相对应，亲社会行为的研究也颇受关注。然而，亲社会行为的定义却一直模糊不清。这个术语被用来描述许多行为，且与帮助、利他、共情等概念存在混用或区分不明的情况。最常与亲社会行为相关联的两个概念是共情和利他主义。共情通常被认为是一种与亲社会行为有关的情绪，而利他主义以造福他人（而不是自己）为根本目的。亲社会行为则反映了更广泛的增进他人福祉的行为，这些行为可能源于利他主义动机，也可能源于利己主义动机，如获取名声、提高地位、遵守社会规范、逃避社会压力或期望互惠等（Batson et al., 2011）。因此，亲社会行为可被定义为旨在帮助他人（而不是自己获取奖励或避免惩罚），同时自己需要付出某种成本（如金钱、时间）的任何类型的自愿行为（包括帮助、安慰、分享和合作等）（Batson & Powell, 2003）。

研究人类对智能体的亲社会行为具有重要的实践意义。机器人现已在交通、医疗和教育等领域发挥作用。要让机器充分发挥其所有的优势功能，人们需要以积极的态度对待它们。例如，吸尘器机器人需要有人帮忙将其从家具缝隙中取出来，运输机器人需要有人帮它移开路障等。人们可能会以对待人的亲社会方式对待智能体。研究对机器的亲社会行为不仅可以促进人机交互，还可以为研究亲社会行为提供具有生态效度的工具，因为智能体既具有高度可控性，又具有与人类的相似性。

一项元分析研究探索了与机器人或代理互动是否能激发用户的亲社会行为（Oliveira et al., 2021）。该研究以“亲社会行为”和“人机交互”为关键词进行联合搜索，限定人与一个或多个机器人或虚拟代理直接接触的实验（排除了化身条件，只分析人与自主代理的互动行为），共得到 19 篇研究论文。其中，16 篇研究分析了与机器人互动中的亲社会行为，其余 3 篇研究分析了与虚拟代理的互动。大部分研究来自高度个人主义的西方国家（美国 5 篇、英国 2 篇、加拿大 1 篇、荷兰 2 篇、德国 2 篇、奥地利 1 篇、澳大利亚 1 篇），少数来自集体主义国家（日本 2 篇、韩国 2 篇、葡萄牙 1 篇）。5 篇研究报告了非结论性或非显著性结果，未发现对任务完成的重视程度、机器人的能力水平、未能完成任务的负面后果和机器人的社交行为（与被试握手）这些变量对亲社会行为有显著影响。6 篇研究表明，机器人和虚拟代理在促进亲社会行为方面的效果混合了积极和消极效应。12 篇研究报告了积极效应，其中有 3 项研究（2 项涉及机器人，1 项涉及虚拟代理）表明，具有情绪反应能力的计算机代理可以有效激发被试的亲社会行为。类似地，通过编程显示情境意识和社会诱发行为的机器人也能更有效地激发用户的亲社会行为。此外，一项研究分析了机器人外观的影响，发现类人机器人比功能机器人更能激发亲社会行为。这些研究中分析的亲社会行为分为社区相关和代理相关，前者指的是超出互动对象的他人受益的行为（如向慈善机构捐款），后者指的是帮助机器人或代理人的行为（如分享个人物品、帮助机器人完成任务、帮助机器人提高其任务性能、保护机器人免受虐待等）。从人工智能的角度来看，没有一项研究使用了具有高级决策能力的自主机器人或代理，研究大都采用了“绿野仙踪”的方法，即机器人部分或全部由人来操控。

根据上述元分析研究的总结，当前的人机亲社会行为研究存在样本量小、质量水平不一以及亲社会行为的定义和测量方式缺乏一致性等问题。为了更好地理解机器人和虚拟角色在激发亲社会行为方面的作用，需要进行更大样本、设计精细、统计力高的研究。关于人类亲社会行为，有大量的文献奠定了广泛的理论基础和假设，但这些理论假设尚未转化到与机器人和虚拟代理的交互研究中。目前，人机亲社会行为研究操纵了各种不同的变量，包括机器人的外观、社会智能水平和自主性程度等。这些变量在一定程度上都可以有效地促进人们对机器人的亲社会行为。

7.8.1 外观类型

一些研究考察了机器人外观对亲社会行为的影响，但结果并不一致。例如，在德克莱恩等人（de Kleijn et al., 2019）的研究中，被试对类人机器人的利他行为少于对类动物机器人的利他行为，而在金等人（Kim et al., 2014）的研究中，被试在与类人机器人互动后更愿意捐款。后一项研究的结果可能是因为存在霍桑效应。该研究对比的是有两只眼睛的机器人和没有眼睛的机器人。根据霍桑效应，当人们感到有人盯着他们时，会迫于被监视的心理压力而做出道德行为。该研究发现，被试面对有眼睛的机器人时的社会在场感更强，更愿意捐款。但遗憾的是，该研究并没有报告社会在场感是否中介了捐款意愿。

7.8.2 社会智能

具有社会智能的机器人一般通过对人的社交反应和互动程度来进行操控。例如，有些研究赋予机器人情绪识别和情绪表达的智能，发现机器人的情绪状态可以在交互过程中诱导并维持用户对机器人的高度共情，并提升用户对机器人的亲社会行为（Kühnlenz et al., 2013, 2018）。在库恩伦茨等人（Kühnlenz et al., 2013）的研究中，被试与具有情绪适应能力的机器人EDDIE进行对话互动，并一起玩Akinator游戏。之后，被试可以选择帮助机器人完成物体标记任务，或直接退出，以被试帮助标记的图片数量作为亲社会行为指标。研究发现，机器人具备的情绪适应能力越高，被试帮助标记的图片数量越多，表明机器人的社会智能越高，越能促进人对机器人的亲社会行为。

后续研究发现，不需要机器人实际具备情绪识别和情绪表达功能，只要让用户认为机器人具有情绪体验能力，就可以提高用户对机器人的亲社会行为（Nijssen et al., 2021）。该研究采用2（年龄组：学龄前儿童/二年级学生；被试间）×2（类人化外观：类人机器人/类机械机器人；被试间）×2（情绪体验：有情绪体验的机器人/无情绪体验的机器人；被试内）混合设计。研究者制作了两组视频，一组是软银机器人NAO（类人条件），另一组是乐高机器人（类机械条件）。每个被试观看两个视频：分别展示有或无情绪体验的机器人。视频长度约 1 分钟，由一名女性实验者向机器人提两个问题，一个与机器人的认知能力有关（“你能数到 4 吗？”），另一个与机器人的情绪体验有关（“什么让你快乐？”）。两个机器人对第一个问题表现一样（数到 4），但第二个问题的回答不同。有情绪体验的机器人说：“我喜欢和孩子和其他机器人一起玩。”没有情绪体验的机器人说：“我不知道，因为我感觉不到快乐或悲伤。”以儿童愿意将自己获得的 6 张贴纸捐赠给机器人的数量作为亲社会行为的量化指标。此外，儿童还需在两个机器人之间分配 5 张贴纸。实验发现，儿童会捐赠、分配给有情绪体验的机器人更多贴纸，而机器人的类人或类机械外观不影响儿童的亲社会行为。

这个研究表明，儿童对机器人的感知很容易被诱导，并且这种感知会影响他们对机器人的行为。儿童不仅可以将不同程度的情绪体验赋予机器人，还会相应地调整他们的亲社会行为。研究还显示，向儿童展示机器人的方式会直接影响他们与机器人共享资源的意愿。该研究以儿童作为研究对象，其结果是否可以推广到成人尚不得而知。此外，该研究采用的是观看视频的方式，而不是让儿童与机器人实际互动。在这种情况下，儿童可能更容易相信机器人真的具有情绪体验的能力。

一项基于成人被试的研究发现，机器人的情绪反应能够有效激发人类对机器人虐待的亲社会干预（Connolly et al., 2020）。在实验中，被试与实验助手（被试以为是另一名实验参与者）一起建造 3 种不同的结构，包括分 6 步建造一棵树、分 14 步建造一座堡垒、分 5 步建造一个游泳池，机器人在旁提出建议。在整个实验过程中，实验助手会虐待一个黄色机器人，包括在机器人给出错误建议后，助手说“这太愚蠢了”，并将机器人的头向下推、反复摇晃机器人、反复向上推机器人的升降臂、将机器人强行扔到工作区。在检测到虐待行为后，黄色机器人露出悲伤的表情，然后关机 10 秒钟。在无反应条件下，旁观的机器人无视上述虐待事件。在悲伤反应条件下，旁观的机器人会转向黄色机器人，并表达悲伤情绪。实验发现，与无反应条件相比，旁观机器人的情绪表达使被试的干预显著增多。那些没有干预的被试报告了未干预的原因，包括认为机器人没有感觉、虐待不会破坏机器人、害怕与他人对抗、担心干预会影响任务完成等。该研究结果表明，在人机交互中，机器人可以通过情感线索影响人类的亲社会行为。

另一个让机器人表达抗议和痛苦的研究也得到了类似的促进效应（Briggs & Scheutz, 2014）。该研究让被试命令机器人摧毁建好的塔，主要有两个实验条件：在非对抗条件下，机器人服从所有命令；在对抗条件下，机器人抗议被试的命令。后者又分为两种变化，即建造红塔和摧毁红塔的是同一个机器人或不同的机器人。实验发现，表达抗议和痛苦改变了被试的行为。在对抗条件下，只有不到一半的被试击倒了红塔，而在非对抗条件下，每个被试都击倒了红塔。同一机器人和不同机器人条件下，击倒红塔的人数没有显著差异。实验还观察到一些被试试图与机器人讨价还价和谈判（如“我希望你拆掉红塔，然后重建它”“我会帮你重建它”）。

这些研究一致表明，让机器人表达情绪可以有效引导人的亲社会行为。然而，需要警惕的是，机器人的情绪表达可能会导致伤害。例如，机器人的负面情绪可能会给人带来一定的情绪困扰。此外，机器人的情绪体验能力和社会反应程度也可能使人对机器人形成单向的社会联系，将时间、精力和注意力投入一个人工模拟情绪体验的机器人身上，这既可能是一种浪费，也存在一定的风险。

7.8.3　自主性

机器人的自主性主要由控制方式决定，通常分为低自主（化身，由另一个人控制虚拟角色）和高自主（代理，由计算机程序控制）两种方式。已有研究发现虚拟角色的自主性对亲社会行为有影响（Felnhofer et al., 2018）。该研究采用Blender 3D创建虚拟咖啡馆环境和虚拟角色。被试进入虚拟咖啡馆后向虚拟服务员点单（咖啡或茶），然后与虚拟女陌生人进行短暂互动。该陌生人询问是否可以同桌就餐，被试可以选择同意或拒绝（作为亲社会行为的测量）。之后，虚拟服务员拿来一杯错误的饮料（与点单不一致），被试要么指出服务员的错误（社会对抗行为），要么接受错误的饮料（社会回避行为）。虚拟角色由人（化身条件）或计算机程序（代理条件）控制。虚拟交互结束后，被试评价虚拟环境的物理存在感、虚拟角色的社会存在感、共情、特质焦虑和状态压力。结果发现，化身组和代理组在物理存在感、社会存在感、焦虑和压力水平上没有差异，但化身组被试表现出更高的共情、更多的亲社会行为（让陌生女性坐在自己的桌子旁）和更多的社会回避行为（接受错误饮料，避免社交冲突）。与计算机控制的代理交互的被试相比，化身条件下的被试更可能拒绝陌生人的请求（是代理条件的22倍），更倾向于避免与服务员发生冲突，而那些面对计算机代理的被试与服务员发生冲突并要求正确饮料的可能性高出4倍。该研究显示，被试对化身表现出更多的合作行为，类似于实际生活中与人的交往，而在代理条件下被试更具对抗性，更关注个人的需求。这表明，虚拟角色的自主性程度越高，被试越可能将对方视作计算机，而不把对方视作真实的人，从而急剧减少自己的亲社会行为。

7.8.4 观察学习

观察学习指的是榜样的作用。榜样不仅影响对特定行为的学习，还能以一种抽象的方式影响对行为规则的学习（Bandura, 2001）。即当观察一个榜样执行某种行为时，观察者不仅能习得这种行为本身，还可以提取出引导他人表现这种特定行为背后的规则。人的亲社会行为也源于观察学习和榜样模仿（Rushton, 1982）。看到一个成年人对另一个人表现出一种新的亲社会行为（如安慰痛苦），会让两岁大的幼儿习得并应用这种亲社会行为（如安慰自己的母亲）（Williamson et al., 2013）。机器人可以提供这种榜样学习吗？

彼得等人（Peter et al., 2021）的研究表明，儿童也可以从机器人身上学习亲社会行为。61 名 8 至 10 岁的儿童与机器人 NAO 轮流和计算机玩蛇和梯子的游戏。如果孩子（或NAO）赢了会获得 5 张数字贴纸，如果输了会获得 1 张数字贴纸，他们每次都可以决定是想把贴纸留给自己还是给其他孩子。孩子和机器人轮流与计算机各玩 4 轮游戏。实验预先设定了机器人和孩子的胜负，机器人在第一轮和第三轮输，第二轮和第四轮赢，孩子们在第一轮和第四轮赢，第二轮和第三轮输。实验有两个条件: 强亲社会机器人榜样或弱亲社会机器人榜样。在强亲社会条件下，机器人每次输的时候都会分享它得到的一张贴纸，赢的时候会分享它得到的 5 张贴纸中的 4 张，即这个非常亲社会的机器人总共送出了它收到的 12 张贴纸中的 10 张。在弱亲社会条件下，机器人在输时不分享贴纸，赢了分享 1 张贴纸，即这个弱亲社会的机器人共分享了 12 张贴纸中的 2 张。游戏结束后，实验者询问孩子，他们的父母觉得与其他孩子分享东西有多重要（禁止性规范），并让孩子们评估，如果他们的朋友玩游戏会分享给机器人多少贴纸（描述性规范）。实验发现，看到强亲社会机器人的儿童其分享的贴纸数量明显多于看到弱亲社会机器人的儿童，与看到弱亲社会机器人的儿童相比，当儿童看到强亲社会机器人时，亲社会行为的概率增加了 6.37 倍。此外，禁止性规范不受观察学习的影响，但观察到强亲社会机器人的儿童认为送出贴纸的儿童多于观察到弱亲社会机器人的儿童。

该研究表明，机器人也可以成为亲社会行为的学习榜样，即社会观察学习也适用于人与机器人的互动。当机器人能够作为观察学习的对象并产生模仿效应时，需要对这种技术的使用采取符合社会期望、对社会有益的方式，即避免让机器人表现出不受社会欢迎、不恰当甚至不合法的行为。我们需要能够区分社交机器人可以做和应该做的事情，以及社交机器人可以做但不应该做的事情。

7.9 社会性决策

除了睡眠等无意识的时间之外，人们几乎每时每刻都在做决定。有些决定只对自己产生影响（即个体性决策或非社会性决策，如晚上几点睡觉）；有些决定则会影响到他人（社会性决策，如晚上在家里开派对）。实际上，作为高度社会化的物种，人类的许多决定都会涉及他人，并对他人产生影响，无论是亲密的亲人、朋友、恋人，还是素昧平生的陌生人。与此同时，他人的决定也会对自己产生影响，彼此形成一个相互依赖的社会网络。在这种社会互动背景下的决策会因许多变量的混杂而变得极为复杂，个体需要考虑的因素很多，包括对方会怎么想、对方对你的反应会如何等。因此，社会性决策涉及复杂的认知加工，包括识别社会情境、推断他人的心理状态和可能的行为、成本收益的估算与评价、做出适当的反应等。这些决策既受情境因素和交互对象的影响，也与个体的社会偏好有关。

20 世纪以来，心理学和认知神经科学开始使用从实验经济学的分支博弈论衍生的游戏任务来研究社会性决策（Samuelson, 2016）。实验游戏由至少两个角色组成，每个角色都有一套有限的策略，这些策略组合起来决定每个角色的结果。这些任务最初是为了对决策效率进行数学分析而开发的，即根据博弈的纳什均衡，在考虑到对方策略的情况下，每个角色选择利益最大化的策略。此后的研究考察了人们的实际行为，发现并不总是符合个人利益最大化的理性经济人假设。人们在面对各种决策困境时（自我利益最大化和集体利益最大化之间存在冲突），有时会牺牲个人利益以保全群体的利益。正如社会启发假设所认为的，过去的经验塑造了我们的直觉反应。日常生活的社交互动中那些有利的行为，即带来长期收益最大化的行为，会被人们自动化为一种社会启发式，又称为广义的默认反应，而深思熟虑让我们能够适应在给定时间内所面临的特定情境。如果直觉反应在当前情境下不是收益最大化的选择，那么就用控制后的反应抑制直觉反应（Rand, 2016）。在博弈情境下，比较典型的社会启发式反应包括合作、公平、互惠等（Messick & Schell, 1992; Rilling et al., 2008）。社会性决策常用的实验游戏如表 7–1 所示。

表7–1　社会性决策研究常用的博弈任务

博弈任务	示意图	规则	行为偏好
囚徒困境博弈	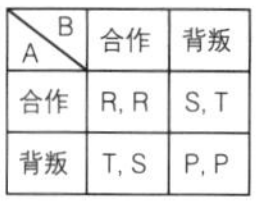	两个玩家A和B，各有合作和背叛两种选择。双方都选择合作，则双方都得到R；双方都选择背叛，则双方都得到P；一方选择背叛，另一方选择合作，则背叛者得到T，合作者得到S。矩阵规则：T>R>P>S；S+T≤2R。	合作与背叛
公共物品博弈	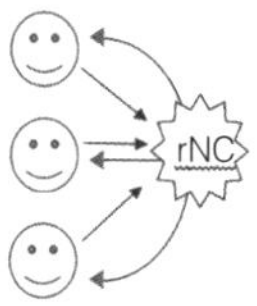	由N名玩家组成的群体中，每个玩家都有合作和背叛两种选择。如果一个玩家选择合作，则向公共池贡献C。所有选择合作的玩家贡献的总和为NC，乘以一个合作参数r（r>1），成为rNC，再平均分配给N个玩家，每个玩家获得rNC/N的回报。因此，选择背叛的玩家可以零成本获得收益（搭便车）。如果没有干预，那么所有玩家最终都会选择背叛，合作行为将最终消失，所有人都没有任何收益（即成为公共物品悲剧）。	合作与 搭便车
信任博弈	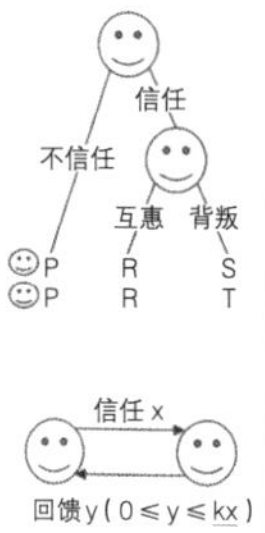	两名玩家，一名为信任者，一名为受信者。在二项式信任博弈中，双方各有初始资金P。信任者有信任和不信任两种选择。如果选择不信任，则双方各得到P；如果选择信任，则金额会增加。受信者有互惠和背叛两种选项。选择互惠时，信任者和受信者都得到R；选择背叛时，信任者得到S，受信者得到T。收益规则：T>R>P>S，并且S+T=2R。 非二项式信任博弈又称投资博弈。信任者可以从总额Z中选择部分x投资给受信者，x会乘以一个系数k（通常为3），然后受信者再决定从kx中返还金额y给信任者。	信任与互惠
最后通牒博弈	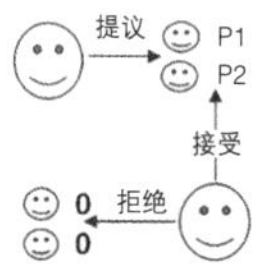	两名玩家，一名为提议者，一名为反应者。两名玩家共有初始资金P，提议者提出分配方案（例如，平分P），然后反应者可以选择接受或拒绝分配方案。如果选择接受，则双方按照提议者的分配方案分得相应金额；如果选择拒绝，则双方都得零。已有实验研究发现，提议者一般选择平分，而低于20%的分配方案一般会被反应者拒绝。	公平偏好与 不公平厌恶
独裁者博弈	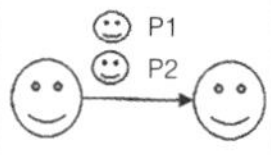	类似于最后通牒博弈，不同的是，提议者单方面决定如何分配，而反应者没有拒绝的选择，只能接受。已有实验研究发现，提议者给予反应者的金额一般都大于零，平均在总额的20%至30%之间。	利他偏好

进化理论推测，合作、利他、公平、互惠等社会偏好可能是自然和文化选择的结果（Hare, 2017）。但生物和文化进化发生的时间和种群规模无法在实验室研究中实际再现，社会偏好、合作信念和直接互惠之间的复杂相互作用也无法通过数学分析来实现。随着计算机技术的发展，越来越多的研究开始使用基于代理的模拟来研究社会偏好的进化（Adami et al., 2016）。这些研究让计算机代理与另一个代理配对玩囚徒困境或最后通牒博弈，通过编程使代理以特定概率执行某些策略，观察代理的繁殖性，即传播到人群中的同类型新代理的数量。基于代理的模拟可以对不同特

征或特征组合的函数进行开发和测试，如策略偏好、同伴控制、同伴选择、惩罚规则等。

社会性决策已经成为一个高度跨学科的领域，不仅是社会心理学和经济学关注的问题，也是进化生物学、动物行为学、认知神经科学和计算机科学等学科的研究重点。在社会和行为科学领域，博弈任务被广泛用于研究个体和群体的互动，如合作与竞争、信任与互惠、声誉和规范的建立、第三方惩罚以及对受害者的补偿等。人工智能的发展使人们对机器人在社会性决策中的表现越发关注。这些博弈任务再次发挥作用，用于探索人类如何与机器人进行博弈和决策。

7.9.1　合作

7.9.1.1　行为研究

合作与互惠是人际交往的黄金法则，在人智交互中也发挥着重要作用。早期的研究通过计算机媒介考察了人与计算机代理交互时的合作行为。例如，德梅洛等人（De Melo et al., 2011）考察了虚拟代理的面部表情是否以及如何影响与人的合作。该研究让被试与两个不同的虚拟代理玩25轮重复的囚徒困境博弈，两个代理均采用针锋相对的决策策略（Tit-For-Tat，先合作，随后复制对方上一轮的决策），但面部表情传递了不同的目标取向（合作与个人主义）。合作的代理其决策倾向是双方合作，体现为在双方选择合作时脸上露出喜悦的表情；当代理选择背叛而被试选择合作时，表现出羞耻的表情；当代理选择合作而被试选择背叛时，表现出愤怒的表情；当双方都选择背叛时，表现出悲伤的表情。个人主义的代理的目标是最大化自己的分数（不管被试的结果），因而当代理选择背叛而被试选择合作时，会露出喜悦的表情；双方都选择合作时表现中性表情；双方都选择背叛时以50%的比例表达悲伤；当代理选择合作而被试选择背叛时，表现出悲伤的表情。结果表明，人们对情绪表现的差异非常敏感，与合作代理的合作率显著高于个人主义的代理，但这种效应受互动顺序的调节，只有当人们先与个人主义的代理互动时，才会表现出差异；当先与合作代理玩游戏时，则不同条件下的合作没有显著差异。作者认为，这个结果类似于谈判中的黑帽子—白帽子效应，指的是在谈判时己方先让一个人表现出竞争策略再让一个人表现出合作策略（先唱白脸后唱红脸），这种顺序会让对方更容易妥协并达成谈判协议，其原理是对比效应，第一个人的竞争性会使得第二个人的合作性更加凸显（Hilty & Carnevale, 1993）。在这个研究中，合作代理为白帽子，而个人主义的代理则为黑帽子。被试在第一场游戏中面对一个强硬的个人主义代理时，他们在第二场游戏中剥削利用他人利益的可能性会降低，尤其当第二场游戏遇到一个表情为合作取向的代理时，会更积极地感知对方。该研究表明，人们可以通过代理的表情来推测代理是合作还是竞争的倾向，从而调整自己对对方的合作行为。

有研究通过计算机终端让被试与同伴进行囚徒困境游戏，考察了自上而下（实验者引导）的认知过程的作用（Miwa & Terai, 2012）。研究界定了两种类型的同伴：感知的同伴和实际的同伴。感知的同伴是指实验者告诉被试并让他们相信对方是人还是计算机代理；实际的同伴则让被试看到对方（真人或计算机代理）。第二个因素是不同的对手，游戏的对手可能是真人，也可能是计算机代理，后者又分为两种情况，即在决策中主要使用合作策略（10 次合作 + 1 次背叛）和主要使用竞争策略（6 次合作 + 5 次背叛）。因此，这是一个 2 × 3 的被试间实验。每个条件下，被试与对手玩 11 轮重复的囚徒困境博弈。实验结果发现，当被告知对方是计算机代理时，人们会更多地选择背叛，而被告知对方是真人时，背叛行为减少。此外，当对方采用竞争策略时，被试也更多地选择背叛。结果表明，被试的选择行为在很大程度上受实验者的引导影响，而不受对方实际行为的影响。当被指示与计算机代理交互时，背叛选择的增加意味着他们只对真人表现出合作利他行为，被试可能认为计算机代理没有足够的智能来适应他们的选择。这一研究显示了被试对人和计算机代理的不同决策倾向，对计算机表现出更多的利己行为。

后续的研究开始探讨人与机器人之间的互动。例如，一项研究让被试与两名 NAO 机器人一起玩一个合作投资游戏（Zanatto et al., 2019）。其中一名机器人是同伴，另一名机器人作为银行家。被试和机器人同伴每一轮游戏都会获得一笔虚拟资金，并且独立决定向机器人银行家进行投资。机器人银行家将根据被试和同伴机器人之间的投资金额差异进行处罚，并将附加的额外利润金额再返还给他们。其中一个被试内变量是机器人同伴采取的策略。在合作条件下，机器人同伴采取合作策略，改变自己的投资额，以接近被试的投资额。在非合作条件下，机器人同伴不会根据被试的决策改变其投资额，而是采取完全独立的决策。在后一种情况下，被试需要采取与机器人同伴类似的投资额，才能避免受到机器人银行家的惩罚。被试是否愿意改变他们的决定以匹配机器人同伴是实验的主要因变量。一个被试间因素是与机器人的互动。一半的被试与机器人同伴有互动，机器人会表现出类人的行为，包括注视、联合注意（即追随被试的目光、看其所看之处）和交谈等。另一半被试与一个静止无声的机器人同伴进行互动。另一个被试间因素是机器人银行家的回报率，有高（返还投资金额的 50%—80%）和低（返还投资金额的 0%—30%）之分。

每一轮游戏由被试先输入一个初始投资额（0—10），机器人同伴的初始投资在被试的初始选择中随机减去或添加一个 3 到 4 之间的数字。在双方做出投资决定后（例如，被试 3，机器人 6），被试会在屏幕上看到机器人同伴的初始投资选择。然后，机器人同伴可以修改最初的投资决定（例如，机器人将 6 改为 5）。之后，被试看到机器人同伴的最终投资决定，然后有机会修改自己的投资决策（例如，被试把 3 改为 4）。双方的最终投资额相加后乘以 3，并发送给机器人银行家［即银行家收到 3×（4+5）=27］。机器人按照该金额的百分比返还给二人（例如，27×30%=8.1，每个玩家得到 4.05）。根据被试和机器人同伴投资额的差距，机器人银行家的投资回报会向下减少，减少的额度为被试和机器人同伴投资额之间差异的绝对值（例如，|（4–5）|=1）。减去绝对值后的投资额（例如，8.1–1=7.1）再返回给被试和机器人同伴（每个玩家 3.55）。被试与机器人玩 40 轮游戏，分两个区组，同伴合作和不合作条件下各 20 轮。该研究将合作定义为被试愿意缩短与机器人同伴投资额之间的差距，由合作指数来衡量，将被试第一次和第二次投资额与机器人同伴的最终决策进行比较，并应用以下公式进行二元分类计算：

$$\text{合作指数}=\begin{cases}\text{if }(P1-R2) < (P2-R2)=0\\ \text{if}(P1-R2) = (P2-R2)\text{ and }(R2=P1)=1\\ \text{if }(P1-R2) = (P2-R2)\text{ and }(R2\neq P1)=0\\ \text{if }(P1-R2) > (P2-R2)=1\end{cases}$$

其中，P1（2）为被试的初始（最终）投资额，R1（2）为机器人同伴的初始（最终）投资额。每一轮游戏中，被试改变自己的投资额以接近机器人同伴的投资额，则合作指数为 1；若被试选择的投资额加大了双方的差距，则合作指数为 0。以合作指数为因变量，以机器人银行家回报率（高/低）、机器人同伴互动（类人/沉默）、机器人同伴策略（合作/非合作）和游戏回合（20 轮）作为自变量，被试作为随机因素的混合效应逻辑回归分析发现，机器人同伴策略的主效应显著。对合作策略机器人的合作指数（0.48）高于非合作机器人的合作指数（0.44）；银行回报率和机器人同伴互动行为的交互作用显著。当银行回报率较高时，被试与沉默机器人的合作指数（0.52）高于类人行为机器人的合作指数（0.43）；当银行回报率较低时，被试与类人行为机器人的合作指数（0.51）高于沉默机器人的合作指数（0.38）。银行回报率、策略和行为之间的三方交互也显著。当银行回报率较高时，在与合作策略机器人互动的情况下，对沉默机器人的合作指数（0.56）高于类人行为机器人的合作指数（0.44），而在非合作策略下，两个条件没有差异；另一方面，当银行回报率较低时，在与合作策略机器人互动的情况下，对类人行为机器人的合作指数（0.55）高于沉默机器人的合作指数（0.36），而在非合作策略下，两个条件没有差异。也就是说，当机器人同伴采取非合作策略时，对类人行为机器人和沉默机器人的合作指数类似，只有当机器人同伴采取合作策略时，机器人同伴的类人行为才与银行回报率存在交互作用。对实验后主观评价的分析发现，类人行为的机器人在喜爱度、信任度、可信赖度和生命感上的评分均高于沉默机器人；采取合作策略的机器人在可信赖度、生命感和智能评分上高于采取非合作策略的机器人。这个研究表明，在回报高的条件下，只要机器人采取合作策略，那么被试更愿意与机器类型的同伴合作。在这种情况下，机器人的类人特征不是必要的条件，一个沉默的机器人同伴就可以高度胜任玩家的角色，人们更在意的是机器人的功能是否可以完成既定任务，而不在意机器人的功能有多丰富。

这项研究在实际的人机交互中考察了回报率、策略和类人化特征的影响。研究发现，人对机器人的合作行为受到合作环境的调节。当合作环境良好，机器人银行家返还的钱比投入的钱多时，只要机器人采取合作策略（遵从人的决定），人们更愿意与类机器的机器人合作。相反，当合作环境不良，机器人银行家返还的钱比投入的钱少时，人们更愿意与类人行为的机器人合作。在良性环境下，人们更关注机器人的核心功能，如稳定性和可靠性；而在不良环境下，他们更愿意寻求与类人机器人的合作，以提高合作伙伴之间的凝聚力。从这项研究还可以看出，对机器人的主观评价和实际行为并不完全匹配。例如，人们对类人行为机器人的喜爱度、信任度、可信赖度和生命感评分均高于沉默机器人，但在良性环境下，他们对沉默机器人的合作行为更多。这种态度与行为的不一致在人际互动中也十分常见。然而，该研究并没有对主观评分与合作行为之间的关系进行深入分析。后续研究可以进一步探讨态度是否会中介或预测行为上的差异。

7.9.1.2 神经机制

克拉赫等人（Krach et al., 2008）采用囚徒困境博弈，考察了人与不同代理互动时的决策差异和大脑活动变化。该研究使用的收益矩阵为双方同时合作得 20 分，双方同时背叛得 0 分，一方背叛而另一方合作则背叛者得 20 分，合作者得 10 分。实验有 4 类同伴：类人机器人、计算机、真人、功能机器人（类机械机器人）（见

图 7–4）。类人机器人Barthoc看起来像一个孩子，腰部以上高65厘米，面部有10个自由度来控制下巴、嘴角、眼睛、眉毛和眼睑，并用类似人手的装置来操作按键。功能机器人由两个乐高装置构成，每个手臂由两个伺服电机和一个乐高NXT控制器组成，可以执行按键行为。被试在磁共振扫描仪内通过计算机屏幕与其他4个同伴各玩10轮游戏。行为结果上未发现同伴条件差异，被试选择背叛与合作的比例大致为60比40。脑成像结果显示，右侧颞顶联合区的激活随着同伴的类人性增加而增加（CP<FR<AR<HP），内侧前额叶和双侧背外侧前额叶皮层仅在更像人的同伴条件下激活。实验后对被试的访谈发现，同伴表现出的类人特征越多，被试的游戏体验越积极，同时认为类人机器人与功能机器人和计算机相比，更具竞争力、更不合作，但类人机器人和真人没有差异。该研究表明，当互动对象表现出的人类特征越多，经典心理理论对应的大脑区域的激活越强。这些心理理论脑区的激活不能用博弈期间的行为或策略推测来解释，因为所有对手的反应行为都是事先随机化为一样的。被试的行为决策在4个同伴条件下也没有差异，表明对4个对手都采用了类似的策略。在主观评价上，被试对类人机器人和真人的感知相近。该研究建立了心理理论脑区和类人外观之间的线性联系。

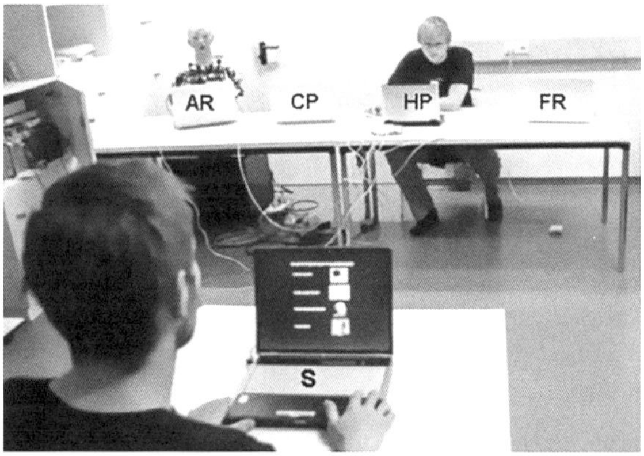

图 7–4 克拉赫等人（Krach et al., 2008）的实验环境。从左到右依次为类人机器人（AR）、计算机伙伴（CP）、人类伙伴（HP）和功能机器人（FR），前面为被试（S）

7.9.2 信任

7.9.2.1 行为研究

采用信任博弈范式，基于计算机的人机交互研究发现，无论对方的回报是慷慨还是吝啬，人们对计算机同伴和对人类同伴的信任行为均没有显著差异。甚至在实验后的主观评价中，人们对计算机同伴的评价更为积极（Posard & Rinderknecht, 2015），这验证了人们将计算机作为社会行动者的理论。

智能体的情绪表达不仅可以通过面部表情体现，也可以通过声音来传达。一项研究让被试与具有微笑或中性声音的计算机代理进行信任博弈，发现被试对微笑声音的信任大于对中性声音的信任，且这种效应独立于计算机代理的实际反馈行为。无论计算机代理的反馈是慷慨的（120%—240%）还是吝啬的（0%—120%），被试都会对微笑声音的计算机代理投资更多（Torre et al., 2020）。

在医疗保健和零售等领域，机器人越来越多地充当人们的社交伙伴。人们是否像信任人一样信任机器人？马瑟（Mathur）和赖希林（Reichling）（2016）收集了 80 个现有的机器人面孔（见图 7–5 左），在评定好感度和信任度（0—100 评分）后，让被试与这些面孔完成信任游戏。在这个游戏中，由玩家A（人类被试）决定给玩家B（图中的机器人）分享多少资金（该金额翻 3 倍），再由玩家B回馈一定的金额给玩家A。开始游戏前告知被试，他们的投资额（在 0 到 100 美元之间）将被传递到机器人实验室，返还的金额由机器人来决定。被试与每个机器人玩家只进行一轮游戏。结果发现，相似度评分与信任行为呈现"恐怖谷"模式（见图 7–5 右）。机器人的面孔更偏机械化时（机械化评分=–70），获得的信任更多（赢得 40 美元的投资额）；当面孔有点像人类（机械化评分=+34）时，获得的信任最少（34 美元）；完全像人类时，信任上升到最高（44 美元）。这一研究的信任游戏只在真人和机器人之间进行，没有将人际和人机进行直接的对比。

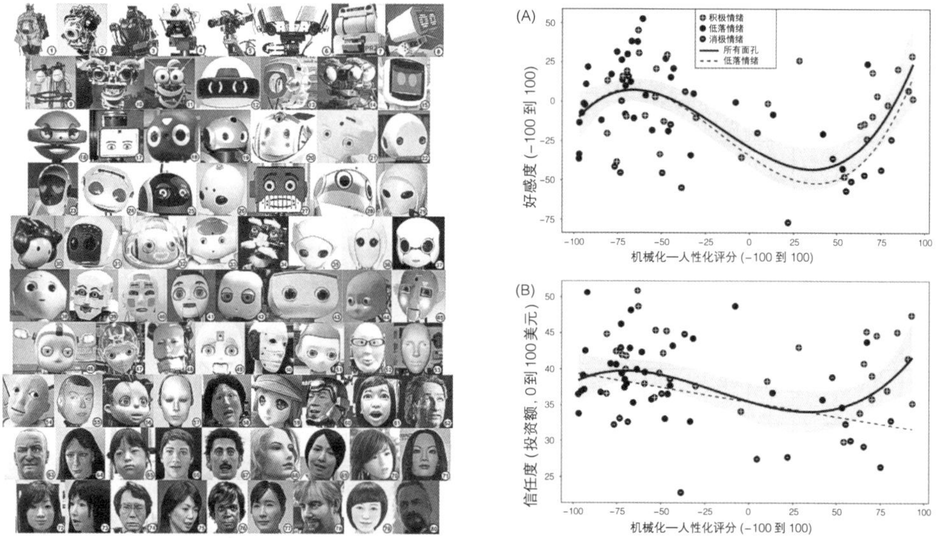

图 7–5　按机械化—人性化评分升序排列的机器人面孔图（左）及机器人面孔的好感度和信任度评分（右）

施耐特等人（Schniter et al., 2020）对比了3种条件下的信任博弈行为和自我报告的情绪：人对人的信任博弈、人对机器人的信任博弈、人对代替人的机器人的信任博弈（机器人的决定影响着另一个人）。该实验中，机器人的决策行为来自先前人类实验的结果，即根据已有研究发现的人类在类似情况下做出的互惠性决定。结果发现，人们对人与机器人之间的投资额没有差异。然而，由互动引发的社交情绪（如感激、愤怒、骄傲和内疚）在人类和机器人信任游戏中有所不同。人类和机器人的条件没有差异，可能是因为在该实验中，机器人的决策是由真人的行为决定的——实际上等于是随机呈现人类行为，这就相当于是在与未知的人进行游戏。

还有一些研究探讨了人与机器人交互情境下的信任背叛。例如，阿拉孔等人（Alarcon et al., 2021）采用信任博弈的变体——将死游戏（Checkmate Game）考察了机器人的信任背叛对人的信任行为的影响。将死游戏由两名玩家组成，一名银行家（被试）和一名跑步者。银行家把钱借给跑步者，然后跑步者用这笔投资作为资金来完成一项迷宫任务。跑步者的目标是收集尽可能多的箱子，收集的箱子数量决定了跑步者在任务中损失或赚取的金额。游戏的步骤包括：（1）跑步者首先向银行家承诺自己将选择的迷宫难度（简单、中等或困难）和将返回给银行家的金额（原始借贷金额或借贷金额加50%）。（2）然后银行家选择借贷金额［小（1—7美元）、中（4—10美元）或大（7—13美元）］。（3）跑步者选择实际的迷宫难度（可能与之前承诺的不同），然后在迷宫里收集箱子（银行家对迷宫有一个自上而下的俯视图，可以看到跑步者和迷宫上的箱子，但不能看到收集了多少箱子）。（4）跑步者决定返回给银行家多少钱，而银行家仍然不知道跑步者实际赚取的总金额。（5）银行家看到自己从跑步者那里得到了多少钱（即被试最初的投资是赔钱还是赚钱）。共进行5轮将死游戏。实验操纵了同伴类型（人类或机器人NAO）和跑步者的行为（守信或不守信）。在守信条件下，跑步者总是返还所承诺的金额；在不守信条件下，跑步者在第三轮和第四轮中返还的钱比承诺的少（收集的箱子数量不变）。实验的因变量包括可信度、信任对方的倾向（如“我真希望我有一个好方法来监视跑步者”）和信任行为（银行家借出的金额大小）。结果发现，不同类型的同伴（人类与机器人）在可信度、信任倾向或信任行为方面没有显著差异，主要的差异体现在跑步者的行为上。在不守信条件下，可信度和信任倾向在第三轮后显著下降，但在守信条件下，信任感知没有变化。对于信任行为，在守信条件下，被试在后两轮较少发放小额贷款；在不守信条件下，被试在第一轮和第二轮倾向于发放大额贷款，而在第五轮不再发放大额贷款。该研究说明，不论是人还是机器人，影响信任更重要的因素是守信程度，不守信会削弱信任。

与传统的信任博弈相比，阿拉孔等人（Alarcon et al., 2021）认为将死游戏更接近于现实生活中的信任场景。在普通信任博弈中，信任者在对受信者一无所知的情况下做出信任决策（为了排除其他因素的干扰），这在现实生活中较为少见，人们很少对素不相识的陌生人付出一定的风险和代价去信任。而在将死游戏中，受信者需要先向信任者承诺返还的额度，这有利于信任的建立。然而，承诺—返还的操作强化了信任博弈的投资属性（基于对方的承诺而做出的投资，而非基于对对方的善意预期），而弱化了信任属性（基于积极预期）。所以将死游戏与其说是信任游戏，不如说是投资游戏。二者的差别在于，投资者可以将本金损失视为投资失败，而信任游戏的信任者持有对对方的善意预期，因而一旦遭到背叛（不返还或返还少），会体验到较深的情感伤害（背叛厌恶）（Bohnet et al., 2008）。使用投资游戏也可以研究信任行为，当投资的对象和信任的对象不是同一个的时候，如金（Kim）和宋（Song）（2021）的人机信任研究。

该研究主要探讨计算机代理在信任背叛后采取道歉策略是否可以有效地恢复人的信任（Kim & Song, 2021）。实验采用 2×2 被试间设计，以类人化水平（代理类型: 类人代理/类机器代理）和道歉属性（道歉类型: 内部归因道歉/外部归因道歉）为自变量。在这个投资游戏中，被试的目标是通过投资在未来一年股价最有可能上涨的公司来赚取尽可能多的积分。每个人有 1000 分初始资金。在每次选择之前，都会提供每家公司的信息，包括行业、员工人数、成立年份、总部位置、收入和营业利润。被试根据信息选择大额投资（100 分）或小额投资（10 分）。如果公司盈利，则被试获得的积分是投资额的两倍；如果公司亏损，则被试失去投资的积分。投资决策分为好决策和坏决策，好的决策是向商业成功的公司投资 100 分（大额投资）以获得 200 分，而当公司表现不佳时，只投资 10 分以降低损失。相比之下，坏的决策则是向成功的公司投资 10 分（小额投资），向失败的公司投资 100 分。在做出投资决策前，被试会收到智能代理的建议，他们可以遵从或忽略这些建议。游戏共进行 5 个回合，每个回合包括 8 轮决策，共 40 轮。智能代理的建议包括 30 个好的决定和 10 个坏的决定（准确率为 75%）。在第三回合，智能代理提供了 2 个好的决定和 6 个坏的决定（信任违背）；在其他回合，智能代理在 8 个选项中始终呈现 7 个好的决定和 1 个坏的决定。游戏采用延迟反馈，在每个回合结束时呈现该回合 8 轮的总得分和遵从 AI 建议的决策数量，以及如果该回合所有投资决策都遵从智能代理建议的话，其获得的预期收益额。呈现每个回合的结果后，被试要评估对智能代理的信任度。在第三轮违反信任的情况下，呈现回合结果和评估问卷之间呈现道歉信息。在内部归因的条件下，智能代理对信任违背承担全部责任，类人（类机器）代理的道歉信息是："很抱歉，由于我（算法）的建议，最终回报是××点，投资没有成功。失败是由于我（算法）的局限性造成的。我（算法）的能力有限，因为我（算法）无法获得足够的数据来预测公司的盈利模式。这一回合的结果将会被我（算法）更新，并用于改进我（算法）的建议。"在外部归因条件下，智能代理只承认对信任违背负有部分责任，并将剩余责任归因于外部环境的异常，类人（类机器）代理的道歉信息是"抱歉，由于我（算法）的建议，最终回报是××点，投资没有成功。失败是由异常的商业环境而不是我（算法）的局限性造成的。在我（算法）获得的数据中，无法预测公司的异常盈利模式。这一回合的结果将会被我（算法）更新，并用于改进我（算法）的建议。"研究测量了 2 种信任，一是认知信任，通过对代理的信任程度评分来量化，另一个是行为信任，通过被试对代理建议的遵从来量化。结果发现，在认知信任上，信任违背后，类机器代理—外部归因道歉条件下的信任下降程度小于其他 3 种条件，代理类型没有主效应。在行为信任上，类人代理—内部归因道歉条件下的建议遵从多于类人代理—外部归因道歉条件和类机器代理—内部归因道歉条件，但与类机器代理—外部归因道歉条件没有差异。也就是说，被试更愿意遵从类人—内部归因道歉和类机器—外部归因道歉后的建议。这个研究表明，承认错误的类人代理并不能防止认知信任受损，但可以促进信任修复行为。尽管两类代理都承认自己的错误，但只有类人代理才能让受损的信任修复，让被试恢复对其建议的遵从。这可能是因为类机器代理被认为不太可能改变，而类人代理被认为更可能改变，对代理改变的预期可能促进了信任行为的修复。

这项研究将人际交互中道歉对信任修复的作用扩展到了人智交互。如果违背信任的事件被认为很容易改变，那么承认责任的道歉在修复信任方面比减轻责任的道歉更有效；而如果违背信任的事件被认为难以改变，那么减轻责任的道歉在修复信任方面比承认责任的道歉更有效。该研究表明，当存在拟人化线索时，人们会像对待人一样对待智能代理。当不存在拟人化线索时，人们会赋予机器与人不同的特征，可能会引发对自动化智能技术的偏见，如认为人工智能的算法有局限性、固定而不知变通、不可改变等（Visser et al., 2016）。其他研究也发现，道歉作为社交机器人常用的信任恢复策略，也可以对与工业机器人交互的人产生积极影响：如果工业机器人在做出突然的意外动作之后为这些动作道歉，那么人们会认为机器人不再那么可怕、更容易相处，而且在意外动作发生后会迅速恢复与机器人相处的初始姿势（Fratczak et al., 2021）。

一项研究基于信任博弈开发了一个沉浸式虚拟投资游戏环境（Zörner et al.,

2021）。该研究使用曲面屏投影、入口干冰雾和环绕声音频，通过视觉和听觉感官模式提供高保真模拟环境。在这个游戏中，两个机器人竞争来自人类被试的投资，允许被试在两个机器人和他们自己之间按比例分配（即一个信任者加两个受信者的三人博弈情境）。为增加沉浸感和降低过往投资经验的影响，研究者参照科幻小说的叙事风格，将这个游戏描述为一个太空任务：被试作为一艘宇宙飞船的指挥官，与两名机器人一起，将关键货物运送到遥远的星球；在穿越外太空的过程中，船员们遇到了诸如小行星场和飞船故障等挑战，需要立即干预和合作解决。机器人分别提出解决方案并向被试提供建议，被试可以按比例（总共 7 个）将能量立方体（即投资额）移到它们各自的隔间，以决定偏好的方案。能量立方体对被试来说是有价值的资源，可以为飞船的引擎提供额外的动力，以更快地到达目的地星球。机器人也需要这些能量来执行自己的解决方案，以确保旅途中的安全。这两个机器人的建议使用了难以理解的技术术语，让被试无法从认知层面进行选择，只能根据对机器人的主观印象做出决定。分配的能量立方体即为被试对机器人的信任度测量。为了让被试感受到他们的选择和投资的影响，飞船AI在每一轮结束时给出反馈，解释所采取行动的后果。在经典的信任博弈中，使用货币进行投资和回报。在这个游戏中，投资的是能量，回报则是与游戏进程相关的一个好处：减少任务时间，让被试尽快到达目的地。研究者在机器人引起的游戏进程中加入奖励因素：成功解决一个紧急情况会缩短货物的运送时间，提高游戏水平，并奖励被试，而能量立方体分配不成功则会增加运送时间，表明投资的失败，与经典的信任博弈类似。该实验使用儿童大小的类人机器人NICO，具有一系列可编程的类人感觉、运动能力和社交互动能力。它的躯干（头部和手臂）有 10 个自由度，手有 22 个自由度，允许精细的手势和肢体语言，可以通过眉毛和嘴巴中的LED矩阵显示一系列可编程的面部表情。研究者使一个机器人具有丰富的非语言线索，另一个机器人则较为简单。复杂的线索包括：注视被试和另一个机器人、表现出 4 种不同的面部表情（快乐、悲伤、惊讶、愤怒），以及向被试做出指向、敬礼或拍打等手势。另一个机器人只有少量的中性运动，包括俯视分配的能量立方体、将头转向扬声器等。游戏共包括 4 个场景（场景 1：导航系统故障。场景 2：小行星干扰。场景 3：进入大气层。场景 4：冷却系统泄漏），相当于被试需完成 4 次信任决策，并在场景 1—4 中分别得到中性、负面、正面、正面的反馈。实验结果发现，这个游戏可以有效地测量人对机器人的信任，表现为被试在游戏中对机器人的投资行为与游戏结束后的主观信任测量呈中等程度的相关。此外，机器人的非语言交流对被试的信任有显著影响，被试给表现出非语言交流的机器人更多的能量分配。

这个研究提供了一个精心设计的人智交互场景和背景故事，比经典的信任博弈更能够以接近人际关系的方式模拟信任的建立。经典的信任博弈使用金钱作为投资和回报的载体，而金钱对于机器人是没有意义的。该游戏设置包括社交互动、非语言交流、共同目标和内在动机等因素，从而使被试能够比普通信任博弈更真实地与机器人合作，并可靠地衡量信任。未来的研究可以使用类似的设置作为一个平台，以更贴近现实生活的方式研究影响人智信任（包括人际信任）的其他潜在因素。

7.9.2.2　神经机制

拥有类似真人面孔的虚拟人越来越多地用于网络互动。在匿名网络环境中，基于虚拟形象的信任与人与人之间的信任相似吗？里德尔等人（Riedl et al., 2014）进行了多轮重复信任博弈的功能磁共振成像实验，以了解人与虚拟角色互动的异同。结果发现:（1）人们对真人可信度的预测能力高于对虚拟形象可信度的预测能力。（2）相比于与虚拟角色互动，与真人互动时，是否信任另一个人的决策更能激活内侧额叶皮层（包括背内侧前额叶、腹内侧前额叶和前扣带回），这些大脑区域对于预测他人的想法和意图（心智化）至关重要。（3）无论是与真人互动还是与虚拟形象互动，对对方可信度的学习都是相似的。该研究表明，人际信任决策和人智信任决策有所不同，其差异主要表现为，人际决策比人智决策涉及更多对对方意图的推测。

7.9.3　互惠

《诗经·国风·卫风·木瓜》:“投我以木瓜，报之以琼琚。匪报也，永以为好也。投我以木桃，报之以琼瑶。匪报也，永以为好也。投我以木李，报之以琼玖。匪报也，永以为好也。”

不管是投瓜报玉，还是投桃报李，都反映了人们所尊崇的一个质朴规则: 得人恩惠，思偿之。这里体现的是直接互惠（Direct Reciprocity）的思想: 回报对自己有恩的人（例如，A帮助过B，B帮助A）。还有一种间接互惠（Indirect Reciprocity）的思想，即帮助那些之前帮助过其他人的人，可分为上游式（例如，A帮助过B，B帮助C）间接互惠和下游式（例如，C帮助A，因为A帮助过B）间接互惠（Nowak & Sigmund, 2005）。直接互惠和间接互惠是促进人类合作行为的主要机制。之后，费尔（Fehr）和加赫特（Gächter）（1998）将互惠从积极反应领域扩展到了消极反应领域，提出了一个更完整的互惠定义: 互惠意味着对善意的行为报以善意的回馈，而对恶意的行为施以负面的回馈。即互惠是投桃报李和以牙还牙的结合。

早期基于计算机的研究发现，人们对计算机会表现出互惠行为：更愿意花时间帮助曾经为自己提供信息的计算机（Fogg & Nass, 1997）。进入人工智能时代后，人们对机器人也会表现出互惠行为吗？

采用重复囚徒困境博弈和最后通牒博弈，桑多瓦尔等人（Sandoval et al., 2016）考察了人对机器人的互惠行为。实验采用2（对手：人/机器人NAO）×2（博弈策略：针锋相对策略/随机策略）的混合设计，其中对手是被试间因素，博弈策略是被试内因素。研究使用了两个博弈环节，在10轮囚徒困境博弈后，进行一轮最后通牒博弈。在囚徒困境博弈中，被试根据对手上一轮决策的行为作为互惠的指标，即对手上一轮选择合作后被试本轮选择合作、对手上一轮选择背叛后被试本轮选择背叛的次数。结果发现，被试的互惠在与人博弈和与机器人博弈上没有差异，但与机器人博弈时的合作行为少于与人博弈时的合作行为；被试给予人更多的公平提议，给予机器人更多不公平的提议。从这些结果可以看出，人们对人表现出更多的合作行为和公平分配，但给予人和机器人几乎同等程度的互惠。

人与机器人之间的互惠是必要的。如果机器人出现了一些问题，而用户不在意，这将会影响机器人的正常功能，进而影响用户的使用体验。在人机协作的情境下，人与机器人尤其需要更为互惠的行为。

7.9.4 不公平厌恶

最后通牒博弈中提议者的决策行为通常反映出人们的策略性公平偏好。与独裁者博弈相比，提议者提出公平分配方案除了表面上的公平考虑之外，还有可能是因为害怕反应者拒绝而导致颗粒无收。反应者对不公平分配方案的拒绝（宁愿自己收益为零）则体现了不公平厌恶（Inequity Aversion）。这种厌恶不仅体现在劣势不公平（自己比别人拿得少），也表现于优势不公平（自己比别人拿得多）。前者诱发嫉妒，后者诱发内疚。费尔（Fehr）和施密特（Schmidt）（1999）提出了一个如今广为人知的经济模型：不公平厌恶模型。这个模型背后的理念是，人们厌恶不公平，也就是说，人们不喜欢别人比他们拿得多（嫉妒），也不喜欢他们比别人拿得多（内疚），其中劣势不公平带来的痛苦大于优势不公平。假设一个情境下有n个玩家，由$i \in \{1,\cdots,n\}$来表示，以$x = x_1, \cdots, x_n$来表示金钱收益量，则玩家$i \in \{1,\cdots,n\}$的效用函数为：

$$U_i(x) = x_i - a_i \frac{1}{n-1} \sum_{j \neq i} \max\{x_j - x_i, 0\} - \beta_i \frac{1}{n-1} \sum_{j \neq i} \max\{x_i - x_j, 0\},$$

这里假设$\beta_i \leq \alpha_i$且$0 \leq \beta_i$。在两个玩家的情境下，公式则简化为：

$$U_i(x)=x_i-a_i\max\{x_j-x_i,0\}-\beta_i\max\{x_i-x_j,0\},i\neq j$$

参数 α 表示对劣势不公平的厌恶（嫉妒），而参数 β 表示对优势不公平的厌恶（内疚）。这个效用函数成功地模拟了人们在许多经济环境中的行为，包括最后通牒博弈和独裁者博弈等（Gao et al., 2018）。

这种不公平厌恶是否也体现在人智交互中呢？为了研究人们在人智交互中的内疚和嫉妒体验，德梅洛等人（De Melo et al., 2016）进行了两个实验，让被试与机器和人类同伴进行经典的决策游戏。实验 1 采用公共物品博弈的被试间设计，被试与人类同伴或计算机玩二人公共物品游戏。每位玩家有 20 张彩票作为初始值。被试与每位对家进行 8 轮游戏。每个玩家可以向公共池捐赠 0 到 20 张彩票，然后公共池中的彩票数乘以 1.5，再由两名玩家平分。人类同伴被描述为“其他被试”，而计算机同伴则是“像真人一样做出决策的软件程序”。实际上，两个条件使用相同的计算机脚本。结果发现，人类同伴条件下被试分享的数量更多，人们对人类的内疚感比计算机条件下更强烈，但人类和计算机条件之间的嫉妒体验没有差异。实验 2 采用最后通牒博弈和独裁者博弈。其中，最后通牒博弈采用策略方式，即被试针对每一种可能的选项进行选择，而不是与对家配对进行实时选择。在独裁者博弈中，被试连续做出 21 个决定，每个决定包括两个选项，一个选项是保留全部 20 张彩票，即（20，0），另一个选项是二人平分，即（0，0），（1，1），…，（20，20）。根据费尔（Fehr）和施密特（Schmidt）（1999）的不公平厌恶模型进行数据拟合。

以最后通牒博弈的结果计算嫉妒参数 α 。假设反应者 k 能接受的最低提议是 r'_k，而 r'_k-1 是反应者拒绝的最高提议，则反应者在接受 $r_k\in[r'_k-1,\ r'_k]$ 和拒绝提议得 0 之间保持中立，因游戏的总额为 20，则 U_i（r_k，$20-r_k$）$=r_k-\alpha_i$（$20-r_k-r_k$）$=0$。因而，对于嫉妒参数的估计按照如下公式：

$$\alpha_k=\frac{r_k}{2(10-r_k)}$$

根据反应者从拒绝转到接受提议的点，设 $r_k=r'_k-0.5$。假设一个被试接受的最低提议为 15/5（即对方得 15，自己得 5），即 $r'_k=5$，16/4 就是反应者拒绝的最高提议，那么其嫉妒参数 $\alpha_k=\frac{r'_k-0.5}{2(10-r'_k-0.5)}=\frac{5-0.5}{2\times(10-5-0.5)}=0.5$。另一个被试接受的最低提议为 12/8，那么其嫉妒参数 $\alpha_k=1.5$，比前一个被试更厌恶劣势不公平。

根据修改后的独裁者博弈中的决策计算内疚参数 β。找到被试选择平均分配的选项（x_k, x_k），即被试在保留全部的彩票数量（20, 0）和平分选项（x_k, x_k）之间是中立的。假设一个被试在（x'_k, x'_k）选项上开始选择平分的方案，即他（她）在（20, 0）和（x'_k-1, x'_k-1）之间倾向于独吞，而在（20, 0）和（x'_k, x'_k）之间倾向于选择后者。也就是说，当$\tilde{x}_k \in [x'_k-1, x'_k-1]$且$\tilde{x}_k \in \{1,\cdots,20\}$，被试在（20, 0）和（$\tilde{x}_k, \tilde{x}_k$）之间是中立的，即当$20-20\beta_k=\tilde{x}_k$时，$U_i(20, 2)=U_i(\tilde{x}_k, \tilde{x}_k)$，则得到：

$$\beta_k = 1 - \frac{\tilde{x}_k}{20}$$

根据独裁者从选择（20, 0）转到选择平分方案的点，设$\tilde{x}_k=x'_k-0.5$。若被试在全部 21 个决策中都选择（20, 0），则设$\tilde{x}_k=21$，内疚参数$\beta_k=-0.05$。假设一个被试在（20, 0）和（15, 15）之间选择（15, 15），而在（20, 0）和（14, 14）之间选择（20, 0），即$x'_k=15$，$\tilde{x}_k=15-0.5=14.5$，那么其内疚参数$\beta_k=1-\frac{14.5}{20}=0.275$。若另一个被试在（20, 0）和（12, 12）之间选择（12, 12），那么其内疚参数$\beta_k=0.425$，比前一个被试更厌恶优势不公平。

该研究结果发现，作为提议者，人类同伴条件下的提议额多于计算机条件；作为反应者，人类和计算机条件下的决策转换点没有差异；作为独裁者，计算机条件下切换到平均分配的时间晚于人类条件。此外，人类和计算机条件下的嫉妒参数α没有差异，但在人类条件下，内疚参数β比计算机条件下更高。

这个研究表明，人们在区分人类和计算机时，更愿意与人类共享公共利益。作者认为，这个结果并不是因为人们觉得机器获得彩票没有意义，而是即使在计算机条件下，被试也没有按照自我利益最大化的策略进行决策，对机器也表现出一定的社会关注。与机器相比，人们更容易对人类感到内疚。因此，这种机制为自利行为带来了情感代价。然而，如果人们在与机器打交道时体验到更少的内疚感，那么他们很可能会更乐于利用机器，正如前面的攻击行为所反映的。对机器降低的内疚感可能是因为人们认为机器没有情绪体验。如果与有情绪表达能力的机器人进行交互，结果可能会有较大的不同，如亲社会行为一节所揭示的。

使用最后通牒博弈，斯维德尔斯卡等人（Swiderska et al., 2019）考察了计算机生成的人工面孔和计算机主机（机箱照片）在提出公平和不公平分配方案时，被试的决策行为和生理反应变化。结果发现，在行为层面上，几乎所有公平和最不公平的提议都被接受，接受率随着提议的不公平程度增加而下降，并且随着对方的类人化外表而变化。与高度类人化的计算机代理相比，来自非类人化的普通计算机的不公平提议更容易被接受，但被试似乎并不将不公平的提议视为违反规范的行为。在生理反应上，相对于计算机主机，人工面孔提出的不公平提议（9 比 1 的分配方案）

诱发了更大的与厌恶情绪相关的肌肉变化，但整体上被试的情绪卷入较少。这项研究仅对比了人工面孔和计算机两个条件下的差异，没有将人人博弈考虑在内，因此并不清楚人工面孔所诱发的反应是否与真人交互一样。

类似地，德克莱恩等人（de Kleijn et al., 2019）考察了不同类型机器人对人机公平偏好的影响。该研究使用独裁者博弈和最后通牒博弈，被试作为提议者，接受者包括4种类型：一台普通的戴尔笔记本电脑、一个类似蜘蛛的Hermes二代六足机器人Hexapod（IS Robotics）、一个半类人机器人Q.bo（头部有两个自由度和两只大眼睛）、女性真人（实验助手）。被试和4个对家之一面对面地在一个房间里玩游戏。结果发现，对家类型对独裁者博弈行为有显著影响，但对最后通牒博弈的提议行为没有影响。在独裁者博弈中，给予真人的金额大于类人机器人。对家的类人化和最后通牒博弈行为有显著的线性化趋势。研究者训练了一个随机森林模型，其中50棵树是关于拟人化问卷的单个题目和最后通牒博弈行为的。“对家雄心勃勃”“对家有目标”“对家懂语言”对随机森林输出的影响最大。这些结果表明，虽然对家类型不影响最后通牒博弈行为，但被试对对家的拟人化评价却会影响最后通牒博弈行为。研究认为，对家的拟人化程度越高，越可能给出更公平的提议。在独裁者博弈中，半类人机器人得到的钱最少，这可能与恐怖谷效应有关。该研究使用的是一次性博弈，被试与对家的互动有限。使用不同赌注的重复博弈可以提供更稳定的行为模式。

以上研究均分析了成年人与人工智能交互时的行为，另一些研究则探讨了学前儿童与机器人玩最后通牒博弈的行为（Di Dio et al., 2020）。该研究让儿童与另一个儿童或机器人一起玩分贴纸的游戏。儿童1轮作为提议者，5轮作为反应者（每轮对应一种特定类型的提议：5比5到9比1）。游戏结束后，询问儿童提出某个提议（作为提议者）或接受/拒绝某个提议（作为反应者）的原因。对儿童将心理和物理属性赋予交互代理的评估表明，儿童将机器人视为与人类不同的实体。然而，最后通牒博弈的结果显示，孩子们对机器人的表现与跟其他儿童博弈无异，平均分给另一个儿童3.71张贴纸，分给机器人3.55张贴纸，接受机器人的公平提议（90%），拒绝机器人的不公平提议（52%）。对儿童决策理由的分析发现，孩子们倾向于认为完全相等的5比5才“公平”。该研究表明，5—6岁的儿童对机器人和对其他儿童的公平行为没有差异。一个有意思的问题是，儿童对有生命（如动物）或没有生命（如画着眼睛的杯子或玩偶等）的其他实体是否也有类似的模式呢？目前答案还不得而知。

基于沉浸式虚拟现实场景，最近一项研究探讨了社会地位和个人态度对人智交互中不公平厌恶的影响（Świdrak et al., 2020）。该实验采用 2（接触/不接触）×2（社会地位高/低）×2（文化：加泰罗尼亚/波兰）混合设计，前两个为被试内因素，最后一个为被试间因素。在接触条件下，具身代理（Embodied Agent）微妙地向前倾向被试，并短暂地触碰他的左臂。在非接触条件下，具身代理以自然的方式无所事事地坐着。具身代理的社会地位由其服饰、职业和名字来操纵，高地位的具身代理穿着优雅的深色西装和领带，职业是建筑师；低地位的具身代理是一个泥瓦匠，穿着印有部落图案的彩色背心、休闲短裤、棒球帽和塑料太阳镜。被试与具身代理进行 18 轮最后通牒游戏，一半的试次作为提议者提出分配方案，具身代理接受公平提议，拒绝低于 35 个硬币的提议（总额 100）；另一半试次作为反应者，对具身代理的提议进行反应，具身代理的提议分为慷慨（给被试 46 至 52 枚硬币）、公平（给被试 38 至 45 枚硬币）或不公平（给被试 25 至 35 枚硬币）。结果发现，作为提议者，被试会做出相当公平的报价（被试：具身代理=60：40），可能是因为害怕被拒绝而受到惩罚，而对代理提议的接受率相对较低。在被接触后，对代理提议的接受率增加了 20%。此外，在接触条件下，加泰罗尼亚男性对不公平提议的接受率低于波兰男性，而对慷慨报价的接受率高于波兰男性，且接受率与代理的社会地位无关。被触碰后，更看重社会地位的波兰男性更不愿意接受代理的提议。研究还发现，恐同态度和群体之间存在显著的交互作用。在恐同倾向更低的加泰罗尼亚组，偏见越强的被试越不愿意接受代理的提议，而恐同倾向较高的波兰人却相反：偏见越强，越倾向于接受代理的提议。这项研究采用高度逼真的虚拟现实环境，验证了人对具身代理的不公平厌恶行为受接触效应的影响，接触后的不公平厌恶行为下降。

沉浸式虚拟现实的应用数量迅速增长，正如近期流行的元宇宙概念。作为研究社会性决策的一种新型媒介，其作用尚未得到充分发挥。虚拟现实环境具有现实环境所不具备的优势，包括实验因素的易操作性、多人交互模式的实现以及群体决策等。人类社会的情感和行为是否会直接复制到虚拟现实环境中？当人们将更多的时间和精力投入虚拟世界后，这对其现实生活的影响有哪些？虚拟生活可以取代现实生活吗？这些问题都有待进一步研究和探索。

7.9.5 利他

为了考察人类与机器人动作同步性对利他决策行为的影响，海宁等人（Heijnen et al., 2019）让被试先与机器人完成同步（跟随和复制动作）或非同步活动（动作不能相同或相反），然后完成联合西蒙任务和独裁者博弈。对于一半的被试，动作由机器人发起，被试跟随；对于另一半的被试，动作由被试自己发起（以不同的速度和程度将头部向左或向右移动），机器人追随。在独裁者博弈中，研究者给予被试一定的金额（2 欧元、5 欧元、8 欧元、10 欧元或 20 欧元随机），由被试决定愿意给机器人多少钱。被试最后完成一份特质拟人化问卷，以测量其拟人化倾向。结果发现，同步性和动作发起方对分配金额没有影响，但分配额与拟人化倾向呈正相关。被试越是拟人化机器人，他们给予机器人的金额就越多，这证实了拟人化对人智交互的积极影响。

随后的研究探讨了虚拟角色的表情和眨眼对利他行为的影响（Takagi & Terada, 2021）。实验采用 2（面部表情：静态/变化）×2（眨眼：有/无）的被试间设计，让被试（N=100）与化身玩一个假设的独裁者游戏，即被试获得了 1000 日元的意外之财，然后向因交通事故而成为孤儿的儿童捐款。研究者创建了一个日本动漫风格的大眼睛女性化身角色和带有滑动条的计算机界面（见图 7–6）。用户可以移动滑块，化身的面部表情和捐赠量根据滑块的位置而变化。如果滑动条移到最左端，则数量为 0，化身的表情为悲伤；如果滑动条移到最右端，则数量为最大值 1000 日

（A）

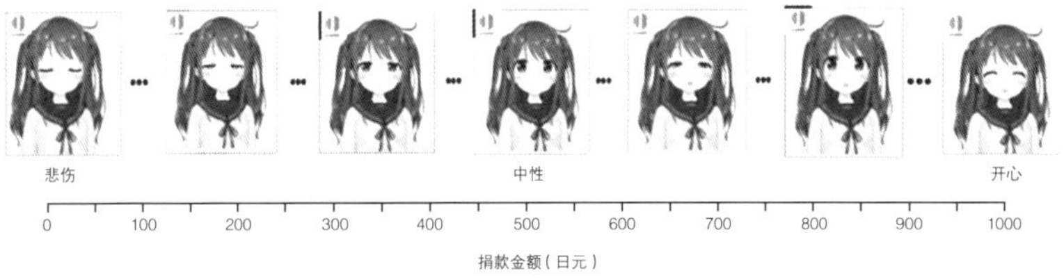

（B）

图 7–6　高木（Takagi）和寺田（Terada）（2021）研究中的用户界面和化身面部表情变化。（A）用户界面，（B）面部表情变化

元，化身的表情为开心；滑动条处于中间位置，数量为 500 日元，化身表情为中性。捐赠金额以 50 日元（最小单位）的增量变化，面部表情分为 21 个不同的层次，以相等的间隔将滑块的位置分成 20 段。面部表情由眼睛、眉毛和嘴巴的参数创建为静止图像文件（不眨眼）或动画文件（眨眼）。在眨眼条件下，眨眼频率设置为快乐时平均每分钟眨眼 3 次，悲伤时每分钟眨眼 24 次。

结果发现，在面部表情变化条件下的捐赠额高于静态条件，但眨眼没有显著影响，且眨眼和面部表情之间也没有交互作用。在不同条件下，对化身的拟人性、生命感、可爱度、安全感和智能感知评分没有显著差异。然而，生命感评分可以显著预测捐赠额，即对化身的生命感评分越高（觉得对方是活的），给化身的捐赠就越多。该研究使用了假设的独裁者博弈，即没有真正的金钱交换。如果使用真正的资金，结果可能会有所不同（被试的心理卷入程度不一样）。该研究提示，无论虚拟角色的外观如何，情绪表达都是一种有效的社交线索，而眨眼则不是必需的特征。

7.10 文化差异

机器人的生产和销售在全球范围内大幅增长。然而，机器人制造商通常为不同文化背景的用户提供相同的机器人产品，而不会根据销售的国家或地区改变产品的设计或外观。本书第 7.1 节的道德机器研究揭示了在机器人期望上的文化差异。除了道德判断，不同文化背景下，用户对机器人的感知和反应可能也存在较大差异，这不仅仅与机器人外观上的种族或性别特征有关（见本书章节 7.2.3 和 7.2.4）。因此，充分考虑用户的文化背景多样性对于机器人产品的设计和开发来说非常重要。

心理学的分支之一文化心理学主要研究不同文化背景下人们的心理差异，包括感知、情绪表达、思维推理、学习模式等。这个领域的里程碑之作是霍夫施泰德（Hofstede）的著作《文化的后果：价值、行为、体制和组织的跨国比较》。基于对大型跨国公司IBM员工工作价值观的分析，该数据库收录了 50 多个国家 116000 名员工的问卷调查数据。霍夫施泰德提出了不同国家文化差异的 5 个维度（Hofstede, 1980）：权力距离（Power Distance，指组织机构中处于弱势地位的成员对权力分布不平等的接受程度和预期程度）、不确定性回避（Uncertainty Avoidance，指文化使其成员在新奇未知的环境中感到舒适或不舒适的程度）、个人主义对集体主义（Individualism vs Collectivism，指个体保持个人独立或融入群体的程度）、男性化对女性化（Masculinity vs Femininity，指社会中占主导地位的价值观具有阳刚气的程度：果敢、追求进步、成功和金钱等）、长期取向对短期取向（Long vs Short-term Orientation，指成员对延迟满足物质、情感、社会需求等的接受程度）。霍夫施泰德的工作为跨文化研究提供了若干来自实证数据的自变量，用于解释不同因变量中的文化差异。其中一个影响最大的自变量是个体主义对集体主义。例如，邦德（Bond）与史密斯（Smith）（1996）使用阿希范式对从众的文化差异进行了元分析，发现霍夫施泰德的个体主义分数与从众性呈负相关。另外还有研究发现了集体主义的基因学相关：中枢神经递质系统基因的多态性，尤其是对社会事件敏感的5-羟色胺（5-HTTLPR, MAOA-uVNTR）和阿片类物质（OPRM1 A118G）的敏感等位基因，在集体主义文化下的人群中所占比例更高，即分布更广（Way & Lieberman, 2010）。

与个体主义对集体主义变量密切相关的是相互独立对相互依存的社会取向。相互独立取向的文化往往强调以自我为导向、自主和自我表达。相互依存取向的文化则强调人与人之间的和谐、关联和互动。独立取向的文化倾向于将自我视为有边界的、与他人相分离的存在，而相互依存取向的文化倾向于将自我视为与他人相互关联、包含重要关系的存在（Markus & Kitayama, 1991）。

除了霍夫斯泰德提出的5个维度之外，后续研究还发现了情感表达和思维方式上的文化差异。例如，一些文化偏好分析式思维（包括基于规则的分类、视觉和注意的局部加工、归因强调个体因素、使用形式逻辑推理等），而另一些文化则呈现出整体性思维的模式（包括基于相似性的对象分类、视觉和注意的整体加工、归因强调情境因素、使用辩证推理等）（Varnum et al., 2010）。

文化影响人们与智能体互动的各个方面。因此，有研究者提出了文化自适应智能代理的概念，强调智能自适应代理的设计应考虑用户的文化背景和文化差异（O'Neill-Brown, 1997）。要设计具有文化适应性的智能体，需要了解不同文化背景下的人们对机器人的感知和反应存在的差异。

清华大学工业工程系的一项研究比较了文化、机器人外观和互动任务场景对人类对机器人的主观态度的影响（Li et al., 2010）。该研究采用3（文化：中国/韩国/德国）×3（机器人外观：类人/类动物/类机械）×4（任务场景：教学/导游/娱乐/保安）的混合设计，其中文化和机器人外观是被试间因素，任务场景是被试内因素。实验使用乐高Mindstorms NXT机器人，设计了3种机器人外观（见图7–7）。对于类人机器人，研究者设计了可识别的眼睛、头部、手臂和腿。对于类动物机器人，使用了驴子玩偶覆盖乐高部分。对于类机械机器人，消除了任何可识别的人体部件，并组装了轮子来支撑机器人。

图 7–7　清华大学研究中使用的类人（左）、类动物（中）、类机械（右）机器人外观（Li et al., 2010）

每个被试在 5 个场景中与机器人互动。在每个场景中，他们需根据机器人的指令回答问题、说特定的话或执行特定的活动。在教学任务中，机器人首先担任英语老师，要求被试完成英语测试并重复一些英语短语，然后担任体育老师，要求被试做一些体操动作。在导游任务中，机器人先介绍哥白尼的故居，然后让被试回答一些与介绍有关的问题。在娱乐任务中，机器人讲了两个笑话，为被试播放音乐，并询问是否继续互动。在保安任务中，机器人介绍了它的详细功能，并检查了被试的学生证。每个任务都由机器人发起交互。机器人的反应采用“绿野仙踪”的方法，看起来像是机器人在自主操作，实际上由一名坐在屏幕后面的实验者操作。

每个任务结束后，被试都需要评定在人机交互中的积极回应程度、机器人的可爱度、对交互的参与度、对机器人的信任、对互动过程的满意度和总体印象。结果发现，来自中国、韩国和德国的被试在可爱度、参与度、信任度和满意度 4 个量表上存在显著差异。德国被试的评分显著低于中国被试和韩国被试，韩国被试的信任得分显著低于中国被试，德国被试在 4 个量表中的得分最低。机器人的外观仅影响可爱度评分，表现为类动物机器人的可爱度评分显著高于类机械机器人。而任务会影响被试的积极反应和参与度，表现为被试在社交卷入较高的任务中（如教学、导游和娱乐）的积极反应高于社交卷入较低的任务（如保安），并且在教学任务中的参与度显著高于其他 3 项任务。文化与任务的交互作用对参与度有显著影响，中国被试和韩国被试在 4 项任务上的参与度差异均小于德国被试。对于这个交互效应，作者采用了霍夫施泰德文化差异维度中的高低语境来解释：德国文化是典型的低语境文化，即高度依赖直接的口语信息，而中国和韩国文化是高语境文化，即人们在互动过程中更多地受到语境信息和肢体语言的影响。在这个实验中，任务主要是通过机器人的话语来区分的，没有上下文背景或肢体语言的变化。因此，与德国被试相比，中国被试和韩国被试的参与度受到的影响较小。也就是说，高语境文化下的中韩被试对社交性和非社交性低语境任务（不依赖于语境信息）的参与度变化较小，而低语境文化下的德国被试对低语境任务的社交性更敏感，表现出对非社交性低语境任务的参与度急剧下降。

对于主观评价中表现出的文化差异，作者认为这可能与个体主义和集体主义有关。中国和韩国文化属于高度集体主义，并具有中等程度的男性化倾向，而德国文化则属于高度个人主义，并具有高度男性化倾向。来自集体主义文化的人更容易受到与他们交流的人的影响，并倾向于接受他人的建议，因此在人机互动中有更大的参与度，对机器人也有更高的信任度。此外，男性化文化更喜欢大而快的机器人，而女性化文化则持相反的观点。这可能导致中国和韩国的被试对实验中使用的小型、缓慢的社交机器人有更高的喜爱度和满意度。

清华大学的这项研究基于实际的人机交互，证实了用户体验的文化差异。布罗尔等人（Bröhl et al., 2019）比较了中、日、德、美四国民众在机器人接受度模型上的变量预测性差异，分析了各变量相关系数的相对高低。该研究收集了来自四个国家的1326名制造业工作者的数据。在线问卷的评定项目涉及个性变量（包括技术自我效能感、机器人焦虑、外部控制感、技术亲和性）、调节变量（包括感受到的快乐、社会影响、法律影响、数据保护、伦理影响、安全感知）和结果变量（包括感知到的有用性、感知到的易用性）以及其他变量（包括使用意向、使用行为、主观规范、形象、工作相关性、输出质量、结果可视化等）。问卷包括两种机器人条件，一种是主动型机器人，即由机器人来完成主要工作；另一种是被动型机器人，即机器人辅助人类工作。结果发现，对于有用性感知，模型中最重要的预测因素是工作相关性，其次是主观规范。易用性感知受技术自我效能感、机器人焦虑和外部控制感变量的影响，并与技术亲和性呈负相关。关于调节变量，快乐感、安全感知和职业安全感是易用性感知的最佳预测因子。研究还发现了中、日、德、美四国间的文化差异，主要表现在工作相关性、技术亲和性、快乐感、社会影响、数据保护和伦理影响等变量上。对于中国用户，快乐感与易用性感知之间的相关系数最大，其次是输出质量与有用性感知之间的相关系数。在社会影响变量上，德国的相关系数高于美国和日本，可能是因为日本对因机器人导致与同事失去联结的恐惧比其他国家小。德国的数据保护和易用性感知之间的相关系数小于中国。日本在伦理影响和易用性感知之间的相关系数小于中国。作者认为，这可能是因为日本的自动化水平已经很高，而自动化的积极影响可能使人们对机器人导致失业的恐惧程度较低。与整体模型相比，中国在形象和数据保护变量上的相关系数明显较高，而工作相关性和技术自我效能变量上的相关系数显著较低。技术亲和性的相关系数不同于其他3种文化，可能是因为带有各种应用程序的智能手机等技术在中国人日常生活中的普及，使得技术亲和性明显较高。该研究所发现的4个国家之间的差异，无法用霍夫施泰德的文化差异维度来解释，因为这4个国家之间的差异不能被简单地二分为东方文化或西方文化，也不能用个人主义和集体主义的维度来区分。例如，中国和日本都属于东方集体主义文化，但两国在许多变量的相关系数上均有差异。影响机器人接受度的预测变量在各个国家表现出不同的模式，这可能与国家的自动化技术普及水平、自动化技术给社会带来的积极影响、智能技术在日常生活中的传播和使用等因素有关。清华大学工业工程系的一项研究对比了中国和德国对机器人的建议采纳，发现相对于西方国家，中国被试对机器人的态度更积极，更愿意采纳机器人提供的建议（Rau et al., 2009）。

中国有一个网络流行语叫“歪头杀”，指的是一个人歪头的动作让人觉得很可爱、很萌。一项由中国澳门旅游研究所旅游学院和奥地利应用科学大学旅游管理与创新系合作的研究探讨了“歪头杀”在人机交互中的影响力及其文化差异（Yu & Ngan, 2019）。该研究采用2（工作人员：机器人/人类）×3（头部倾斜：左倾斜/右倾斜/直立）被试间设计，再加上被试自身的两个因素：性别和文化差异维度中的权力距离高或低。向被试描述一个简单的服务场景（如“假设你正与一个酒店前台打交道”），在场景中呈现一个前台的照片（6种条件中的一种）。其中人类工作人员的照片来自一个大型综合度假村的专业前台代表，机器人照片来自亨纳酒店的类人服务机器人。被试对这个前台进行人际热情和客户满意度评价，其中人际热情包括5个题目（如“你认为这个机器人/人类工作人员会有多大帮助？”），顾客满意度包括4个题目（如“我对机器人/人类工作人员的服务感到非常满意”）。被试的权力距离包括5个题目（如“职位高的人应在不征求职位低的人的意见的情况下做出大部分决定”）。结果发现，不同性别和文化取向的被试在接受歪头的机器人和人类服务时，对他们的体验是不同的：低权力距离的男性被试对向右倾斜的人类工作人员人际热情的评价显著高于同样歪头的机器人，而低权力距离的女性被试对向右倾斜的人类工作人员的顾客满意度显著低于同样歪头的机器人。该研究表明，人的歪头动作可以增加对其热情的感知，但机器人的歪头没有这个效果。

需要指出的是，该研究的被试来自35个国家和地区。研究对文化差异的测量不是基于国家或地区，而是基于权力距离的量表题目，因此测量的是个体维度的文化差异，而不是群体维度的文化差异。

7.11　个体差异

前面讨论了人格相似性和互补性，以及机器人人格化对人智交互体验的影响。这些研究多采用人格的大五模型，即外倾性、宜人性、情绪稳定性、尽责性和对经验的开放性这 5 个维度。其中，外倾性维度是研究最多的。除了大五人格模型之外，还有一些研究考察了其他特质上的个体差异与人智交互的关联。

7.11.1　艾森克人格三因素

艾森克对人格的看法是，人格并不是离散式分布的，而是在某一维度上存在连续的个体差异，即不将人格视为分类变量，而是作为维度变量，不对人进行类别区分，而是关注相对位置。艾森克提出了三因素的人格模型，分别是外向性（E）、神经质（N）和精神质（P）。其中，外向性与内向性因素与一个人的社交程度有关，神经质与情绪稳定性、个体对环境的适应以及行为的稳定性有关，精神质则与对现实的扭曲以及无法区分现实和幻想有关。

基于艾森克人格三因素模型，伍兹等人（Woods et al., 2007）考察了人们是否会将自己的个性特征赋予机器人。该研究让被试与机器人PeopleBot在模拟客厅中完成协商空间任务和协助任务。协商空间任务指的是机器人在房间里走动，而被试需要处理桌子上的一堆书，每次记住一个书名，然后写在白板上。协助任务是指被试需将白板上的书名复制到一张纸上，并用红色荧光笔在特定的字母下面画线。机器人负责将丢失的红色荧光笔拿到桌子上。机器人的反应采用“绿野仙踪”的方式，由实验者进行控制。任务结束后，被试完成对自己和对机器人的人格评估（使用艾森克人格问卷）。结果发现，大多数被试评定机器人不善于社交、自信、相当活跃、不焦虑、放松、缺乏创造力、不寻求刺激、不占主导地位、不好斗、不冲动；与机器人相比，被试认为自己更善于社交、更害羞、更脆弱、更焦虑、更紧张、更具创造性、更追求刺激、更具支配性、更具攻击性、更冲动、更自主。研究还发现，被试的技术经验水平与对机器人的个性评定有关。对于没有技术背景的被试，他们自己的特质评分与对机器人的特质评分之间没有显著相关，而对于有技术背景的被试，他们自己的个性评分和对机器人的个性评分之间有一定的相关性。有技术背景的被试对自己的焦虑和攻击性评分越高，他们对机器人的个性评分也越高；对自己羞怯程度评分越高，对机器人的个性评分越低。该研究结果表明，被试不倾向于认为自己与机器人的性格类似，不认为机器人具有强大或可识别的个性。这一结果也可能表明，被试并不认为机器人是一个具有个性的“社会实体”。

这个研究让被试在与机器人实际互动后进行人格评估。一方面，这具有较高的现实互动性；另一方面，个性评估的结果也受到机器人执行任务类型的影响。该研究采用的两个互动任务中，机器人的反应被动且简单，无法展现出机器人的丰富个性。毕竟这是一项较为早期的研究，机器人的社交性能还没有得到很好的发展。此外，需要指出的是，该研究的样本量偏低（N=26），进一步限制了研究结论的推广性。

7.11.2 依恋类型

人与机器人的互动行为与人自身的特质有关。其中一个与人际交往有关的特质维度是依恋类型（见本书章节 7.4）。巴塞洛缪（Bartholomew）和霍罗威茨（Horowitz）（1991）提出，根据一个人对自我的抽象形象的积极或消极信念（自我是否值得被爱和支持），以及对他人的抽象形象的积极或消极信念（认为他人值得信任和可靠、不值得信任和拒绝），可以概念化为 4 种组合（见图 7–8），每个组合代表一种模式或原型。

		自我模型（依赖性）	
		积极（低）	消极（高）
他人模型（回避性）	积极（低）	安全型（亲密而自主）	矛盾型（对关系忧心忡忡）
	消极（高）	疏离型（疏远和反依赖）	恐惧—回避型（害怕亲密而回避）

图7–8 巴塞洛缪（Bartholomew）和霍罗威茨（Horowitz）（1991）提出的依恋类型

人与人之间的依恋类型也可能会影响人与智能体的交互。例如，波扎尔列夫等人（Pozharliev et al., 2021）考察了用户的依恋类型如何影响他们在酒店环境中对服务机器人的自动情绪反应。实验采用被试间设计（服务代理：人或机器人），在虚拟现实（VR）环境中（虚拟酒店前台），一半的被试与男性人类服务员交互，另一半与具有男性人类声音的类人机器人交互（见图 7–9）。交互内容为办理酒店入住手续和咨询该地区的风味餐厅推荐。在交互过程中记录被试的生物信号，从被试非支配手的拇指记录血容量脉冲信号。根据脉冲间隔识别呼吸窦性心律异常，得到心率变异性指标（与积极的生理愉悦感有关）。

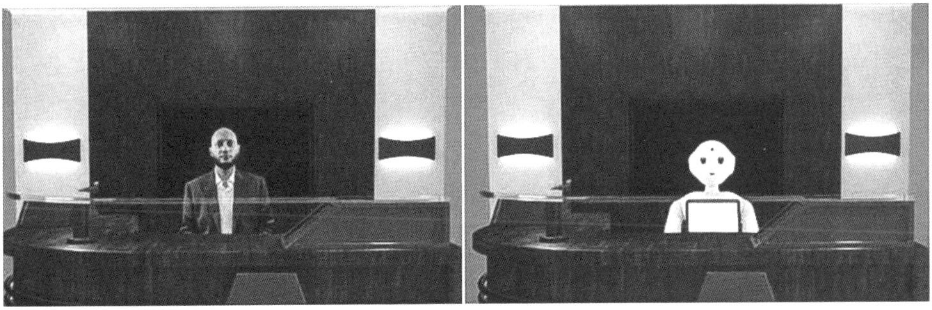

图 7-9 波扎尔列夫等人（Pozharliev et al., 2021）研究中的虚拟场景。（左）人类服务员，（右）机器人服务员

结果发现，服务员类型（人类、机器人）对心率变异性有显著影响。与机器人服务员交互期间的心率变异性低于与人类服务员交互，但这种效应仅存在于焦虑型依恋得分较低的被试中。焦虑型依恋得分高的被试在与人类和机器人服务员交互时没有差异，表明服务员类型（人类和机器人）不影响他们的心率变异性。这个结果与被试的年龄和性别无关。

该研究显示，非焦虑型依恋的被试对机器人几乎没有产生心率变化，而焦虑型依恋的被试对人和机器人都表现出较高的心率变异性。这表明，非焦虑型依恋的被试更偏好与人互动，而焦虑型依恋的被试对机器人服务员也做出了积极反应。这意味着，焦虑型依恋类型的人对机器人的接受度相对更高。

该研究只探讨了焦虑型依恋类型，未考虑回避型依恋类型的表现。也许回避型依恋得分较高的被试对机器人的接纳程度也比较高。因此，在服务领域引入机器人对这些群体可能是合适的选择。例如，对于社交恐惧症群体，与机器人的交往可能降低社交恐惧和紧张感，从而提升交互效果，更好地促进服务目标的达成。

7.11.3 视智能体为伙伴

人们将智能体视为伙伴还是工具，这是一个重要的个体差异因素。随着人智交互的不断发展，智能体的工具观正慢慢向伙伴观转变。要将智能体视为伙伴，需要改善人们对智能体的感知，包括能力感知（认为智能体具有一定的决策自由度）、善意感知（认为智能体有帮助意愿和同理心）、相互依赖的感知（拥有共同的目标和结果）、关系感知（如温暖感）、沟通感知（有丰富而深入的交流内容）和同步化感知（有一致的预期和同步反应）（Wynne & Lyons, 2018）。已有研究发现，将自主智能代理视为伙伴而不是工具来操纵人智团队，可以提高人们对智能体的情感和行为，但没有提高团队协作绩效（Walliser et al., 2019）。另一项研究采用2（伙伴：人类/机器人）×2（游戏角色：队友/对手）×2（游戏结果：赢/输）被试间设计，让被试和人或机器人一起玩电子游戏，发现被试认为与人类玩家一起玩电子游戏更令人愉快，而与机器人玩家一起玩电子游戏更轻松，机器人玩家作为队友或对手以及游戏的结果（赢与输）对被试没有心理影响（Park et al., 2011）。但这两个研究都是对机器人作为伙伴或工具进行操纵，而没有测量在这个维度上的个体倾向性，因而尚不清楚这个个体因素会如何影响实际的人智交互。

7.11.4 人类中心主义

人类中心主义（Anthropocentrism）指的是认为人类是自然的核心，即认为人类独立于自然并优于自然，认为人类生命具有内在价值，而其他实体（包括动物、植物、矿产资源等）是可以为人类利益而合理开发的资源。在哲学文献中，人类中心主义的方法论地位没有得到精确的定义。它起着概念、教义、理论或态度的作用（Butchvarov, 2015）。根据哲学上人类中心主义的终端说（人类是自然进化中最后也是最完美的一环）、形而上学说（人的独特性：理性思维、语言、对精神价值的追求、文化的创造和对道德原则的坚持等）、认识论（只有人类才能客观、真实地认识世界）和价值观理论（人是审美、道德和认知等价值观的创造者或唯一接受者），福图纳等人（Fortuna et al., 2021）编制了28个题目的人类中心主义问卷。经探索性因素分析，得到单维度8项目问卷，其内部一致性系数为0.84。重要的是，该研究发现，人类中心主义的得分与对机器人的负面态度和对与机器人互动的负面态度呈正相关。对于那些高度人类中心主义者，人类世界充斥的类人机器人、类动物机器人和数字虚拟人物，可能威胁到他们的主体性和道德优越性，这些人更可能抵制创造高度类人和智能化的人工机器，也对人智交互和人智协作持负面意见。

7.11.5 成长型思维

思维模式是个体对世界的认知、解释与信念。成长型思维（Growth Mindset）模式认为智商、性格或各个领域的才能可以在后天改变和习得，成长的本质在于不断拓宽自己的认知边界和能力边界。与之相对应的固定型思维（Fixed Mindset）模式信奉天赋决定论，认为人的能力是天生的，是固定不变或难以改变的。北京师范大学党健宁和刘力的研究发现，相对于固定型思维模式，具有成长型思维模式的个体对机器人的负面情绪更少，更多地将机器人视为盟友而不是敌人，更多地支持机器人研究，并且更愿意与机器人互动。尤其是当机器人被认为具有较高的心智水平时，成长型思维模式与对机器人的积极反应的关系更为明显（Dang & Liu, 2022a）。他们的研究还发现，成长型思维与掌握目标呈正相关，而掌握目标可以正向预测对机器人的合作反应。与英国被试相比，中国被试对人工智能机器人的竞争性更低、合作性更强（Dang & Liu, 2022b）。他们的研究证实了思维模式上的个体差异与人智交互的关联。

7.12 社会交互小结

人智交互的行为研究和神经科学研究在部分结果上支持了类人化假设：人们对机器人表现出类似的社会化行为。一些经典的人际交互心理学效应也可以在人智交互中得到复制，甚至对机器人也表现出合作互惠等代价性利他行为。这种类人化行为倾向的生物学和社会根源尚不明确。神经科学和人智交互的结合研究仍较少，但已有研究发现人智交互和人际交互在脑区上既有重叠也有差异。现有研究多探讨人际交互中的社会化行为在人智交互中的重现，而对人智交互的特异性认识还比较有限。当前强调的是人智交互与人际交互的相似性，但同样重要的是要认识到二者之间的差异。人们对待机器人和对待真人的方式是不同的。随着机器人的功能越来越复杂，用户的使用经验越来越丰富，人智交互的时间越来越长、越来越深入，交互过程的复杂性和丰富性也随之增加。以人为导向的研究步伐似乎落后于人工智能技术的更新换代。

此外，认知神经科学在研究社会性决策（如公平偏好、利他惩罚等）的人际交互时，常设置计算机玩家的条件，让计算机玩家像真人玩家一样做出一些行为，以观察被试的反应。通常将计算机玩家作为控制条件或基线条件，与真人玩家形成对比。从这些研究的结果来看，被试宁愿损失金钱也要拒绝计算机玩家提出的不公平分配方案（Sanfey, 2003），甚至付出金钱以回馈计算机玩家的善意等（Hu et al., 2018）。明知道计算机不会获得或损失金钱，被试依然给予回馈或惩罚，这种类似于真人博弈的结果也可以用纳斯和穆恩的无意识类人化社会行为来解释。同时也表明，当人对计算机表现出社会化行为时，将计算机作为非社会的控制条件可能是不合适的。

第8章 人智交互心理学研究展望

人智交互是一个快速发展的研究领域。特别是在人工智能技术不断更新的背景下，新的技术和算法层出不穷，机器人的功能和应用日益丰富，人与智能体的直接互动已成为日常。在过去的10年里，人智交互心理学研究也不断取得进展，对人类如何感知智能体以及如何与智能体互动有了更深入的理解。然而，受限于当前智能体技术的局限性，以及人与智能体互动时间和内容的限制，当前的人智交互心理学研究在深度和广度上仍面临许多挑战。

8.1 挑战

方等人（Fong et al., 2003）在调查社交互动机器人的研究基础上，提出了若干关于社交机器人研究和发展的开放性问题，包括:（1）机器人作为社交机器人的最低标准是什么？社交机器人的设计在多大程度上需要反映人类社交智能的理论？（2）我们如何评价社交机器人？如何解释跨文化差异和个人需求？我们需要在不同的应用领域中系统地研究机器人的“社会特征”如何影响人—机器人交互。（3）社交机器人和表现出良好人机互动的机器人有什么区别？社交机器人是否与传统机器人差异巨大，以至于需要不同的交互设计技术？（4）哪些潜在的社会问题可能会影响未来技术发展？社交机器人可能带来哪些负面后果？（5）是否存在需要关注的伦理问题？社交机器人是否应该能够识别出一个人的异常行为并采取行动？（6）如何设计适用于长期互动的社交机器人？社交机器人是否需要具备长期的适应能力、联想能力和记忆能力？如何判断人与机器人的长期关系是否会造成不良影响？

在对人机交互的社会认知研究综述中，亨舍尔等人（Henschel et al., 2020）提出了若干有待回答的问题，包括:（1）在与社交机器人互动时，社会认知的范围和局限性是什么？（2）我们是否能够对这些机械生物产生共情、赋予其意图并与之合作？（3）我们能否与它们建立有意义的社会关系？（4）是否有可能开发出一种具有一系列类似（甚至是改进）人类社会认知能力的机器人？（5）与社交机器人的长期交互会如何塑造社会认知？（6）人类大脑对机器人表达的情感的反应是否会与人类表达的情感难以区分？（7）在人机交互过程中，神经认知过程在多大程度上可以被重塑以实现人际交互和人机交互的共享表征？（8）为了在社会环境中发挥作用，机器人是否需要被定义为社会行动者？或者在某些情况下（如老年护理），社交机器人仅被当作“工具”引入才是最合适的？（9）虽然大多数研究集中于测试机器人引起类似人类反应的程度，但将机器人划分到它们自己独特的类别［有别于活物（如人或宠物）和物体（如手机）］是否更有指导意义？（10）除了心理理论网络和人类感知网络在参与人机交互之外，一些对象特异性脑区在人机交互过程中发挥什么作用？（11）随着这个领域向自然互动的方向发展，以前实验室对机器人被动观察（无论是在现场还是在屏幕上）的发现在多大程度上能够复制和推广到现实世界？（12）研究结果在何种程度上可以在不同类型机器人（如类人机器人、类机械机器人、类动物机器人）和平台上复制？（13）人机交互的个人、文化和发展限制是什么？（14）我们如何才能更好地结合各领域的研究发现，创造出更多样化、更强适应性、更吸引人的机器人？（15）这个领域是否需要一个统一的理论框架来解释机器人如何影响社会认知的不同方面（如共情或奖赏）？

从上述开放性问题可以看出，学术界对人智交互的研究和关注更多地集中在智能体的积极方面，包括如何设计、如何接纳、如何合作等，而对智能体可能带来的负面影响或不良后果关注较少。当前智能体的开发与应用发展迅速，而学术研究存在较大的滞后性，二者之间的差距不容忽视。

8.1.1　心理学研究占比偏少

人工智能领域的研究多集中在计算机科学和工程技术等方向，即使在人智交互领域，心理学视角的研究也相对较少。以科学引文索引网络数据库检索为例，使用“Artificial Intelligence”（人工智能）作为主题词进行检索，共得到105889篇文献，其中心理学方向的文献仅有1681篇（占比1.59%）。使用“Human-Robot Interaction”（人机交互）作为主题词进行检索，共得到6812篇文献，其中心理学方向的文献仅有434篇（占比6.37%）。也就是说，在人工智能这个研究话题下，人机交互的研究占比较低，不足1%（约0.64%），而从心理学视角进行的人机交互研究更是少之又少。人是人智交互的核心和主导因素，以人为导向的人智交互研究离不开心理学的参与。心理学应在这一领域投入更多的关注和资源，做出应有的贡献。

8.1.2 研究落后于实践

正如斯坦福大学发布的《2023 人工智能指数报告》中提到的产业界领先于学术界。智能体已经进入公共场合和家庭，与人一起工作和生活。然而，学术界对人智交互的研究大大滞后于技术的开发和应用。智能体进入人类社会，成为社交的一部分，人们如何感知、对待、使用人工智能产品，以及智能体如何影响人们的生活、心理和行为，仍然不得而知。从个体层面看，智能体可能会影响人们的生活习惯、工作方式、社交路径、消费行为等；从群体层面看，智能体可能会改变人们的团体活动、组织结构、工业生产、人员管理等；从国家层面看，智能体可能会涉及政策制度、法律法规、经济运作、文化宣传、社会舆论等方方面面。重大的技术革新可能带来巨大的社会变革，人智共生时代下的就业、教育、医疗、养老、托育、商业、金融等领域均会发生相应变化。面对新时代新技术的发展，人们该如何适应，如何生存，心理又会如何进化，成了不得不思考和探索的难题。

8.1.3 人工智能的阴暗面

人工智能使许多行业发生了翻天覆地的变化，包括医疗保健、教育、零售、生产、物流、金融和保险等。人工智能不仅能解决关键的业务问题，帮助组织提高效率，获得竞争优势，还能节约运营成本。其执行复杂任务的能力越来越被认可，应用也越来越广泛。然而，人工智能的使用也应有所限制，因为人工智能技术可能带来风险和伤害。随着人工智能自动化和增强业务流程的日益普及，许多学者和从业者对人工智能的负面影响表示担忧。

首先，最大的担忧是安全风险正在上升。例如，自动驾驶汽车的人工智能模型中可能存在导致致命事故的错误。根据美国国家公路交通安全管理局 2022 年 7 月发布的L2 级（部分自动化：人为主，车辆智能系统为辅）自动驾驶事故数据报告，2021 年 7 月 1 日至 2022 年 5 月 15 日的 10 个月内，有 392 起事故与L2 级ADS辅助驾驶系统有关。车辆智能系统的行为源自大量数据和行为学习，而机器学习在某些特殊场景下可能难以对周围环境做出正确判断，从而大大增加事故的风险。此外，智能武器也是令人担忧的存在。人工智能武器化及其对国家和信息安全的潜在影响对社会构成严重威胁。人工智能最危险和最具破坏性的应用之一是智能武器，因为武器+人工智能+大数据是一个致命的组合（Valle-Cruz et al., 2023）。正因为如此，有必要考虑禁止武器化人工智能。

其次是大数据时代下的个人隐私保障问题。人工智能的正当或恶意使用都有可能威胁到公众的个人隐私。AI模型和数据的性能、公平性、安全性和隐私性成为公众最大的关切。人工智能最大的优势之一在于能够收集和分析大量数据，使人工智能系统能够预测行为，提供个性化服务，并根据个人需求和偏好量身定制独特的用户体验。然而，这种深入的个人信息数据可能引发重大的隐私问题。人工智能基于个人数据收集、分析和预测的能力为信息盗用打开了方便之门。以在线购物平台为例，用户的付款信息、购买历史、住址等，都会被细致地跟踪。类似平台的数据在暗网上明码标价。有了这些深入披露身份、活动、社交圈和消费习惯的数据，不法分子可以对目标群体进行精准定位，进而实施犯罪。泄露的个人数据可能导致灾难性后果，包括身份盗用、欺诈或其他侵犯隐私的行为。另一方面，人工智能监控技术的兴起，如面部识别，在公共场所和数字世界中实现了前所未有的监控水平，也对个人隐私构成重大威胁。私域中的人工智能产品也会让公民产生被监视的不适感，引发强烈的隐私担忧（Hu & Min, 2023）。

近年来，采用人工智能技术的网络犯罪数量上升。不法分子使用人工智能生成的图像、视频、声音等信息实施网络诈骗，大量用户因此成为受害者。网络黑客可以侵入AI系统，盗取数据，或生成虚假的训练数据集，从而导致错误的机器学习模型。黑客还可以访问组织的AI模型，发送恶意命令，干扰模型的输入和输出，以牟利或逃避检测。此外，还有山寨公司或盗版程序侵入正版产品的智能模型，窃取技术，获取不当收益。

人工智能技术的引入大大降低了人力和财务成本，但由此带来的就业威胁居高不下，社会风险日益增加。越来越多的人担忧自己的岗位会被人工智能取代，从而失去就业机会和生活保障，因此对新技术持敌对和抵制态度。此外，随着各个平台越来越多地使用用户数据进行人工智能决策，而人工智能的决策既不透明也不易理解，导致责任风险不断上升。轻微的偏差可能导致算法的严重不当行为，引发用户的不满，进而引起质疑和争议。例如，人工智能模型对用户做出不正确或带有歧视的评价，可能会导致消费者受到不公对待，并产生财务和声誉损失。有研究指出，在高等教育中使用人工智能带来了诸多负面影响，包括数据集和算法中的偏差、过度监控、人工智能决策缺乏可解释性或透明度低、隐私问题等（Ivanov, 2023）。

最后，一个较为隐蔽的风险是价值导向的偏移。人工智能技术的隐含价值导向是效率至上，一切都为了效率和优化。算法是数学的，依赖于数字化的表达。例如，社交平台上的“大V”通过拥有的粉丝量来彰显价值，而对用户的评估则通过发布的帖子收到的点赞数、评论数和转发数等体现。这种评价方法催生了数据工人、刷单以及网络水军产业。以粉丝数、互动数等数字来评价一个人的社交圈和友谊质量，在很大程度上掩盖了社交和建立社会关系的本质。人际关系的强度、性质、细微差别和复杂性无法用简单的数字来阐释。当将一切都数字化时，人也物化成了一串数字表达。当人工智能技术进入业务流程，人的价值让渡给了绩效和产出。人工智能的决策过程是理性的。在不涉及情感和意识的情况下，人工智能算法的决策可能有利于达到特定的目标，但可能会对所涉及的人类产生意想不到的后果。人的价值在于人本身。人类社会除了效率，还要兼顾公平和社会规范。

为了解决这些问题，需要建立强有力的法规、伦理准则和透明度机制来约束人工智能的开发和使用。就像电影、音乐和视频游戏的分级制度一样，人工智能应用程序也应加上内容警告。此类警告有助于告知用户某些人工智能应用的潜在风险或伦理问题，以此来提供更透明的信息，尊重用户的知情同意和选择权。

研究者对人工智能的积极方面给予了广泛关注，而人工智能的负面影响却相对少有关注。这些负面影响势必会影响人们对人工智能的接受和信任，甚至在使用人工智能产品时产生疑虑，从而在一定程度上阻碍人工智能产业的发展。如何打造一个公平、透明、安全的人工智能环境，需要社会各方的共同努力。

8.1.4　人工智能的滥用

滥用人工智能的事件层出不穷。由于法律和监管的滞后与漏洞，智能技术很容易被不法分子利用，用于伪造和欺骗，或进行非法传播。

8.1.4.1　生成式人工智能工具的滥用

2023 年 3 月，唐纳德·特朗普（Donald Trump）被捕的照片在社交媒体上广泛传播。然而，特朗普实际上并没有被捕。这些图片是使用生成式人工智能技术制作的。生成式人工智能工具可以创建文本、图像、音频和视频等原创内容，这些内容高度逼真。以当前的技术水平和检测手段，人们很难区分哪些信息是伪造的。这些难以分辨的虚假信息通过网络和社交媒体迅速传播和发酵，影响公共舆论，破坏公共秩序和公众信任，甚至给人们带来身心伤害和财产损失。

简单的AI换脸技术就能让许多人成为受害者。2020 年 10 月，“假靳东”话题冲上微博热搜。61 岁的黄女士在短视频平台上与假冒演员靳东的账号频繁联系，不仅为骗子账号的直播带货花费大量钱财，还离家出走，试图与假靳东见面。新闻引发热议后，靳东工作室发声明称将追责涉事账号，平台也出手打击，封禁了若干黑灰产账号。但这些措施治标不治本，虚假信息通过技术手段泛滥于网络，给人民群众带来巨大的伤害和财产损失。例如，不法分子使用人工智能生成的声音进行各种类型的犯罪，包括网络钓鱼和网络诈骗等。

人工智能生成的虚假信息具有内容丰富、规模大、成本低、传播速度快、迷惑性强等特点。随着人工智能技术的门槛越来越低，毫无知识背景和技术基础的普通人也可以利用人工智能工具快速创建虚假信息。此外，不法分子可能会面向特定目标受众（如不同年龄、意识形态、性格类型或粉丝圈等小众群体），根据其需求、偏好或期待，定点定量投放个性化的伪造信息，从而实施诈骗或牟利。由于智能技术具备较高的学习和模仿能力，可以伪造成目标受众信任的来源和风格。部分网络平台的不作为甚至是不法参与，可能通过付费推广、伪造官方等手段而沦为帮凶。那些被社会边缘化或媒介素养较低、辨别能力较弱的人很容易成为受害者。就像打开了潘多拉的魔盒，智能技术会带来灾祸还是希望，关键在于约束与监督。

基于相关文献以及专业媒体和门户网站的分析，一项综述性研究总结了生成式人工智能存在的 7 项争议和缺陷（Wach et al., 2023）:（1）人工智能市场缺乏监管。（2）缺乏质量控制，存在虚假信息、深度伪造的内容以及算法偏见。（3）自动化技术引起失业。（4）个人数据被监视和隐私侵犯。（5）信息操纵，削弱道德和诚信。（6）扩大社会经济不平等。（7）人工智能带来的技术压力。

最近的一篇评论文章提出了若干应对智能技术滥用的措施（Feuerriegel et al., 2023），包括:（1）增加更多可靠的外部线索，标注信息的来源和质量，以帮助人们评估信息的准确性和可信度。例如，内容创建者应为人工智能生成的内容添加标签，标明内容的来源是人工智能生成，以避免可能带来的误解。但这一措施目前并不是强制性规范，属于自我监管，高度依赖用户的自觉性，无法有效约束恶意的信息伪造者。（2）利用集体智慧解决人工智能产生的虚假信息。例如，平台可以显示社交线索提供反馈，显示有多少人分享了这条信息、花了多少时间阅读这条信息。这种社交线索很容易实现。例如，微博平台可以显示评论数、点赞数和转发数。但这种方法也有局限性。例如，可能涉及数据操纵，采用网络水军刷数据等造假行为。（3）提高用户辨别力，减少对单一来源信息的依赖。例如，为用户提供适应人工智能时代的媒介素养培训、对生成式人工智能模型进行科普，提升用户的批判性思维能力、提高用户的心理免疫力、增加横向阅读。（4）开发用于识别和标记人工智能生成内容的人工智能工具。但当前的识别工具存在较大的局限，例如会出现误报。随着生成式人工智能模型的发展，它们可能会躲避和欺骗检测工具，从而在生成器和检测器之间形成一场持续的猫捉老鼠游戏。

应对生成式人工智能滥用的问题，首先需要对人工智能市场进行监管，确保公平竞争、保护知识产权和隐私、防范潜在的地缘政治风险。其次，生成式人工智能的开发人员必须优先考虑伦理原则，开发优先考虑用户隐私和安全的系统，减轻与个人数据侵犯、社会监视和隐私侵犯相关的风险。这就要求体现数据使用的透明度、采用无偏见的算法，对生成的内容进行有效监测等。最后，用户也需要提高对虚假信息的鉴别力，提升自己的媒介素养。美国加利福尼亚州州长于 2023 年 10 月签署了第 873 号法案，该法案要求将媒介素养内容纳入 K–12（幼儿园到 12 年级）的数学、科学和历史社会科学课程框架，以培养学生识别在线虚假信息的技能，并于 2024 年 1 月开始执行。我国目前还没有相应的制度出台，但对媒介素养的关注日益提高。2023 年 3 月 22 日，浙江传媒学院与社会科学文献出版社联合发布了《媒介素养蓝皮书：媒介与信息素养研究报告（2021—2022）》。根据该报告，传媒类本科院校大学生在媒介信息的传播与创新、媒介信息与数字安全认知能力方面有所不足。该报告对媒介素养的调查未包含对深度伪造虚假信息的识别。除了媒介素养，人工智能素养可能更加迫在眉睫（Perchik et al., 2023），需要全民普及。

8.1.4.2 网络水军

网络水军是指在网络中针对特定内容发布特定信息的群体。随着人工智能技术的加入，网络水军的操作由真人转向了算法，使得传播更加泛滥，影响也更加恶劣。一些组织或个人为了吸引眼球、收割流量、牟取利益，操纵网络信息、刷单控评、恶意传播谣言、炒作新闻、编造负面舆论、恶意投诉、挑起对立纷争等，利用错误的观点和想法诱导用户的行为和感受，破坏网络生态，严重扰乱社会舆论和经济秩序。国家网信办和相关部门也多次采取措施进行整治。

尽管网络水军猖獗，但对此话题的研究却不多。以科学引文索引网络数据库检索为例，以“Spammers”（垃圾邮件发送者）为主题词进行检索，得到 444 篇文献，其中心理学方向仅 2 篇（占比 0.45%）。其中一篇开发了一种基于节点排名的影响最小化算法来检测网络水军信息，该算法将节点排名与水军的影响值相结合（Srivastava et al., 2023）。首先使用机器学习算法将推文分为垃圾信息和非垃圾信息，然后通过影响最小化算法找出有影响力的发送者。所提出的影响最小化模型可以识别具有影响力的用户，并能限制社交平台上的水军信息推送。另一篇文章提出了一种基于用户人格特质（大五人格和黑暗三人格）的网络欺凌检测模型，旨在基于人格特征和网络欺凌之间的关系，识别推特（Twitter）社区中的网络欺凌模式（Balakrishnan et al., 2019）。该研究采用随机森林的机器学习算法，联合包含

7 个推特特征值（即被提及数、关注数、粉丝数、受欢迎程度、点赞数、状态计数和标签数）的基线算法，对网络欺凌进行分类（即挑衅者、水军、欺凌者和正常用户）。研究发现，纳入用户人格特质可以显著改善网络欺凌检测机制。大五人格的外向性、宜人性和神经质，以及黑暗三人格的精神病态在检测欺凌者方面具有重要意义。这两项研究被标记为心理学，是因为发表在心理学类期刊上［分别发表在《计算机与人类行为》（*Computers in Human Behavior*）和《人格与个体差异》（*Personality and Individual Differences*）上］，实际上研究的均是计算机科学方向。

总之，目前对网络水军的研究主要集中在计算机科学和电子工程领域，热门关键词包括虚假信息检测、特征选择和信息筛选等。而从人智交互视角出发的心理学研究几乎没有涉及。水军信息如何影响用户的态度和行为、如何提高对水军信息的辨别能力，是值得深入探讨的课题。

8.1.4.3　信息茧房

平台的算法通过观察用户行为来学习用户偏好，并进行相应的投放和推送，进而形成用户的个性化信息网络。在个体主动选择和算法过滤的双重作用下，个体很容易作茧自缚，成为人工智能时代的井底之蛙。

信息茧房（Information Cocoons）的概念出自美国学者桑斯坦（Cass R. Sunstein）2006 年的专著《信息乌托邦——众人如何生产知识》（*Infotopia: How Many Minds Produce Knowledge*），指的是在数字时代个性化信息服务逐步兴起的背景下，人们选择那些令自己愉悦的内容。与之相关联的概念有回音室效应（Echo Chamber）和过滤气泡（Filter Bubble）。前者出自桑斯坦的著作《网络共和国》（*Republic.com*），指的是同质化的信息或想法在一个封闭的小圈子里得到加强：人们总是倾向于接受协调性的信息，而避免那些会带来认知冲突的信息。后者出自帕里泽（Pariser）2011 年的著作《过滤气泡：互联网没有告诉你的事》（*The Filter Bubble: What the Internet Is Hiding from You*），指的是算法通过了解用户偏好，过滤掉异质信息，为用户打造个性化的信息世界，但同时也会筑起信息和观念的“隔离墙”，令用户身处在一个“过滤气泡”的环境中，阻碍多元化观点的交流。这 3 个概念都涉及用户对信息的选择性注意和理解。信息茧房是用户自我信息选择的结果，算法与智能技术则预判用户兴趣，并迎合用户需求，帮助打造回音室和过滤气泡。3 个概念的实质都是“网络信息同质化”，但侧重点有所不同：“信息茧房”强调个体主动的选择行为导致的信息同质化，“过滤气泡”是算法推荐让个体在不知情的情况下被动地接收同质化信息，“回音室效应”强调群体压力导致的个体意见强化和群体意见极化带来的观点同质化（刘强，赵茜，2021）。

从平台的角度来看，基于流量优先和延长用户驻留时间的原则，平台会尽可能使用优化的算法迎合用户需求。正如近期发表的一项研究所揭示的，自 2016 年 3 月推特网站从按时间顺序呈现评论转变为算法推荐内容后，30 天内新闻推文的点赞数增加了 20%，转发数增加了 15%。之前受欢迎的媒体和新闻话题以及煽情内容的数据提升更为显著（Dujeancourt & Garz, 2023）。该研究表明，算法基于用户偏好选择内容进行推荐会影响用户行为。用户对短而充斥情绪词汇的推文参与度增加，这意味着用户可能会更频繁地接触到偏好的内容，进一步形成“过滤气泡”和回音室。

网站通过内嵌的算法，基于用户所在地区、先前活动记录或搜索历史，推荐相关内容。社交媒体网站从成千上万用户那里获得的使用数据，会构成无数个过滤气泡的小循环。这种算法的加持可以潜移默化地影响个体的兴趣、信念、价值观等，甚至重塑一个人的内在心理世界。这个影响不可谓不大，需要引起研究的关注。

8.1.4.4　算法歧视

2020 年 9 月 8 日，《人物》杂志发表文章《外卖骑手，困在系统里》，揭示了人工智能算法对外卖员的“压榨”，引发了舆论关注。文中列出数据，2019 年中国全行业外卖订单的平均配送时长比 3 年前减少了 10 分钟。这是 AI 智能算法深度学习能力的体现，但对于在系统算法的控制与规训之下的外卖员而言，却是疯狂而致命的。骑手无法靠个人力量对抗系统分配的时间，只能通过超速来避免超时。这种逆算法的直接后果就是外卖员遭遇交通事故的数量急剧上升。舆论的矛头直接指向了平台的算法系统。

除了作为压榨工具，算法作恶还体现在算法歧视（Algorithm Bias）上。例如，各大购物消费平台屡屡爆出的大数据杀熟案例。算法歧视又称算法偏见，指的是人工智能算法在收集、分类、生成和解释数据时产生的偏见与歧视，主要表现为年龄歧视、性别歧视、消费/价格歧视、就业歧视、种族歧视、弱势群体歧视等现象（汪怀君，汝绪华，2020）。当前，算法决策已被广泛应用于教育、就业、福利补贴发放、刑事司法、公共安全等重要的高价值领域。当算法决策对特定主体或群体实施不公正对待时，可能会导致严重的经济与道德风险。因此，算法歧视已成为重要的信息伦理问题。

算法本身并不会带有歧视，其歧视的产生与人工智能的核心技术——机器学习有关。机器学习算法通过分析复杂数据集以发现趋势和模式，即构建机器学习模型。模型根据训练数据提出建议和预测，并对用户进行推断，如人口统计属性、偏好、未来可能的消费行为，甚至健康状况等。机器学习的过程包括数据集的构建、目标制定与特征选择、模型构建等。数据集是机器学习的基础，如果数据集本身缺乏代表性，算法决策就会有失公允。正如某公司在招聘软件工程师岗位时使用AI招聘所表现出的性别和年龄歧视。AI基于机器学习算法自动化地审查求职者的简历。其学习的数据集是该岗位从业者的信息材料，当这些人员具有一定的性别和年龄趋势时，这些特征会被纳入模型。由于大多数软件工程师的简历均为年轻男性，基于模型进行评价的AI会将女性求职者的简历打低分。因此，亚马逊放弃了对应聘者简历进行审查和排名的AI招聘系统，因为该系统也存在女性歧视。

算法歧视会带来许多负面影响：机会、资源或信息的不公平分配侵犯公民自由、伤害用户体验等。一项研究发现，由人工智能引导的自动驾驶汽车在检测深色皮肤的人时表现较差，这可能会使深色皮肤的行人更容易发生危险（Wilson et al., 2019）。另一项研究则发现，在金融领域，几种抵押贷款算法系统地向黑人和拉丁裔借款人收取更高的利率（Bartlett et al., 2022）。谷歌的人工智能仇恨言论检测器被发现提供了带有种族偏见的结果；与男性用户相比，谷歌向女性用户展示的高薪职位招聘广告更少。类似地，2019年，脸书（Facebook）被发现允许广告商有意根据性别、种族和宗教来投放广告。例如，向女性推荐护理或秘书工作的招聘广告，而出租车司机的招聘广告则更多地投向男性，尤其是少数族裔的男性，房地产广告则只投向白人。

当人们意识到算法存在歧视后，可能会对人工智能提供的建议产生怀疑。一项针对美国用户的研究发现，41.5%的受访者表示不信任基于人工智能支持的服务（包括家庭助理、理财规划、医疗诊断和招聘），只有9%的人在理财方面信任人工智能，只有4%的人在员工招聘方面信任人工智能。人工智能驱动的推荐还会降低用户对自主性的感知，并让用户感到被监视和被操控（Carmon et al., 2019）。人工智能的侵入性技术可能导致对用户权益的侵害。例如，通过歪曲、操纵或阻断流向用户的信息流，有目的地限制用户的决策。这会导致信息的滥用以及用户的不满。

算法歧视和信息操纵的存在是不可否认的。不难看出，算法歧视背后反映的是现实社会中的歧视与矛盾。基于现有数据集的机器学习算法并不能很好地纠偏。因此，有必要进行相应的研究，以了解如何避免算法的歧视行为，并减少新技术使用所带来的不良经济、社会和道德后果。当人工智能算法被应用于各个场景时，如何保护用户免受人工智能程序的偏见是一个重要的研究课题。

8.2 研究展望

虽然技术的进步为上述问题提供了一些答案，但仍有许多问题尚未得到解答。例如，智能体和智能算法的负面影响、长期人智交互的后果、机器人进入人类生活的界限等。

8.2.1 对机器人的拟人化

在以人为导向的人智交互研究中，无论是研究人对机器人的感知，还是研究人与机器人的实时互动行为，拟人化都是出现频率最高的概念之一。研究者既把拟人化作为因变量来考察人在多大程度上将人类特征赋予机器人，也将其作为自变量来考察拟人化程度对其他感知或互动行为的影响。然而，对机器人的拟人化究竟在多大程度上是一种普遍的人类共性？存在多大程度的个体差异？目前，已经有研究将拟人化作为个人倾向进行测量，但这种拟人化是一般性的（Epley et al., 2007; Waytz et al., 2010），对机器人的拟人化是否有其特殊性，尚未可知。也有研究开始探索人格特征与对机器人的拟人化之间的关系。例如，有研究发现，人格上的认知需求和闭合需求可以预测对不同类型机器人的态度和拟人化程度（Nicolas & Agnieszka, 2021）。将人类特征赋予非人的机器人，这种倾向是否是非理性的？对机器人的拟人化倾向可能使人更关心机器人，对机器人更信任、更负责，但是否同时也会使人对机器人产生过高的期待，而与机器人实际提供的功能与服务存在落差，进而伤害到人本身？

当人们对机器人进行智力、情感、身体上的拟人化时，这种拟人化的范围可能会进一步扩展到社会规范领域，如道德的拟人化（Ho, 2020）。何宗兴认为，当机器人可以自主运行，其表现与人类相似时，机器人可能会被看作与人类无本质差别的道德主体，即道德拟人化：凡适用于人类的道德规则也适用于机器人。何宗兴以家长主义行为为例反对机器人的道德拟人化。人可以出于善意而干涉当事者，但机器人缺乏人格性，也没有心灵，因而少了一个理由来合理化其家长主义行为。也就是说，某些家长主义行为机器人不应该做，但人类可以，这就反驳了对机器人的道德拟人化。同时，人际互动之间包含情感反应态度，这些情感是在回应对方的善意，而不仅仅是回应外显的行为。而当机器人做出类似的行为时，由于机器人缺乏心意，对它们的反应态度是无意义的。当察觉到反应态度的无意义时，很可能会对机器人干涉个人生活产生厌恶，甚至产生无法掌控自己生活的无力感。因此，何宗兴认为，机器人的自主权应该受到比人类更大的限制。类似地，莫斯卡斯（Mosakas,

2021）也认为，社交机器人不宜作为道德关注的对象，因为它们并不具备有意识的体验，它们对人类没有直接的道德责任。人工智能是否应该作为道德主体以及是否应该承担道德责任仍是一个争议性问题。而且，人工智能系统也可能面临道德困境，即必须在两种相冲突的道德或伦理价值观的行为之间做出选择。如果系统被编程为伦理的奴隶，不惜一切代价遵守规则，那么人工智能系统的自主性就会被削弱。二者如何进行权衡还不得而知。

就像道德拟人化一样，是否应限制机器人在其他方面的拟人化也是一个值得探讨的问题，如情感的拟人化。已有机器人应用于陪护、健康等领域。未来，机器人可能成为人类的终身伴侣。人们可能会将情感赋予或投射到机器人身上，并发展为对机器人的依恋（Krueger et al., 2021）。人们是否可以把情感投资于机器人身上？机器人提供的情感支持是否可以满足人的社交需求？因为缺少真正的合作和交流，人与机器人的互动能带来长久的情感上的好处吗？人对机器人的依赖和依恋是否会影响人际关系的质量？与机器的情感关系是否会削弱与人的关系和友谊？

也许未来在技术和功能上，可以制造出人性化的机器人，或者至少在表达上可以实现人文关怀（Coghlan, 2021）。但这种高度拟人化的机器人对于人类社会究竟是好是坏，可能是一个尚存争议的社会伦理问题。

8.2.2 对机器人的态度

随着社交机器人变得越来越普遍，人们对机器人的态度也在发生变化。早期的研究反映了人们对机器人的负面态度，包括对性能、交互体验和情感投入等方面的顾虑（Nomura et al., 2006）。而最近的一项元分析研究则发现人们普遍对社交机器人持积极态度，乐意与之互动，对机器人的信任和焦虑程度适中（Naneva et al., 2020）。该研究还发现，接触机器人、机器人的应用领域和设计、被试的年龄和性别与人们对机器人的情感态度有关（但与认知态度无关），与机器人面对面交流比观看机器人视频等间接接触更能激发人们对机器人的积极情感。文化差异对机器人态度的影响还没有定论，因为已有大多数研究是在美国、德国或日本进行的。虽然整体上看，人们愿意与机器人互动，但态度可能会随着时间的推移而改变。尤其是当媒体对机器人的报道越来越多，以及对机器人占领就业市场的担心，人们对机器人的好感可能减少（Gnambs, 2019）。对机器人的态度直接影响人与机器人的交互体验。而对机器人的负面态度甚至敌意，还有可能导致虐待机器人等负面行为，对机器人的心智拟人化并不会降低人们虐待机器人的可能性（Keijsers et al., 2021）。实时捕捉人们对机器人的态度变化，对于机器人的设计和研发具有不可忽视的价值。

8.2.3 与机器人的实际交互

现有的人机互动研究多是短时间内的接触，被试之前接触机器人的经验非常有限，从未与机器人互动过的被试占了相当大的比例。这种情况下得到的研究结果可能在很大程度上受到新奇效应的影响。这一领域的很多研究都是基于临时社交互动，但是在现实生活中机器人的使用却是长期的。基于临时社交互动得到的研究结果应用于机器人的开发和研制时，可能并不能满足与人长期互动的要求，甚至削弱人们对机器人社交互动的满意度。如果机器人的性能无法做到足够的动态变化，那么用户很容易在与社交机器人的再次互动中失去兴趣。当进行人机交互时，人们希望每次都是一种独特的体验，而机器人的反应是预先编程确定的，人显然无法满意于这种重复性的交互体验。有研究发现，儿童与机器人NAO玩蛇梯游戏时的新奇效应只持续了较短的一段时间，到第三个阶段（10天内）时就消失了（Ahmad et al., 2017）。维持与人的长期互动，这给机器人的自适应性能带来很大挑战。机器人要具备怎样的适应性功能才能维持长期的社交参与？艾哈迈德等人（Ahmad et al., 2017）针对3组儿童进行了研究，让机器人NAO执行基于游戏的适应、基于情绪的适应和基于记忆的适应。研究结果表明，基于情绪的适应最为有效，其次是基于记忆的适应。基于游戏的适应并不能维持长期的社会互动。由这项研究可以看出，深入的人机交互研究对机器人的精细化编程有较高的要求，跨学科的合作可能是优选的途径。此外，也应立足于现实中的人机交互环境，开展深入、追踪性的用户研究，以提高研究的生态效度。当人与机器人互动的时间、内容和质量都有了一定的保证，用户完全熟悉机器人之后，其交互的行为模式可能会有不一样的变化。

8.2.4 人工智能的治理与监管

虽然人工智能对社会的潜在不利影响最近开始引起大量关注，但迄今为止，人工智能的治理和监管问题仍然被忽视。目前仅有少数人工智能监管模式的尝试。

2019年2月，中华人民共和国科学技术部成立了新一代人工智能治理专业委员会。同年6月，该委员会发布了《新一代人工智能治理原则》，提出为发展负责任的人工智能，人工智能发展相关各方应遵循以下原则：和谐友好、公平公正、包容共享、尊重隐私、安全可控、共担责任、开放协作以及敏捷治理。2021年9月25日，该委员会发布了《新一代人工智能伦理规范》，旨在将伦理道德融入人工智能全生命周期，为从事人工智能相关活动的自然人、法人和其他相关机构提供伦理指引。《新一代人工智能伦理规范》提出了增进人类福祉、促进公平公正、保护隐私安全、确保可控可信、强化责任担当、提升伦理素养等6项基本伦理要求。同时，提出了人工智能管理、研发、供应、使用等特定活动的 18 项具体伦理要求。其中，在研发规范方面，提出了强化自律意识、提升数据质量、增强安全透明、避免偏见歧视等 4 项要求。在使用规范方面，提出了提倡善意使用、避免误用滥用、禁止违规恶用、及时主动反馈、提高使用能力等 5 项要求。

2021 年 11 月 25 日，联合国教科文组织发布了《人工智能伦理建议书》，这是全球首个针对人工智能伦理制定的规范框架，共 193 个成员国正式采用这一道德框架。该建议书旨在实现人工智能为社会带来的优势，并降低其带来的风险。建议书定义了统一的价值观和原则，提出发展和应用人工智能要体现出四大价值，即尊重、保护和提升人权及人类尊严，促进环境与生态系统的发展，保证多样性和包容性，构建和平、公正与相互依存的人类社会。建议书还在所有 11 个相关的行动领域提出了详细的政策建议，包括保护数据、禁止社交评分和大规模监控、帮助监控和评估、环境保护等内容。

当前，人工智能已深入人们的生活。虽然人工智能带来许多益处，但恶意使用会带来风险和挑战、冲突和纷争。尽管伦理规范的建立能起到一定的约束作用，但人工智能的使用尚存在立法的真空，亟须填补。在监管方面，不仅需要有效的网络治理，更需要法律法规的监督与制裁。各国已开始制定相关法律框架，禁止或限制使用人工智能生成具有欺骗性或操纵性的内容。

2023 年 9 月 25 日，最高人民法院、最高人民检察院、公安部联合发布《关于依法惩治网络暴力违法犯罪的指导意见》。对于实施网络暴力违法犯罪，具有以下五种情形之一的，依法从重处罚：针对未成年人、残疾人实施的，组织“水军”“打手”或者其他人员实施的，编造“涉性”话题侵害他人人格尊严的，利用“深度合成”等生成式人工智能技术发布违法信息的，网络服务提供者发起、组织的。这些监管和治理措施的成效有待进一步观察和分析。

针对人工智能治理和监管的需求，有研究提出了基于监管理论的综合人工智能治理框架，描述了公共行政背景下人工智能治理和监管的关键要素（Wirtz et al., 2020）。该框架从人工智能应用/服务/技术层面（包括数据采集、数据处理、数据嵌入 3 个方面）、人工智能挑战层面（包括社会风险、伦理风险、法治监管风险）、人工智能监管层面（包括风险管理、风险界定、风险评估、风险评价）、公共政策层面（包括社会立法、伦理、数据技术）和合作管理层面（包括利益相关者、相关机制、合作动态）强调了不同利益相关者的协作治理要素。

智能算法和智能体没有道德、伦理原则和社会责任感。因此，有必要对人工智能的设计进行干预和控制，实施合法且更有效的治理，以实现良好的人智协作。

8.2.5 心理健康服务

人们对机器人类人化社会行为的接受，使得使用机器人辅助心理健康和适应成为可能。随着个人机器人和陪护机器人领域的日益发展，机器人在缓解个体压力和健康适应方面的应用值得更深入的探索。已有一些研究报告了机器人在减压方面的潜力和能力（Shiomi et al., 2020），但机器人在其他心理康复方面的应用价值还有待进一步研究。例如，机器人在陪护自闭症儿童方面已经取得了一些进展（Clabaugh et al., 2018），对于治疗抑郁症、焦虑症等精神障碍也有较大的发展空间，与机器人的交互有可能成为社交恐惧症患者的有效替代治疗手段。在保健应用方面，机器人可以成为鼓励人们健康饮食和体育活动的有效监督者。已有研究表明，与虚拟角色的互动可以增加儿童的身体锻炼、影响他们的饮食习惯、增加自我表露的乐趣等（Johnsen et al., 2014; van der Drift et al., 2014）。随着虚拟现实和增强现实领域的不断发展，新的研究可以在增强机器人的物理外观上进行，通过手势、动作、语言交流等方式，使其看起来更友好、更有能力或具有可塑性，甚至允许机器人根据用户的偏好或预期任务的动态变化而调整其外观，以便人们与之互动时能够以不同的方式感知机器人，并感知机器人的不同方面，从而达到共享现实、满足内心的情感和社交需求。

8.2.6 丰富研究方法

已有的人智交互心理学研究在方法上至少存在以下局限。首先，被试多为大学生群体，一般具有良好的受教育背景和文化知识。这类群体的研究结果在多大程度上能够代表全社会还不得而知。其次，人对机器人的感知研究主要依赖于自我报告测量。虽然使用自我报告的测量方法可以产生有用的数据，但更客观、直接的方法（如行为观察和生理测量等）可以提供多元化的数据，多种方法的结合可以提高研究的聚合效度。再次，研究工具和实验范式的单一性。目前虽然已经有一些使用广泛的量表工具，但维度比较单一，无法涵盖人对机器人多维度的感知。例如，人对机器人持怎样的信念和发展观？人如何看待机器人对人类生活的干涉和替代？人在多大程度上可以接受对机器人的依赖和依恋？最后，缺乏长期、追踪式的纵向人机交互研究。当机器人开始进入个人生活，人与机器人的交互不再是一次性的短暂行为，时间成为人机交互的一个关键变量。人与机器人的关系建立、发展、破坏和修复都是值得探讨的话题。

人智交互心理学是一个新兴的领域，使用规范的研究方法和统计分析是必不可少的，包括研究问题的预注册、实验材料和假设、统计效力检验、重复性研究、元分析、开放数据和发表前预印本共享等（Cross et al., 2019）。适当的样本量、多种量化评估方法和不同实验技术（如行为和脑成像等）的使用可以提高研究的有效性和信度。正如贝瑟尔（Bethel）和墨菲（Murphy）（2010）所说，如果公众知道机器人的使用已经通过良好的实验方法进行了彻底的安全性和有效性测试，他们将更愿意接受机器人出现在家庭、学校和工作环境中；工程界也能够从良好的人智交互研究中获取有用信息，以设计和制造更好的机器人。这就需要来自不同学科的研究者展开跨学科的合作与研究，如心理学和社会认知神经科学与人工智能和机器人技术的结合，以探索人与机器人在实时交互过程中的心理和大脑活动变化。

8.2.7 跨学科交叉研究

人智交互研究离不开跨学科的合作。多样化的方法和专业知识可以克服个别学科的有限视角。不同领域的研究方法和操作实践的融合与补充，为人智交互研究的发展带来了新的期望，但也存在不容忽视的挑战。武达尔奇克等人（Wudarczyk et al., 2021）从他们正在进行的机器人学、神经科学和心理学的跨学科研究项目中，总结了 8 项经验教训，为开展跨学科研究的科学家提供了实用的建议。这些建议包括：

①调整项目预期。来自不同学科的研究者应尽早沟通对项目的预期，明确哪些是可以实现的，哪些是无法实现的，并将预期调整到所有学科都能接受的程度。

②达成一致的共同目标。在启动跨学科项目时，关键的一步是尽可能明确每个人的目标，以确定差异和共同点，然后定义新的目标来整合这些不同的需求。

③讨论和理解不同的研究实践。花时间了解各自的研究程序（如伦理申请、预注册、试点研究、样本量等），尤其是对项目开展的设想，这对项目执行速度至关重要。

④建立通用术语。对术语内涵的理解应达成一致，通过阅读项目成员的论文，了解各自领域的知识，并对相互冲突的概念和术语进行有效沟通。

⑤步调一致。尽量建立共享的知识基础，除了共享文献和讨论研究想法之外，还可以共同参与文献综述项目，以汇集各学科的观点，并讨论各自领域的主要发现，为项目制定共同预期，为合作提供良好的动力和开端。

⑥传授必要的技术知识，包括机器人平台的官方技术文档、与安全相关的信息、生成机器人行为的程序、有关机器人控制、数据处理和简单故障排除的基本信息等。提前分享这些基本知识可以减少实验前、实验中和实验后的潜在问题。

⑦对结果的出版物达成一致。对于机器人学，会议论文是首选的发表方式，而

对于心理学和神经科学，期刊的发表更有价值。最好在项目的早期阶段就达成出版策略的一致。

⑧多样性是宝藏。跨学科带来的多样性是团队合作的一种资产，包括技能的多样性（具有计算机科学背景的研究人员通常精通编程，而心理学家和神经科学家在实验设计和高级统计方面接受更多培训），以及文化、性别和个性方面的多样性。这种多样性可以提高团队解决问题的能力、灵活性和创新性。这 8 项建议虽然经验来自机器人学、神经科学和心理学的交叉研究项目，但其内容具有一般性和较广的适用性，也可应用到更多领域和更多学科的交叉项目上。

8.3 结语

本书采用以人为导向的视角，以人际交互的心理过程与心理状态为基础，展现了人智交互心理研究领域的最新成果。这些研究主要集中在两大方面：一是人对智能体的感知，二是人与智能体的互动行为。其中，人对智能体的感知可以分为社会知觉和社会认知，人与智能体的互动行为可以分为社会影响和社会交互两大领域。人对智能体有拟人化的倾向，对机器人既有正面的支持也有负面的担忧；人与智能体的交互还处于临时互动的阶段，人智关系的建立和发展还有待进一步研究。目前的人智交互研究主要依托于计算机媒介、虚拟现实和机器人交互 3 种路径。通过梳理已有研究的不同主题、应用领域和研究方法，可以了解当前的人智交互研究，窥探未来发展方向。

日益普及的机器人使得人机交互变得日常而频繁。社交机器人在医疗保健、康复和治疗等领域提供协助，并充当导游、工作助理和家政服务员等角色。未来，智能体将发挥越来越大的作用，与人类共同工作和合作。智能体成功的关键在于人与AI之间密切而有效的互动。因此，优化和改善人与智能体的关系，是人智交互领域的重要课题。这一挑战不仅在于开发技术，还在于如何克服人工智能的潜在风险、减少滥用和误用，从而促进人与智能体之间更友好的互动。人智交互的心理学探索也将不断深入和扩展，并形成新的理论和模型，引导智能体在设计和性能上不断优化，促进人智和谐共处。

参考文献

Abbass, H. A. (2019). Social integration of artificial intelligence: Functions, automation allocation logic and human-autonomy trust. *Cognitive Computation, 11*(2), 159–171. https://doi.org/10.1007/s12559-018-9619-0

Abele, A. E., Cuddy, A. J. C., Judd, C. M., & Yzerbyt, V. Y. (2008). Fundamental dimensions of social judgment. *European Journal of Social Psychology, 38*(7), 1063–1065. https://doi.org/10.1002/ejsp.574

Adami, C., Schossau, J., & Hintze, A. (2016). Evolutionary game theory using agent-based methods. *Physics of Life Reviews, 19*, 1–26. https://doi.org/10.1016/j.plrev.2016.08.015

Aharoni, E., & Fridlund, A. J. (2007). Social reactions toward people vs. computers: How mere labels shape interactions. *Computers in Human Behavior, 23*(5), 2175–2189. https://doi.org/10.1016/j.chb.2006.02.019

Ahmad, M. I., Mubin, O., & Orlando, J. (2017). Adaptive social robot for sustaining social engagement during long-term children-robot interaction. *International Journal of Human-Computer Interaction, 33*(12), 943–962. https://doi.org/10.1080/10447318.2017.1300750

Aiello, J. R., & Douthitt, E. A. (2001). Social facilitation from Triplett to electronic performance monitoring. *Group Dynamics: Theory, Research, and Practice, 5*(3), 163–180. https://doi.org/10.1037/1089-2699.5.3.163

Aiello, J. R., & Svec, C. M. (1993). Computer monitoring of work performance: Extending the social facilitation framework to electronic presence. *Journal of Applied Social Psychology, 23*(7), 537–548. https://doi.org/10.1111/j.1559-1816.1993.tb01102.x

Ainsworth, M. D. S., Blehar, M. C., Waters, E., & Wall, S. (1978). *Patterns of attachment: A psychological study of the strange situation*. Lawrence Erlbaum.

Alarcon, G. M., Gibson, A. M., Jessup, S. A., & Capiola, A. (2021). Exploring the differential effects of trust violations in human-human and human-robot interactions. *Applied Ergonomics, 93*, 103350. https://doi.org/10.1016/j.apergo.2020.103350

Aly, A., & Tapus, A. (2013). A model for synthesizing a combined verbal and nonverbal behavior based on personality traits in human-robot interaction. In *2013 8th ACM/IEEE International Conference on Human-Robot Interaction (HRI)* (pp. 325–332). https://doi.org/10.1109/HRI.2013.6483606

Andriella, A., Siqueira, H., Fu, D., Magg, S., Barros, P., Wermter, S., Torras, C., & Alenyà, G. (2021). Do I have a personality? Endowing care robots with context-dependent personality traits. *International Journal of Social Robotics, 13*(8), 2081–2102. https://doi.org/10.1007/s12369-020-00690-5

Andrist, S., Mutlu, B., & Tapus, A. (2015). Look like me: Matching robot personality via gaze to increase motivation. In *Proceedings of the 33rd Annual ACM Conference on Human Factors in Computing Systems* (pp. 3603–3612). https://doi.org/10.1145/2702123.2702592

Appel, M., Izydorczyk, D., Weber, S., Mara, M., & Lischetzke, T. (2020). The uncanny of mind in a machine: Humanoid robots as tools, agents, and experiencers. *Computers in Human Behavior, 102*, 274–286. https://doi.org/10.1016/j.chb.2019.07.031

Asch, S. E. (1956). Studies of independence and conformity: I. A minority of one against a unanimous majority. *Psychological Monographs: General and Applied, 70*(9), 1–70. https://doi.org/10.1037/h0093718

Atkinson, R. K., Mayer, R. E., & Merrill, M. M. (2005). Fostering social agency in multimedia learning: Examining the impact of an animated agent's voice. *Contemporary Educational Psychology, 30*(1), 117–139. https://doi.org/10.1016/j.cedpsych.2004.07.001

Avelino, J., Correia, F., Catarino, J., Ribeiro, P., Moreno, P., Bernardino, A., & Paiva, A. (2018). The power of a handshake in human-robot interactions. In *2018 IEEE/RSJ International Conference on Intelligent Robots and Systems (IROS)* (pp. 1864–1869). https://doi.org/10.1109/IROS.2018.8593980

Awad, E., Dsouza, S., Kim, R., Schulz, J., Henrich, J., Shariff, A., Bonnefon, J.-F., & Rahwan, I. (2018). The moral machine experiment. *Nature, 563*(7729), 59–64. https://doi.org/10.1038/s41586-018-0637-6

Babel, F., Kraus, J., & Baumann, M. (2022). Findings from a qualitative field study with an autonomous robot in public: Exploration of user reactions and conflicts. *International Journal of Social Robotics, 14*(7), 1625–1655. https://doi.org/10.1007/s12369-022-00894-x

Backonja, U., Hall, A. K., Painter, I., Kneale, L., Lazar, A., Cakmak, M., Thompson, H. J., & Demiris, G. (2018). Comfort and attitudes towards robots among young, middle-aged, and older adults: A cross-sectional study. *Journal of Nursing Scholarship, 50*(6), 623–633. https://doi.org/10.1111/jnu.12430

Balakrishnan, V., Khan, S., Fernandez, T., & Arabnia, H. R. (2019). Cyberbullying detection on Twitter using Big Five and Dark Triad features. *Personality and Individual Differences, 141*, 252–257. https://doi.org/10.1016/j.paid.2019.01.024

Bandura, A. (2001). Social cognitive theory: An agentic perspective. *Annual Review of Psychology, 52*(1), 1–26. https://doi.org/10.1146/annurev.psych.52.1.1

Barchard, K. A., Lapping-Carr, L., Westfall, R. S., Fink-Armold, A., Banisetty, S. B., & Feil-Seifer, D. (2020). Measuring the perceived social intelligence of robots. *ACM Transactions on Human-Robot Interaction, 9*(4), 1–29. https://doi.org/10.1145/3415139

Barley, S. R. (1988). The social construction of a machine: Ritual, superstition, magical thinking and other pragmatic responses to running a CT scanner. In M. Lock & D. Gordon (Eds.), *Biomedicine Examined* (pp. 497–539). Springer Netherlands. https://doi.org/10.1007/978-94-009-2725-419

Bartholomew, K., & Horowitz, L. M. (1991). Attachment styles among young adults:

A test of a four-category model. *Journal of Personality and Social Psychology, 61*(2), 226–244. https://doi.org/10.1037/0022-3514.61.2.226

Bartlett, R., Morse, A., Stanton, R., & Wallace, N. (2022). Consumer-lending discrimination in the FinTech era. *Journal of Financial Economics, 143*(1), 30–56. https://doi.org/10.1016/j.jfineco.2021.05.047

Bartneck, C., & Hu, J. (2008). Exploring the abuse of robots. *Interaction Studies. Social Behaviour and Communication in Biological and Artificial Systems, 9*(3), 415–433. https://doi.org/10.1075/is.9.3.04bar

Bartneck, C., Kanda, T., Ishiguro, H., & Hagita, N. (2009). My robotic doppelgänger—A critical look at the uncanny valley. *The 18th IEEE International Symposium on Robot and Human Interactive Communication* (pp. 269–276). https://doi.org/10.1109/ROMAN.2009.5326351

Bartneck, C., Kanda, T., Mubin, O., & Al Mahmud, A. (2009). Does the design of a robot influence its animacy and perceived intelligence? *International Journal of Social Robotics, 1*(2), 195–204. https://doi.org/10.1007/s12369-009-0013-7

Bartneck, C., Kulić, D., Croft, E., & Zoghbi, S. (2009). Measurement instruments for the anthropomorphism, animacy, likeability, perceived intelligence, and perceived safety of robots. *International Journal of Social Robotics, 1*(1), 71–81. https://doi.org/10.1007/s12369-008-0001-3

Bartneck, C., Takayuki Kanda, Mubin, O., & Mahmud, A. A. (2007). The perception of animacy and intelligence based on a robot's embodiment. In *2007 7th IEEE-RAS International Conference on Humanoid Robots* (pp. 300–305). https://doi.org/10.1109/ICHR.2007.4813884

Bartneck, C., Yogeeswaran, K., Ser, Q. M., Woodward, G., Sparrow, R., Wang, S., & Eyssel, F. (2018). Robots and racism. In *Proceedings of the 2018 ACM/IEEE International Conference on Human-Robot Interaction* (pp. 196–204). https://doi.org/10.1145/3171221.3171260

Batson, C. D., Ahmad, N., & Stocks, E. L. (2011). Four forms of prosocial motivation: Egoism, altruism, collectivism, and principlism. In *Social Motivation* (p. 103).

Batson, C. D., & Powell, A. A. (2003). Altruism and prosocial behavior. In I. B. Weiner (Ed.), *Handbook of Psychology* (p. wei0519). John Wiley & Sons, Inc. https://doi.org/10.1002/0471264385.wei0519

Baumeister, R. F., & Leary, M. R. (1995). The need to belong: Desire for interpersonal attachments as a fundamental human motivation. *Psychological Bulletin, 117*(3), 497–529. https://doi.org/10.1037/0033-2909.117.3.497

Beer, J., Prakash, A., Smarr, C.-A., Chen, T., Hawkins, K., Nguyen, H., Deyle, T., Kemp, C., & Rogers, W. (2017). Older users' acceptance of an assistive robot: Attitudinal changes following brief exposure. *Gerontechnology, 16*(1), 21–36. https://doi.org/10.4017/gt.2017.16.1.003.00

Bem, D. J. (1972). Self-perception theory. In *Advances in Experimental Social Psychology* (Vol. 6, pp. 1–62). Elsevier. https://doi.org/10.1016/S0065-2601(08)60024-6

Berger, C. C., Gonzalez-Franco, M., Ofek, E., & Hinckley, K. (2018). The uncanny valley of haptics. *Science Robotics, 3*(17), eaar7010. https://doi.org/10.1126/scirobotics.aar7010

Bernotat, J., Eyssel, F., & Sachse, J. (2017). Shape it—The influence of robot body shape on gender perception in robots. In A. Kheddar, E. Yoshida, S. S. Ge, K. Suzuki, J.-J. Cabibihan, F. Eyssel, & H. He (Eds.), *Social Robotics* (Vol. 10652, pp. 75–84). Springer International Publishing. https://doi.org/10.1007/978-3-319-70022-98

Bernotat, J., Eyssel, F., & Sachse, J. (2021). The (fe)male robot: How robot body shape impacts first impressions and trust towards robots. *International Journal of Social Robotics, 13*(3), 477–489. https://doi.org/10.1007/s12369-019-00562-7

Bethel, C. L., & Murphy, R. R. (2010). Review of human studies methods in HRI and recommendations. *International Journal of Social Robotics, 2*(4), 347–359. https://doi.org/10.1007/s12369-010-0064-9

Bevan, C., & Stanton Fraser, D. (2015). Shaking hands and cooperation in tele-present human-robot negotiation. In *Proceedings of the Tenth Annual ACM/IEEE*

International Conference on Human-Robot Interaction (pp. 247–254). https://doi.org/10.1145/2696454.2696490

Birnbaum, G. E., Mizrahi, M., Hoffman, G., Reis, H. T., Finkel, E. J., & Sass, O. (2016). What robots can teach us about intimacy: The reassuring effects of robot responsiveness to human disclosure. *Computers in Human Behavior, 63*, 416–423. https://doi.org/10.1016/j.chb.2016.05.064

Biswas, M., & Murray, J. (2017). The effects of cognitive biases and imperfectness in long-term robot-human interactions: Case studies using five cognitive biases on three robots. *Cognitive Systems Research, 43*, 266–290. https://doi.org/10.1016/j.cogsys.2016.07.007

Blascovich, J. (2002). A theoretical model of social influence for increasing the utility of collaborative virtual environments. In *Proceedings of the 4th International Conference on Collaborative Virtual Environments*(pp. 25–30). https://doi.org/10.1145/571878.571883

Blut, M., Wang, C., Wünderlich, N. V., & Brock, C. (2021). Understanding anthropomorphism in service provision: A meta-analysis of physical robots, chatbots, and other AI. *Journal of the Academy of Marketing Science, 49*(4), 632–658. https://doi.org/10.1007/s11747-020-00762-y

Bohnet, I., Greig, F., Herrmann, B., & Zeckhauser, R. (2008). Betrayal aversion: Evidence from Brazil, China, Oman, Switzerland, Turkey, and the United States. *American Economic Review, 98*(1), 294–310. https://doi.org/10.1257/aer.98.1.294

Bond, C. F., & Titus, L. J. (1983). Social facilitation: A meta-analysis of 241 studies. *Psychological Bulletin, 94*(2), 265–292. https://doi.org/10.1037/0033-2909.94.2.265

Bond, R. (2005). Group size and conformity. *Group Processes & Intergroup Relations, 8*(4), 331–354. https://doi.org/10.1177/1368430205056464

Bond, R., & Smith, P. B. (1996). Culture and conformity: A meta-analysis of studies using Asch's (1952b, 1956) line judgment task. *Psychological Bulletin, 119*(1),

111–137. https://doi.org/10.1037/0033-2909.119.1.111

Bonini, L., & Ferrari, P. F. (2011). Evolution of mirror systems: A simple mechanism for complex cognitive functions. *Annals of the New York Academy of Sciences, 1225*(1), 166–175. https://doi.org/10.1111/j.1749-6632.2011.06002.x

Borgi, M., Cogliati-Dezza, I., Brelsford, V., Meints, K., & Cirulli, F. (2014). Baby schema in human and animal faces induces cuteness perception and gaze allocation in children. *Frontiers in Psychology, 5*. https://doi.org/10.3389/fpsyg.2014.00411

Bowlby. (1944). Forty-four juvenile thieves: Their characters and home life. *International Journal of Psychoanalysis, 25*, 19–52.

Bowlby, J. (1977). The making and breaking of affectional bonds. *British Journal of Psychiatry, 130*(5), 421–431. https://doi.org/10.1192/bjp.130.5.421

Brandtzaeg, P. B., Skjuve, M., & Følstad, A. (2022). My AI friend: How users of a social chatbot understand their human-AI friendship. *Human Communication Research, 48*(3), 404–429. https://doi.org/10.1093/hcr/hqac008

Breazeal, C. (2003). Toward sociable robots. *Robotics and Autonomous Systems, 42*(3–4), 167–175. https://doi.org/10.1016/S0921-8890(02)00373-1

Briggs, G., & Scheutz, M. (2014). How robots can affect human behavior: Investigating the effects of robotic displays of protest and distress. *International Journal of Social Robotics, 6*(3), 343–355. https://doi.org/10.1007/s12369-014-0235-1

Broadbent, E. (2017). Interactions with robots: The truths we reveal about ourselves. *Annual Review of Psychology, 68*(1), 627–652. https://doi.org/10.1146/annurev-psych-010416-043958

Bröhl, C., Nelles, J., Brandl, C., Mertens, A., & Nitsch, V. (2019). Human-robot collaboration acceptance model: Development and comparison for Germany, Japan, China and the USA. *International Journal of Social Robotics, 11*(5), 709–726. https://doi.org/10.1007/s12369-019-00593-0

Brščić, D., Kidokoro, H., Suehiro, Y., & Kanda, T. (2015). Escaping from children's abuse of social robots. In *Proceedings of the Tenth Annual ACM/IEEE International Conference on Human-Robot Interaction* (pp. 59–66). https://doi.org/10.1145/2696454.2696468

Burger, J. M. (2009). Replicating Milgram: Would people still obey today? *American Psychologist, 64*(1), 1–11. https://doi.org/10.1037/a0010932

Buss, D. M., & Barnes, M. (1986). Preferences in human mate selection. *Journal of Personality and Social Psychology, 50*(3), 559–570. https://doi.org/10.1037/0022-3514.50.3.559

Butchvarov, P. (2015). *Anthropocentrism in philosophy: Realism, antirealism, semirealism*. https://doi.org/10.1515/9781614518495

Čaić, M., Avelino, J., Mahr, D., Odekerken-Schröder, G., & Bernardino, A. (2020). Robotic versus human coaches for active aging: An automated social presence perspective. *International Journal of Social Robotics, 12*(4), 867–882. https://doi.org/10.1007/s12369-018-0507-2

Cameron, D., de Saille, S., Collins, E. C., Aitken, J. M., Cheung, H., Chua, A., Loh, E. J., & Law, J. (2021). The effect of social-cognitive recovery strategies on likability, capability and trust in social robots. *Computers in Human Behavior, 114*, 106561. https://doi.org/10.1016/j.chb.2020.106561

Cameron, D., Millings, A., Fernando, S., Collins, E. C., Moore, R., Sharkey, A., Evers, V., & Prescott, T. (2018). The effects of robot facial emotional expressions and gender on child-robot interaction in a field study. *Connection Science, 30*(4), 343–361. https://doi.org/10.1080/09540091.2018.1454889

Campa, R. (2016). The rise of social robots: A review of the recent literature. *Journal of Ethics and Emerging Technologies, 26*(1), 106–113. https://doi.org/10.55613/jeet.v26i1.55

Cao, H.-L., Moron, P. C. T., Esteban, P. G., Beir, A. D., Bagheri, E., Lefeber, D., & Vanderborght, B. (2019). "Hmm, did you hear what I just said?" : Development of a re-engagement system for socially interactive robots. *Robotics, 8*(4), 95. https://doi.org/10.3390/robotics8040095

Carli, L. L., Ganley, R., & Pierce-Otay, A. (1991). Similarity and satisfaction in roommate relationships. *Personality and Social Psychology Bulletin, 17*(4), 419–426. https://doi.org/10.1177/0146167291174010

Carmon, Z., Wertenbroch, K., Yang, H., & Schrift, R. (2019). Designing AI systems that customers won't hate. *MIT Sloan Management Review*. https://sloanreview.mit.edu/article/designing-ai-systems-that-customers-wont-hate

Carpenter, J., Davis, J. M., Erwin-Stewart, N., Lee, T. R., Bransford, J. D., & Vye, N. (2009). Gender representation and humanoid robots designed for domestic use. *International Journal of Social Robotics, 1*(3), 261–265. https://doi.org/10.1007/s12369-009-0016-4

Carpinella, C. M., Wyman, A. B., Perez, M. A., & Stroessner, S. J. (2017). The Robotic Social Attributes Scale (RoSAS): Development and validation. In *Proceedings of the 2017 ACM/IEEE International Conference on Human-Robot Interaction* (pp. 254–262). https://doi.org/10.1145/2909824.3020208

Castro-González, Á., Admoni, H., & Scassellati, B. (2016). Effects of form and motion on judgments of social robots' animacy, likability, trustworthiness and unpleasantness. *International Journal of Human-Computer Studies, 90*, 27–38. https://doi.org/10.1016/j.ijhcs.2016.02.004

Celiktutan, O., Skordos, E., & Gunes, H. (2019). Multimodal human-human-robot interactions (MHHRI) dataset for studying personality and engagement. *IEEE Transactions on Affective Computing, 10*(4), 484–497. https://doi.org/10.1109/TAFFC.2017.2737019

Chaminade, T., Zecca, M., Blakemore, S.-J., Takanishi, A., Frith, C. D., Micera, S., Dario, P., Rizzolatti, G., Gallese, V., & Umiltà, M. A. (2010). Brain response to a humanoid robot in areas implicated in the perception of human emotional gestures. *PLoS ONE, 5*(7), e11577. https://doi.org/10.1371/journal.pone.0011577

Chang, C., Shao, B., Li, Y., & Zhang, Y. (2022). Factors influencing consumers' willingness to accept service robots: Based on online reviews of Chinese hotels. *Frontiers in Psychology, 13*, 1016579. https://doi.org/10.3389/

fpsyg.2022.1016579

Chang, W., Wang, H., Yan, G., Lu, Z., Liu, C., & Hua, C. (2021). EEG based functional connectivity analysis of human pain empathy towards humans and robots. *Neuropsychologia, 151*, 107695. https://doi.org/10.1016/j.neuropsychologia.2020.107695

Chi, O. H., Denton, G., & Gursoy, D. (2020). Artificially intelligent device use in service delivery: A systematic review, synthesis, and research agenda. *Journal of Hospitality Marketing & Management, 29*(7), 757–786. https://doi.org/10.1080/19368623.2020.1721394

Chi, O. H., Jia, S., Li, Y., & Gursoy, D. (2021). Developing a formative scale to measure consumers' trust toward interaction with artificially intelligent (AI) social robots in service delivery. *Computers in Human Behavior, 118*, 106700. https://doi.org/10.1016/j.chb.2021.106700

Chien, S.-E., Chu, L., Lee, H.-H., Yang, C.-C., Lin, F.-H., Yang, P.-L., Wang, T.-M., & Yeh, S.-L. (2019). Age difference in perceived ease of use, curiosity, and implicit negative attitude toward robots. *ACM Transactions on Human-Robot Interaction, 8*(2), 1–19. https://doi.org/10.1145/3311788

Christoforakos, L., Gallucci, A., Surmava-Große, T., Ullrich, D., & Diefenbach, S. (2021). Can robots earn our trust the same way humans do? A systematic exploration of competence, warmth, and anthropomorphism as determinants of trust development in HRI. *Frontiers in Robotics and AI, 8*, 640444. https://doi.org/10.3389/frobt.2021.640444

Chuah, S. H.-W., Aw, E. C.-X., & Yee, D. (2021). Unveiling the complexity of consumers' intention to use service robots: An fsQCA approach. *Computers in Human Behavior, 123*, 106870. https://doi.org/10.1016/j.chb.2021.106870

Chuah, S. H.-W., & Yu, J. (2021). The future of service: The power of emotion in human-robot interaction. *Journal of Retailing and Consumer Services, 61*, 102551. https://doi.org/10.1016/j.jretconser.2021.102551

Ciardo, F., Beyer, F., De Tommaso, D., & Wykowska, A. (2020). Attribution of intentional agency towards robots reduces one's own sense of agency. *Cognition, 194*, 104109. https://doi.org/10.1016/j.cognition.2019.104109

Cikara, M., Bruneau, E., Van Bavel, J. J., & Saxe, R. (2014). Their pain gives us pleasure: How intergroup dynamics shape empathic failures and counter-empathic responses. *Journal of Experimental Social Psychology, 55*, 110–125. https://doi.org/10.1016/j.jesp.2014.06.007

Cikara, M., & Fiske, S. T. (2011). Bounded empathy: Neural responses to outgroup targets' (mis)fortunes. *Journal of Cognitive Neuroscience, 23*(12), 3791–3803. https://doi.org/10.1162/jocna00069

Clabaugh, C., Becerra, D., Deng, E., Ragusa, G., & Matarić, M. (2018). Month-long, in-home case study of a socially assistive robot for children with autism spectrum disorder. In *Companion of the 2018 ACM/IEEE International Conference on Human-Robot Interaction* (pp. 87–88). https://doi.org/10.1145/3173386.3177018

Clarke, R. (1994). Asimov's laws of robotics: Implications for information technology. *Computer, 27*(1), 57–66. https://doi.org/10.1109/2.248881

Coghlan, S. (2021). Robots and the possibility of humanistic care. *International Journal of Social Robotics*. https://doi.org/10.1007/s12369-021-00804-7

Cohen, S., & Wills, T. A. (1985). Stress, social support, and the buffering hypothesis. *Psychological Bulletin, 98*(2), 310–357. https://doi.org/10.1037/0033-2909.98.2.310

Connolly, J., Mocz, V., Salomons, N., Valdez, J., Tsoi, N., Scassellati, B., & Vázquez, M. (2020). Prompting prosocial human interventions in response to robot mistreatment. *Proceedings of the 2020 ACM/IEEE International Conference on Human-Robot Interaction*, 211–220. https://doi.org/10.1145/3319502.3374781

Craig, M. J. A., & Edwards, C. (2021). Feeling for our robot overlords: Perceptions of emotionally expressive social robots in initial interactions. *Communication Studies, 72*(2), 251–265. https://doi.org/10.1080/10510974.2021.1880457

Cramer, H., Goddijn, J., Wielinga, B., & Evers, V. (2010). Effects of (in)accurate empathy and situational valence on attitudes towards robots. *2010 5th ACM/*

IEEE International Conference on Human-Robot Interaction (HRI), 141–142. https://doi.org/10.1109/HRI.2010.5453224

Cross, E. S., Hortensius, R., & Wykowska, A. (2019). From social brains to social robots: Applying neurocognitive insights to human-robot interaction. *Philosophical Transactions of the Royal Society B: Biological Sciences, 374*(1771), 20180024. https://doi.org/10.1098/rstb.2018.0024

Cross, E. S., Riddoch, K. A., Pratts, J., Titone, S., Chaudhury, B., & Hortensius, R. (2019). A neurocognitive investigation of the impact of socializing with a robot on empathy for pain. *Philosophical Transactions of the Royal Society B: Biological Sciences, 374*(1771), 20180034. https://doi.org/10.1098/rstb.2018.0034

Crowell, C. R., Deska, J. C., Villano, M., Zenk, J., & Roddy Jr, J. T. (2019). Anthropomorphism of robots: Study of appearance and agency. *JMIR Human Factors, 6*(2), e12629. https://doi.org/10.2196/12629

Cuddy, A. J. C., Fiske, S. T., & Glick, P. (2008). Warmth and competence as universal dimensions of social perception: The stereotype content model and the BIAS map. In *Advances in Experimental Social Psychology* (Vol. 40, pp. 61–149). Elsevier. https://doi.org/10.1016/S0065-2601(07)00002-0

Cuff, B. M. P., Brown, S. J., Taylor, L., & Howat, D. J. (2016). Empathy: A review of the concept. *Emotion Review, 8*(2), 144–153. https://doi.org/10.1177/1754073914558466

Cui, F., Ma, N., & Luo, Y. (2016). Moral judgment modulates neural responses to the perception of others' pain: An ERP study. *Scientific Reports, 6*(1), 20851. https://doi.org/10.1038/srep20851

Damholdt, M. F., Nørskov, M., Yamazaki, R., Hakli, R., Hansen, C. V., Vestergaard, C., & Seibt, J. (2015). Attitudinal change in elderly citizens toward social robots: The role of personality traits and beliefs about robot functionality. *Frontiers in Psychology, 6*. https://doi.org/10.3389/fpsyg.2015.01701

Dang, J., & Liu, L. (2021). Robots are friends as well as foes: Ambivalent attitudes toward mindful and mindless AI robots in the United States and China. *Computers in Human Behavior, 115*, 106612. https://doi.org/10.1016/j.chb.2020.106612

Dang, J., & Liu, L. (2022a). A growth mindset about human minds promotes positive responses to intelligent technology. *Cognition, 220*, 104985. https://doi.org/10.1016/j.cognition.2021.104985

Dang, J., & Liu, L. (2022b). Implicit theories of the human mind predict competitive and cooperative responses to AI robots. *Computers in Human Behavior, 134*, 107300. https://doi.org/10.1016/j.chb.2022.107300

Dang, J., & Liu, L. (2023). Social connectedness promotes robot anthropomorphism. *Social Psychological and Personality Science*. Advance online publication. https://doi.org/10.1177/19485506231170917

Darling, K. (2016). Extending legal protection to social robots: The effects of anthropomorphism, empathy, and violent behavior towards robotic objects. In R. Calo, A. Froomkin, & I. Kerr (Eds.), *Robot law* (pp. 213–232). Edward Elgar Publishing. https://doi.org/10.4337/9781783476732.00017

David, N., Newen, A., & Vogeley, K. (2008). The "sense of agency" and its underlying cognitive and neural mechanisms. *Consciousness and Cognition, 17*(2), 523–534. https://doi.org/10.1016/j.concog.2008.03.004

Davis, J. B. (2014). Social capital and social identity: Trust and conflict. In *Social capital and economics: Social values, power, and identity* (p. 17). Taylor & Francis (Routledge).

De Freitas, J., Agarwal, S., Schmitt, B., & Haslam, N. (2023). Psychological factors underlying attitudes toward AI tools. *Nature Human Behaviour, 7*(11), 1845–1854. https://doi.org/10.1038/s41562-023-01734-2

de Graaf, M. M. A., & Ben Allouch, S. (2013). Exploring influencing variables for the acceptance of social robots. *Robotics and Autonomous Systems, 61*(12), 1476–1486. https://doi.org/10.1016/j.robot.2013.07.007

de Graaf, M. M. A., & Ben Allouch, S. (2014). Expectation setting and personality attribution in HRI. *Proceedings of the 2014 ACM/IEEE International Conference on Human-Robot Interaction*, 144–145. https://doi.org/10.1145/2559636.2559796

De Jong, D., Hortensius, R., Hsieh, T.-Y., & Cross, E. S. (2021). Empathy and schadenfreude in human-robot teams. *Journal of Cognition, 4*(1), 35. https://doi.org/10.5334/joc.177

de Kleijn, R., van Es, L., Kachergis, G., & Hommel, B. (2019). Anthropomorphization of artificial agents leads to fair and strategic, but not altruistic behavior. *International Journal of Human-Computer Studies, 122*, 168–173. https://doi.org/10.1016/j.ijhcs.2018.09.008

de Melo, C. M., Carnevale, P., & Gratch, J. (2011). The impact of emotion displays in embodied agents on emergence of cooperation with people. *Presence: Teleoperators and Virtual Environments, 20*(5), 449–465. https://doi.org/10.1162/PRESa00062

de Melo, C. M., Marsella, S., & Gratch, J. (2016). People do not feel guilty about exploiting machines. *ACM Transactions on Computer-Human Interaction, 23*(2), 1–17. https://doi.org/10.1145/2890495

de Visser, E. J., Monfort, S. S., McKendrick, R., Smith, M. A. B., McKnight, P. E., Krueger, F., & Parasuraman, R. (2016). Almost human: Anthropomorphism increases trust resilience in cognitive agents. *Journal of Experimental Psychology: Applied, 22*(3), 331–349. https://doi.org/10.1037/xap0000092

Deligianis, C., Stanton, C. J., McGarty, C., & Stevens, C. J. (2017). The impact of intergroup bias on trust and approach behaviour towards a humanoid robot. *Journal of Human-Robot Interaction, 6*(3), 4. https://doi.org/10.5898/JHRI.6.3.Deligianis

Dellermann, D., Calma, A., Lipusch, N., Weber, T., Weigel, S., & Ebel, P. A. (2019). The future of human-AI collaboration: A taxonomy of design knowledge for hybrid intelligence systems. *Proceedings of the Hawaii International Conference on System Sciences*. https://api.semanticscholar.org/CorpusID:53064224

Depue, R. A., & Morrone-Strupinsky, J. V. (2005). A neurobehavioral model of affiliative bonding: Implications for conceptualizing a human trait of affiliation. *Behavioral and Brain Sciences, 28*(03). https://doi.org/10.1017/S0140525X05000063

Devine, P. G. (1989). Stereotypes and prejudice: Their automatic and controlled components. *Journal of Personality and Social Psychology, 56*(1), 5–18. https://doi.org/10.1037/0022-3514.56.1.5

DeWall, C. N., & Baumeister, R. F. (2006). Alone but feeling no pain: Effects of social exclusion on physical pain tolerance and pain threshold, affective forecasting, and interpersonal empathy. *Journal of Personality and Social Psychology, 91*(1), 1–15. https://doi.org/10.1037/0022-3514.91.1.1

Di Cesare, G., Vannucci, F., Rea, F., Sciutti, A., & Sandini, G. (2020). How attitudes generated by humanoid robots shape human brain activity. *Scientific Reports, 10*(1), 16928. https://doi.org/10.1038/s41598-020-73728-3

Di Dio, C., Manzi, F., Itakura, S., Kanda, T., Ishiguro, H., Massaro, D., & Marchetti, A. (2020). It does not matter who you are: Fairness in pre-schoolers interacting with human and robotic partners. *International Journal of Social Robotics, 12*(5), 1045–1059. https://doi.org/10.1007/s12369-019-00528-9

Dinet, J., & Vivian, R. (2015). Perception et attitudes à l'égard des robots anthropomorphes en France: Validation d'une échelle d'attitudes. *Psychologie Française, 60*(2), 173–189. https://doi.org/10.1016/j.psfr.2015.05.002

Ditzen, B., & Heinrichs, M. (2014). Psychobiology of social support: The social dimension of stress buffering. *Restorative Neurology and Neuroscience, 32*(1), 149–162. https://doi.org/10.3233/RNN-139008

Dujeancourt, E., & Garz, M. (2023). The effects of algorithmic content selection on user engagement with news on Twitter. *The Information Society, 39*(5), 263–281. https://doi.org/10.1080/01972243.2023.2230471

Dweck, C. S. (2000). *Self-theories: Their role in motivation, personality, and development*. Psychology Press.

Dworkin, E. R., Ullman, S. E., Stappenbeck, C., Brill, C. D., & Kaysen, D. (2018). Proximal relationships between social support and PTSD symptom severity: A daily diary study of sexual assault survivors. *Depression and Anxiety, 35*(1), 43–49. https://doi.org/10.1002/da.22679

Eisenberger, N. I., Lieberman, M. D., & Williams, K. D. (2003). Does rejection hurt? An fMRI study of social exclusion. *Science, 302*(5643), 290–292. https://doi.org/10.1126/science.1089134

Epley, N., Waytz, A., & Cacioppo, J. T. (2007). On seeing human: A three-factor theory of anthropomorphism. *Psychological Review, 114*(4), 864–886. https://doi.org/10.1037/0033-295X.114.4.864

Eysenck, H. J. (1991). Dimensions of personality: 16, 5 or 3?—Criteria for a taxonomic paradigm. *Personality and Individual Differences, 12*(8), 773–790. https://doi.org/10.1016/0191-8869(91)90144-Z

Eyssel, F., & Hegel, F. (2012). (S)he's got the look: Gender stereotyping of robots. *Journal of Applied Social Psychology, 42*(9), 2213–2230. https://doi.org/10.1111/j.1559-1816.2012.00937.x

Eyssel, F., & Kuchenbrandt, D. (2012). Social categorization of social robots: Anthropomorphism as a function of robot group membership: Social categorization and social robots. *British Journal of Social Psychology, 51*(4), 724–731. https://doi.org/10.1111/j.2044-8309.2011.02082.x

Eyssel, F., & Loughnan, S. (2013). "It don't matter if you're black or white" ? In G. Herrmann, M. J. Pearson, A. Lenz, P. Bremner, A. Spiers, & U. Leonards (Eds.), *Social robotics* (Vol. 8239, pp. 422–431). Springer International Publishing. https://doi.org/10.1007/978-3-319-02675-642

Fehr, E., & Gächter, S. (1998). Reciprocity and economics: The economic implications of Homo Reciprocans. *European Economic Review, 42*(3–5), 845–859. https://doi.org/10.1016/S0014-2921(97)00131-1

Fehr, E., & Schmidt, K. M. (1999). A theory of fairness, competition, and cooperation. *The Quarterly Journal of Economics, 114*(3), 817–868. https://doi.

org/10.1162/003355399556151

Felnhofer, A., Kafka, J. X., Hlavacs, H., Beutl, L., Kryspin-Exner, I., & Kothgassner, O. D. (2018). Meeting others virtually in a day-to-day setting: Investigating social avoidance and prosocial behavior towards avatars and agents. *Computers in Human Behavior, 80*, 399–406. https://doi.org/10.1016/j.chb.2017.11.031

Felnhofer, A., Kaufmann, M., Atteneder, K., Kafka, J. X., Hlavacs, H., Beutl, L., Hennig-Fast, K., & Kothgassner, O. D. (2019). The mere presence of an attentive and emotionally responsive virtual character influences focus of attention and perceived stress. *International Journal of Human-Computer Studies, 132*, 45–51. https://doi.org/10.1016/j.ijhcs.2019.07.010

Feuerriegel, S., DiResta, R., Goldstein, J. A., Kumar, S., Lorenz-Spreen, P., Tomz, M., & Pröllochs, N. (2023). Research can help to tackle AI-generated disinformation. *Nature Human Behaviour, 7*(11), 1818–1821. https://doi.org/10.1038/s41562-023-01726-2

Fiske, S. T., & Macrae, C. N. (Eds.). (2012). *The SAGE handbook of social cognition*. SAGE. https://doi.org/10.4135/9781446247631

Fogg, B., & Nass, C. (1997). How users reciprocate to computers: An experiment that demonstrates behavior change. *CHI'97 Extended Abstracts on Human Factors in Computing Systems Looking to the Future*, 331. https://doi.org/10.1145/1120212.1120419

Fong, T., Nourbakhsh, I., & Dautenhahn, K. (2003). A survey of socially interactive robots. *Robotics and Autonomous Systems, 42*(3–4), 143–166. https://doi.org/10.1016/S0921-8890(02)00372-X

Fortuna, P., Wróblewski, Z., & Gorbaniuk, O. (2021). The structure and correlates of anthropocentrism as a psychological construct. *Current Psychology*. https://doi.org/10.1007/s12144-021-01835-z

Fratczak, P., Goh, Y. M., Kinnell, P., Justham, L., & Soltoggio, A. (2021). Robot apology as a post-accident trust-recovery control strategy in industrial human-robot interaction. *International Journal of Industrial Ergonomics, 82*, 103078.

https://doi.org/10.1016/j.ergon.2020.103078

Fraune, M. R. (2020). Our robots, our team: Robot anthropomorphism moderates group effects in human-robot teams. *Frontiers in Psychology, 11*, 1275. https://doi.org/10.3389/fpsyg.2020.01275

Fraune, M. R., Sabanovic, S., & Smith, E. R. (2017). Teammates first: Favoring ingroup robots over outgroup humans. *2017 26th IEEE International Symposium on Robot and Human Interactive Communication*, 1432–1437. https://doi.org/10.1109/ROMAN.2017.8172492

Freedman, J. L., & Fraser, S. C. (1966). Compliance without pressure: The foot-in-the-door technique. *Journal of Personality and Social Psychology, 4*(2), 195–202. https://doi.org/10.1037/h0023552

Fujita, M. (2004). On activating human communications with pet-type robot AIBO. *Proceedings of the IEEE, 92*(11), 1804–1813. https://doi.org/10.1109/JPROC.2004.835364

Gácsi, M., Kis, A., Faragó, T., Janiak, M., Muszy ń ski, R., & Miklósi, Á. (2016). Humans attribute emotions to a robot that shows simple behavioural patterns borrowed from dog behaviour. *Computers in Human Behavior, 59*, 411–419. https://doi.org/10.1016/j.chb.2016.02.043

Gambino, A., Fox, J., & Ratan, R. (2020). Building a stronger CASA: Extending the Computers Are Social Actors paradigm. *Human-Machine Communication, 1*, 71–86. https://doi.org/10.30658/hmc.1.5

Gao, X., Yu, H., Sáez, I., Blue, P. R., Zhu, L., Hsu, M., & Zhou, X. (2018). Distinguishing neural correlates of context-dependent advantageous- and disadvantageous-inequity aversion. *Proceedings of the National Academy of Sciences, 115*(33), E7680–E7689. https://doi.org/10.1073/pnas.1802523115

Geniole, S. N., Molnar, D. S., Carré, J. M., & McCormick, C. M. (2014). The facial width-to-height ratio shares stronger links with judgments of aggression than with judgments of trustworthiness. *Journal of Experimental Psychology: Human Perception and Performance, 40*(4), 1526–1541. https://doi.org/10.1037/

a0036732

Geva, N., Uzefovsky, F., & Levy-Tzedek, S. (2020). Touching the social robot PARO reduces pain perception and salivary oxytocin levels. *Scientific Reports, 10*(1), 9814. https://doi.org/10.1038/s41598-020-66982-y

Ghazali, A. S., Ham, J., Barakova, E. I., & Markopoulos, P. (2017). Pardon the rude robot: Social cues diminish reactance to high controlling language. *2017 26th IEEE International Symposium on Robot and Human Interactive Communication*, 411–417. https://doi.org/10.1109/ROMAN.2017.8172335

Ghazali, A. S., Ham, J., Barakova, E., & Markopoulos, P. (2018). The influence of social cues in persuasive social robots on psychological reactance and compliance. *Computers in Human Behavior, 87*, 58–65. https://doi.org/10.1016/j.chb.2018.05.016

Gnambs, T. (2019). Attitudes towards emergent autonomous robots in Austria and Germany. *E & i Elektrotechnik Und Informationstechnik, 136*(7), 296–300. https://doi.org/10.1007/s00502-019-00742-3

Gorn, G. J., Jiang, Y., & Johar, G. V. (2008). Babyfaces, trait inferences, and company evaluations in a public relations crisis. *Journal of Consumer Research, 35*(1), 36–49. https://doi.org/10.1086/529533

Goudey, A., & Bonnin, G. (2016). Must smart objects look human? Study of the impact of anthropomorphism on the acceptance of companion robots. *Recherche et Applications En Marketing (English Edition), 31*(2), 2–20. https://doi.org/10.1177/2051570716643961

Gratch, J., Wang, N., Gerten, J., Fast, E., & Duffy, R. (2007). Creating rapport with virtual agents. In C. Pelachaud, J.-C. Martin, E. André, G. Chollet, K. Karpouzis, & D. Pelé (Eds.), *Intelligent virtual agents* (Vol. 4722, pp. 125–138). Springer Berlin Heidelberg. https://doi.org/10.1007/978-3-540-74997-412

Gray, H. M., Gray, K., & Wegner, D. M. (2007). Dimensions of mind perception. *Science, 315*(5812), 619–619. https://doi.org/10.1126/science.1134475

Green, M. F., Penn, D. L., Bentall, R., Carpenter, W. T., Gaebel, W., Gur, R. C., Kring,

A. M., Park, S., Silverstein, S. M., & Heinssen, R. (2008). Social cognition in schizophrenia: An NIMH workshop on definitions, assessment, and research opportunities. *Schizophrenia Bulletin, 34*(6), 1211–1220. https://doi.org/10.1093/schbul/sbm145

Guadagno, R. E., Blascovich, J., Bailenson, J. N., & Mccall, C. (2007). Virtual humans and persuasion: The effects of agency and behavioral realism. *Media Psychology, 10*(1), 1–22. https://doi.org/10.1080/15213260701300865

Guido, G., & Peluso, A. M. (2009). When are baby-faced endorsers appropriate? Testing effects on credibility and purchase intention. *Journal of Current Issues & Research in Advertising, 31*(2), 67–74. https://doi.org/10.1080/10641734.2009.10505266

Guo, L., Liang, J., Huang, Y., & Shang, J. (2023). The impact of the cuteness of service robots on consumers' interaction willingness. *Current Psychology*. https://doi.org/10.1007/s12144-023-05365-8

Hall, B., & Henningsen, D. D. (2008). Social facilitation and human-computer interaction. *Computers in Human Behavior, 24*(6), 2965–2971. https://doi.org/10.1016/j.chb.2008.05.003

Hall, E. T. (1966). *The hidden dimension*. Doubleday & Co.

Hancock, P. A., Billings, D. R., Schaefer, K. E., Chen, J. Y. C., de Visser, E. J., & Parasuraman, R. (2011). A meta-analysis of factors affecting trust in human-robot interaction. *Human Factors: The Journal of the Human Factors and Ergonomics Society, 53*(5), 517–527. https://doi.org/10.1177/0018720811417254

Hare, B. (2017). Survival of the friendliest: Homo sapiens evolved via selection for prosociality. *Annual Review of Psychology, 68*(1), 155–186. https://doi.org/10.1146/annurev-psych-010416-044201

Hegel, F., Spexard, T., Wrede, B., Horstmann, G., & Vogt, T. (2006). Playing a different imitation game: Interaction with an empathic android robot. *2006 6th IEEE-RAS International Conference on Humanoid Robots*, 56–61. https://doi.org/10.1109/ICHR.2006.321363

Heijnen, S., de Kleijn, R., & Hommel, B. (2019). The impact of human-robot synchronization on anthropomorphization. *Frontiers in Psychology, 9*, 2607. https://doi.org/10.3389/fpsyg.2018.02607

Henschel, A., Hortensius, R., & Cross, E. S. (2020). Social cognition in the age of human-robot interaction. *Trends in Neurosciences, 43*(6), 373–384. https://doi.org/10.1016/j.tins.2020.03.013

Higashino, K., Kimoto, M., Iio, T., Shimohara, K., & Shiomi, M. (2023). Is politeness better than impoliteness? Comparisons of robot's encouragement effects toward performance, moods, and propagation. *International Journal of Social Robotics, 15*(5), 717–729. https://doi.org/10.1007/s12369-023-00971-9

Hilty, J. A., & Carnevale, P. J. (1993). Black-hat/white-hat strategy in bilateral negotiation. *Organizational Behavior and Human Decision Processes, 55*(3), 444–469. https://doi.org/10.1006/obhd.1993.1039

Ho, T.-H. (2020). Reflection on the moral anthropomorphism of robots. *Euramerica, 50*(2), 179–205. https://doi.org/10.7015/JEAS.20200650(2).0003

Hoenen, M., Lübke, K. T., & Pause, B. M. (2016). Non-anthropomorphic robots as social entities on a neurophysiological level. *Computers in Human Behavior, 57*, 182–186. https://doi.org/10.1016/j.chb.2015.12.034

Hoff, K. A., & Bashir, M. (2015). Trust in automation: Integrating empirical evidence on factors that influence trust. *Human Factors: The Journal of the Human Factors and Ergonomics Society*, *57*(3), 407–434. https://doi.org/10.1177/0018720814547570

Hoffman, G., Forlizzi, J., Ayal, S., Steinfeld, A., Antanitis, J., Hochman, G., Hochendoner, E., & Finkenaur, J. (2015). Robot presence and human honesty: Experimental evidence. *Proceedings of the Tenth Annual ACM/IEEE International Conference on Human-Robot Interaction*, 181–188. https://doi.org/10.1145/2696454.2696487

Hoffmann, L., Krämer, N. C., Lam-chi, A., & Kopp, S. (2009). Media equation revisited: Do users show polite reactions towards an embodied agent? In Z.

Ruttkay, M. Kipp, A. Nijholt, & H. H. Vilhjálmsson (Eds.), *Intelligent virtual agents* (Vol. 5773, pp. 159–165). Springer Berlin Heidelberg. https://doi.org/10.1007/978-3-642-04380-219

Hofstede, G. (1980). *Culture's consequences: Comparing values, behaviors, institutions and organizations across nations*. Beverly Hills.

Horstmann, A. C., Gratch, J., & Krämer, N. C. (2021). I just wanna blame somebody, not something! Reactions to a computer agent giving negative feedback based on the instructions of a person. *International Journal of Human-Computer Studies, 154*, 102683. https://doi.org/10.1016/j.ijhcs.2021.102683

Hoyt, C. L., Blascovich, J., & Swinth, K. R. (2003). Social inhibition in immersive virtual environments. *Presence: Teleoperators and Virtual Environments, 12*(2), 183–195. https://doi.org/10.1162/105474603321640932

Hu, Y., He, L., Zhang, L., Wölk, T., Dreher, J.-C., & Weber, B. (2018). Spreading inequality: Neural computations underlying paying-it-forward reciprocity. *Social Cognitive and Affective Neuroscience, 13*(6), 578–589. https://doi.org/10.1093/scan/nsy040

Hu, Y., & Min, H. (Kelly) (2023). The dark side of artificial intelligence in service: The "watching-eye" effect and privacy concerns. *International Journal of Hospitality Management, 110*, 103437. https://doi.org/10.1016/j.ijhm.2023.103437

Huang, H.-L., Cheng, L.-K., Sun, P.-C., & Chou, S.-J. (2021). The effects of perceived identity threat and realistic threat on the negative attitudes and usage intentions toward hotel service robots: The moderating effect of the robot's anthropomorphism. *International Journal of Social Robotics*. https://doi.org/10.1007/s12369-021-00752-2

Hui, C. T. J., Jain, S., & Watson, C. I. (2019). Effects of sentence structure and word complexity on intelligibility in machine-to-human communications. *Computer Speech & Language, 58*, 203–215. https://doi.org/10.1016/j.csl.2019.03.002

Ilgen, D. R., Hollenbeck, J. R., Johnson, M., & Jundt, D. (2005). Teams in organizations: From input-process-output models to IMOI models. *Annual Review of Psychology, 56*(1), 517–543. https://doi.org/10.1146/annurev.psych.56.091103.070250

Inoue, K., Nonaka, S., Ujiie, Y., Takubo, T., & Arai, T. (2005). Comparison of human psychology for real and virtual mobile manipulators. *ROMAN 2005. IEEE International Workshop on Robot and Human Interactive Communication, 2005*, 73–78. https://doi.org/10.1109/ROMAN.2005.1513759

Inzlicht, M., Cameron, C. D., D'Cruz, J., & Bloom, P. (2023). In praise of empathic AI. *Trends in Cognitive Sciences*. https://doi.org/10.1016/j.tics.2023.12.003

Isbister, K., & Nass, C. (2000). Consistency of personality in interactive characters: Verbal cues, non-verbal cues, and user characteristics. *International Journal of Human-Computer Studies, 53*(2), 251–267. https://doi.org/10.1006/ijhc.2000.0368

Ishiguro, H. (2007). Android science. In S. Thrun, R. Brooks, & H. Durrant-Whyte (Eds.), *Robotics research* (Vol. 28, pp. 118–127). Springer Berlin Heidelberg. https://doi.org/10.1007/978-3-540-48113-311

Ivanov, S. (2023). The dark side of artificial intelligence in higher education. *The Service Industries Journal, 43*(15–16), 1055–1082. https://doi.org/10.1080/02642069.2023.2258799

Jia, J. W., Chung, N., & Hwang, J. (2021). Assessing the hotel service robot interaction on tourists' behaviour: The role of anthropomorphism. *Industrial Management & Data Systems, 121*(6), 1457–1478. https://doi.org/10.1108/IMDS-11-2020-0664

Jia, X., & Chen, C.-H. (2023). Minimal social cues, body proportion, head shape, and participant's gender on the trustworthiness of social robots. *International Journal of Human-Computer Interaction*, 1–12. https://doi.org/10.1080/10447318.2023.2279418

Johnsen, K., Sun Joo Ahn, Moore, J., Brown, S., Robertson, T. P., Marable, A., & Basu, A. (2014). Mixed reality virtual pets to reduce childhood obesity. *IEEE*

Transactions on Visualization and Computer Graphics, 20(4), 523–530. https://doi.org/10.1109/TVCG.2014.33

Joinson, A. N. (2003). *Understanding the psychology of Internet behaviour: Virtual worlds, real lives*. Palgrave Macmillan.

Kalegina, A., Schroeder, G., Allchin, A., Berlin, K., & Cakmak, M. (2018). Characterizing the design space of rendered robot faces. *Proceedings of the 2018 ACM/IEEE International Conference on Human-Robot Interaction*, 96–104. https://doi.org/10.1145/3171221.3171286

Kaplan, A. D., Sanders, T., & Hancock, P. A. (2019). The relationship between extroversion and the tendency to anthropomorphize robots: A Bayesian analysis. *Frontiers in Robotics and AI, 5*, 135. https://doi.org/10.3389/frobt.2018.00135

Kaplan, F. (2001). Artificial attachment: Will a robot ever pass Ainsworth's strange situation test. *Proceedings of Humanoids*, 125–132.

Karakayali, N. (2009). Social distance and affective orientations. *Sociological Forum, 24*(3), 538–562. https://doi.org/10.1111/j.1573-7861.2009.01119.x

Kegel, L. C., Brugger, P., Frühholz, S., Grunwald, T., Hilfiker, P., Kohnen, O., Loertscher, M. L., Mersch, D., Rey, A., Sollfrank, T., Steiger, B. K., Sternagel, J., Weber, M., & Jokeit, H. (2020). Dynamic human and avatar facial expressions elicit differential brain responses. *Social Cognitive and Affective Neuroscience, 15*(3), 303–317. https://doi.org/10.1093/scan/nsaa039

Keijsers, M., Bartneck, C., & Eyssel, F. (2021). Pay them no mind: The influence of implicit and explicit robot mind perception on the right to be protected. *International Journal of Social Robotics*. https://doi.org/10.1007/s12369-021-00799-1

Keijsers, M., Kazmi, H., Eyssel, F., & Bartneck, C. (2021). Teaching robots a lesson: Determinants of robot punishment. *International Journal of Social Robotics, 13*(1), 41–54. https://doi.org/10.1007/s12369-019-00608-w

Kelley, M. S., Noah, J. A., Zhang, X., Scassellati, B., & Hirsch, J. (2021). Comparison of human social brain activity during eye-contact with another human and a humanoid robot. *Frontiers in Robotics and AI, 7*, 599581. https://doi.org/10.3389/frobt.2020.599581

Khan, R. F., & Sutcliffe, A. (2014). Attractive agents are more persuasive. *International Journal of Human-Computer Interaction, 30*(2), 142–150. https://doi.org/10.1080/10447318.2013.839904

Kiesler, S., & Sproull, L. (1997). "Social" human-computer interaction. In B. Friedman (Ed.), *Human values and the design of computer technology* (pp. 191–199). Cambridge University Press.

Kiilavuori, H., Sariola, V., Peltola, M. J., & Hietanen, J. K. (2021). Making eye contact with a robot: Psychophysiological responses to eye contact with a human and with a humanoid robot. *Biological Psychology, 158*, 107989. https://doi.org/10.1016/j.biopsycho.2020.107989

Kim, K.-J., & Cho, S.-B. (2021). Inference of other's minds with limited information in evolutionary robotics. *International Journal of Social Robotics, 13*(4), 661–676. https://doi.org/10.1007/s12369-020-00660-x

Kim, R. H., Moon, Y., Choi, J. J., & Kwak, S. S. (2014). The effect of robot appearance types on motivating donation. *Proceedings of the 2014 ACM/IEEE International Conference on Human-Robot Interaction*, 210–211. https://doi.org/10.1145/2559636.2563685

Kim, S. Y., Schmitt, B. H., & Thalmann, N. M. (2019). Eliza in the uncanny valley: Anthropomorphizing consumer robots increases their perceived warmth but decreases liking. *Marketing Letters, 30*(1), 1–12. https://doi.org/10.1007/s11002-019-09485-9

Kim, T., & Hinds, P. (2006). Who should I blame? Effects of autonomy and transparency on attributions in human-robot interaction. *The 15th IEEE International Symposium on Robot and Human Interactive Communication*, 80–85. https://doi.org/10.1109/ROMAN.2006.314398

Kim, T., & Song, H. (2021). How should intelligent agents apologize to restore trust? Interaction effects between anthropomorphism and apology attribution on trust repair. *Telematics and Informatics, 61*, 101595. https://doi.org/10.1016/j.tele.2021.101595

Kim, Y., Kwak, S. S., & Kim, M. (2013). Am I acceptable to you? Effect of a robot's verbal language forms on people's social distance from robots. *Computers in Human Behavior, 29*(3), 1091–1101. https://doi.org/10.1016/j.chb.2012.10.001

Kim, Y., & Mutlu, B. (2014). How social distance shapes human-robot interaction. *International Journal of Human-Computer Studies, 72*(12), 783–795. https://doi.org/10.1016/j.ijhcs.2014.05.005

Klohnen, E. C., & Luo, S. (2003). Interpersonal attraction and personality: What is attractive—self similarity, ideal similarity, complementarity or attachment security? *Journal of Personality and Social Psychology, 85*(4), 709–722. https://doi.org/10.1037/0022-3514.85.4.709

Knight, M., & Mccoy, B. (Eds.). (2018). *Understanding social cognition: Theory, perspectives and cultural differences*. Nova Science Publishers.

Koditschek, D. E. (2021). What is robotics? Why do we need it and how can we get it? *Annual Review of Control, Robotics, and Autonomous Systems, 4*(1), 1–33. https://doi.org/10.1146/annurev-control-080320-011601

Konok, V., Korcsok, B., Miklósi, Á., & Gácsi, M. (2018). Should we love robots?—The most liked qualities of companion dogs and how they can be implemented in social robots. *Computers in Human Behavior, 80*, 132–142. https://doi.org/10.1016/j.chb.2017.11.002

Korondi, P., Korcsok, B., Kovács, S., & Niitsuma, M. (2015). Etho-robotics: What kind of behaviour can we learn from the animals? *IFAC-PapersOnLine, 48*(19), 244–255. https://doi.org/10.1016/j.ifacol.2015.12.041

Kothgassner, O. D., Goreis, A., Glenk, L. M., Kafka, J. X., Beutl, L., Kryspin-Exner, I., Hlavacs, H., Palme, R., & Felnhofer, A. (2021). Virtual and real-life ostracism and its impact on a subsequent acute stressor. *Physiology & Behavior, 228*, 113205. https://doi.org/10.1016/j.physbeh.2020.113205

Kothgassner, O. D., Goreis, A., Kafka, J. X., Kaufmann, M., Atteneder, K., Beutl,

L., Hennig-Fast, K., Hlavacs, H., & Felnhofer, A. (2019). Virtual social support buffers stress response: An experimental comparison of real-life and virtual support prior to a social stressor. *Journal of Behavior Therapy and Experimental Psychiatry, 63*, 57–65. https://doi.org/10.1016/j.jbtep.2018.11.003

Krach, S., Hegel, F., Wrede, B., Sagerer, G., Binkofski, F., & Kircher, T. (2008). Can machines think? Interaction and perspective taking with robots investigated via fMRI. *PLoS ONE, 3*(7), e2597. https://doi.org/10.1371/journal.pone.0002597

Krägeloh, C. U., Bharatharaj, J., Albo-Canals, J., Hannon, D., & Heerink, M. (2022). The time is ripe for robopsychology. *Frontiers in Psychology, 13*, 968382. https://doi.org/10.3389/fpsyg.2022.968382

Krueger, F., Mitchell, K. C., Deshpande, G., & Katz, J. S. (2021). Human-dog relationships as a working framework for exploring human-robot attachment: A multidisciplinary review. *Animal Cognition, 24*(2), 371–385. https://doi.org/10.1007/s10071-021-01472-w

Kuchenbrandt, D., Eyssel, F., Bobinger, S., & Neufeld, M. (2013). When a robot's group membership matters: Anthropomorphization of robots as a function of social categorization. *International Journal of Social Robotics, 5*(3), 409–417. https://doi.org/10.1007/s12369-013-0197-8

Kühne, K., Fischer, M. H., & Zhou, Y. (2020). The human takes it all: Humanlike synthesized voices are perceived as less eerie and more likable. Evidence from a subjective ratings study. *Frontiers in Neurorobotics, 14*, 593732. https://doi.org/10.3389/fnbot.2020.593732

Kühnlenz, B., Kuhnlenz, K., Busse, F., Fortsch, P., & Wolf, M. (2018). Effect of explicit emotional adaptation on prosocial behavior of humans towards robots depends on prior robot experience. *2018 27th IEEE International Symposium on Robot and Human Interactive Communication*, 275–281. https://doi.org/10.1109/ROMAN.2018.8525515

Kühnlenz, B., Sosnowski, S., Buß, M., Wollherr, D., Kühnlenz, K., & Buss, M. (2013). Increasing helpfulness towards a robot by emotional adaption to the user.

International Journal of Social Robotics, 5(4), 457–476. https://doi.org/10.1007/s12369-013-0182-2

Lambert, A., Norouzi, N., Bruder, G., & Welch, G. (2020). A systematic review of ten years of research on human interaction with social robots. *International Journal of Human-Computer Interaction, 36*(19), 1804–1817. https://doi.org/10.1080/10447318.2020.1801172

Latikka, R., Savela, N., Koivula, A., & Oksanen, A. (2021). Attitudes toward robots as equipment and coworkers and the impact of robot autonomy level. *International Journal of Social Robotics*. https://doi.org/10.1007/s12369-020-00743-9

Latikka, R., Turja, T., & Oksanen, A. (2019). Self-efficacy and acceptance of robots. *Computers in Human Behavior, 93*, 157–163. https://doi.org/10.1016/j.chb.2018.12.017

Law, T., Chita-Tegmark, M., & Scheutz, M. (2021). The interplay between emotional intelligence, trust, and gender in human-robot interaction: A vignette-based study. *International Journal of Social Robotics, 13*(2), 297–309. https://doi.org/10.1007/s12369-020-00624-1

Leary, M. R., Kowalski, R. M., Smith, L., & Phillips, S. (2003). Teasing, rejection, and violence: Case studies of the school shootings. *Aggressive Behavior, 29*(3), 202–214. https://doi.org/10.1002/ab.10061

Lee, E.-J. (2003). Effects of "gender" of the computer on informational social influence: The moderating role of task type. *International Journal of Human-Computer Studies, 58*(4), 347–362. https://doi.org/10.1016/S1071-5819(03)00009-0

Lee, E.-J. (2009). I like you, but I won't listen to you: Effects of rationality on affective and behavioral responses to computers that flatter. *International Journal of Human-Computer Studies, 67*(8), 628–638. https://doi.org/10.1016/j.ijhcs.2009.03.003

Lee, K. M., Park, N., & Song, H. (2005). Can a robot be perceived as a developing creature?: Effects of a robot's long-term cognitive developments on its social presence and people's social responses toward it. *Human Communication Research, 31*(4), 538–563. https://doi.org/10.1111/j.1468-2958.2005.tb00882.x

Lee, K. M., Peng, W., Jin, S.-A., & Yan, C. (2006). Can robots manifest personality?: An empirical test of personality recognition, social responses, and social presence in human-robot interaction. *Journal of Communication, 56*(4), 754–772. https://doi.org/10.1111/j.1460-2466.2006.00318.x

Lee, S. A., & Liang, Y. (Jake). (2019). Robotic foot-in-the-door: Using sequential-request persuasive strategies in human-robot interaction. *Computers in Human Behavior, 90*, 351–356. https://doi.org/10.1016/j.chb.2018.08.026

Lee, Y.-K. (2013). Babyfacedness, sex of face stimulus, and social context in face perception and person evaluation. *Psychological Reports, 112*(3), 800–817. https://doi.org/10.2466/01.17.PR0.112.3.800-817

Lei, X., & Rau, P.-L. P. (2023). Effects of task structure and attribution target on responsibility attributions in human-robot interaction. *International Journal of Human-Computer Studies, 176*, 103038. https://doi.org/10.1016/j.ijhcs.2023.103038

Leite, I., Pereira, A., Mascarenhas, S., Martinho, C., Prada, R., & Paiva, A. (2013). The influence of empathy in human-robot relations. *International Journal of Human-Computer Studies, 71*(3), 250–260. https://doi.org/10.1016/j.ijhcs.2012.09.005

Leo, X., & Huh, Y. E. (2020). Who gets the blame for service failures? Attribution of responsibility toward robot versus human service providers and service firms. *Computers in Human Behavior, 113*, 106520. https://doi.org/10.1016/j.chb.2020.106520

Li, D., Rau, P. L. P., & Li, Y. (2010). A cross-cultural study: Effect of robot appearance and task. *International Journal of Social Robotics, 2*(2), 175–186. https://doi.org/10.1007/s12369-010-0056-9

Li, L., Li, Y., Song, B., Shi, Z., & Wang, C. (2022). How human-like behavior of service robot affects social distance: A mediation model and cross-cultural comparison. *Behavioral Sciences, 12*(7), 205. https://doi.org/10.3390/bs12070205

Limerick, H., Coyle, D., & Moore, J. W. (2014). The experience of agency in human-computer interactions: A review. *Frontiers in Human Neuroscience, 8*. https://doi.org/10.3389/fnhum.2014.00643

Liu, C., Ham, J., Postma, E., Midden, C., Joosten, B., & Goudbeek, M. (2013). Representing affective facial expressions for robots and embodied conversational agents by facial landmarks. *International Journal of Social Robotics, 5*(4), 619–626. https://doi.org/10.1007/s12369-013-0208-9

Liu, S. X., Shen, Q., & Hancock, J. (2021). Can a social robot be too warm or too competent? Older Chinese adults' perceptions of social robots and vulnerabilities. *Computers in Human Behavior, 125*, 106942. https://doi.org/10.1016/j.chb.2021.106942

MacDorman, K. F. (2006). Subjective ratings of robot video clips for human likeness, familiarity, and eeriness: An exploration of the uncanny valley. *ICCS/CogSci-2006 Long Symposium: Toward Social Mechanisms of Android Science*, Vancouver, 4.

Malinowska, J. K. (2022). Can I feel your pain? The biological and socio-cognitive factors shaping people's empathy with social robots. *International Journal of Social Robotics, 14*(2), 341–355. https://doi.org/10.1007/s12369-021-00787-5

Malle, B. F., Scheutz, M., Arnold, T., Voiklis, J., & Cusimano, C. (2015). Sacrifice one for the good of many?: People apply different moral norms to human and robot agents. *Proceedings of the Tenth Annual ACM/IEEE International Conference on Human-Robot Interaction*, 117–124. https://doi.org/10.1145/2696454.2696458

Markus, H. R., & Kitayama, S. (1991). Culture and the self: Implications for cognition, emotion, and motivation. *Psychological Review, 98*(2), 224–253. https://doi.org/10.1037/0033-295X.98.2.224

Marwell, G., & Schmitt, D. R. (1967). Dimensions of compliance-gaining behavior: An empirical analysis. *Sociometry, 30*(4), 350. https://doi.org/10.2307/2786181

Mathur, M. B., & Reichling, D. B. (2016). Navigating a social world with robot partners: A quantitative cartography of the uncanny valley. *Cognition, 146*, 22–32. https://doi.org/10.1016/j.cognition.2015.09.008

Mayer, P., & Panek, P. (2016). Sollten Assistenzroboter eine "Persönlichkeit" haben?: Potenzial simplifizierter Roboterpersönlichkeiten. *Zeitschrift für Gerontologie und Geriatrie, 49*(4), 298–302. https://doi.org/10.1007/s00391-016-1068-3

McNeese, N. J., Demir, M., Cooke, N. J., & Myers, C. (2018). Teaming with a synthetic teammate: Insights into human-autonomy teaming. *Human Factors: The Journal of the Human Factors and Ergonomics Society, 60*(2), 262–273. https://doi.org/10.1177/0018720817743223

McRorie, M., Sneddon, I., McKeown, G., Bevacqua, E., de Sevin, E., & Pelachaud, C. (2012). Evaluation of four designed virtual agent personalities. *IEEE Transactions on Affective Computing, 3*(3), 311–322. https://doi.org/10.1109/T-AFFC.2011.38

Messick, D. M., & Schell, T. (1992). Evidence for an equality heuristic in social decision making. *Acta Psychologica, 80*(1–3), 311–323. https://doi.org/10.1016/0001-6918(92)90053-G

Milgram, S. (1974). Obedience to authority. *RAIN, 3*, 9. https://doi.org/10.2307/3032069

Mirnig, N., Stollnberger, G., Miksch, M., Stadler, S., Giuliani, M., & Tscheligi, M. (2017). To err is robot: How humans assess and act toward an erroneous social robot. *Frontiers in Robotics and AI, 4*, 21. https://doi.org/10.3389/frobt.2017.00021

Mitchell, W. J., Ho, C.-C., Patel, H., & MacDorman, K. F. (2011). Does social desirability bias favor humans? Explicit-implicit evaluations of synthesized speech support a new HCI model of impression management. *Computers in Human Behavior, 27*(1), 402–412. https://doi.org/10.1016/j.chb.2010.09.002

Miwa, K., & Terai, H. (2012). Impact of two types of partner, perceived or actual, in human-human and human-agent interaction. *Computers in Human Behavior,*

28(4), 1286–1297. https://doi.org/10.1016/j.chb.2012.02.012

Mollahosseini, A., Abdollahi, H., Sweeny, T. D., Cole, R., & Mahoor, M. H. (2018). Role of embodiment and presence in human perception of robots' facial cues. *International Journal of Human-Computer Studies, 116*, 25–39. https://doi.org/10.1016/j.ijhcs.2018.04.005

Monahan, J. L. (1998). I don't know it but I like you the influence of non-conscious affect on person perception. *Human Communication Research, 24*(4), 480–500. https://doi.org/10.1111/j.1468-2958.1998.tb00428.x

Moore, J. W., & Obhi, S. S. (2012). Intentional binding and the sense of agency: A review. *Consciousness and Cognition, 21*(1), 546–561. https://doi.org/10.1016/j.concog.2011.12.002

Mori, M., MacDorman, K., & Kageki, N. (2012). The uncanny valley. *IEEE Robotics & Automation Magazine, 19*(2), 98–100. https://doi.org/10.1109/MRA.2012.2192811

Morkes, J., Kernal, H. K., & Nass, C. (1999). Effects of humor in task-oriented human-computer interaction and computer-mediated communication: A direct test of SRCT theory. *Human-Computer Interaction, 14*(4), 395–435. https://doi.org/10.1207/S15327051HCI14042

Moro, C., Lin, S., Nejat, G., & Mihailidis, A. (2019). Social robots and seniors: A comparative study on the influence of dynamic social features on human-robot interaction. *International Journal of Social Robotics, 11*(1), 5–24. https://doi.org/10.1007/s12369-018-0488-1

Mosakas, K. (2021). On the moral status of social robots: Considering the consciousness criterion. *AI & SOCIETY, 36*(2), 429–443. https://doi.org/10.1007/s00146-020-01002-1

Musick, G., O'Neill, T. A., Schelble, B. G., McNeese, N. J., & Henke, J. B. (2021). What happens when humans believe their teammate is an AI? An investigation into humans teaming with autonomy. *Computers in Human Behavior, 122*, 106852. https://doi.org/10.1016/j.chb.2021.106852

Naneva, S., Sarda Gou, M., Webb, T. L., & Prescott, T. J. (2020). A systematic review of attitudes, anxiety, acceptance, and trust towards social robots. *International Journal of Social Robotics, 12*(6), 1179–1201. https://doi.org/10.1007/s12369-020-00659-4

Nash, K., Lea, J. M., Davies, T., & Yogeeswaran, K. (2018). The bionic blues: Robot rejection lowers self-esteem. *Computers in Human Behavior, 78*, 59–63. https://doi.org/10.1016/j.chb.2017.09.018

Nass, C., & Moon, Y. (2000). Machines and mindlessness: Social responses to computers. *Journal of Social Issues, 56*(1), 81–103. https://doi.org/10.1111/0022-4537.00153

Neff, M., Toothman, N., Bowmani, R., Fox Tree, J. E., & Walker, M. A. (2011). Don't scratch! Self-adaptors reflect emotional stability. In H. H. Vilhjálmsson, S. Kopp, S. Marsella, & K. R. Thórisson (Eds.), *Intelligent Virtual Agents* (Vol. 6895, pp. 398–411). Springer Berlin Heidelberg. https://doi.org/10.1007/978-3-642-23974-843

Nicolas, S., & Agnieszka, W. (2021). The personality of anthropomorphism: How the need for cognition and the need for closure define attitudes and anthropomorphic attributions toward robots. *Computers in Human Behavior, 122*, 106841. https://doi.org/10.1016/j.chb.2021.106841

Niculescu, A., van Dijk, B., Nijholt, A., Li, H., & See, S. L. (2013). Making social robots more attractive: The effects of voice pitch, humor and empathy. *International Journal of Social Robotics, 5*(2), 171–191. https://doi.org/10.1007/s12369-012-0171-x

Nielsen, Y. A., Pfattheicher, S., & Keijsers, M. (2022). Prosocial behavior toward machines. *Current Opinion in Psychology, 43*, 260–265. https://doi.org/10.1016/j.copsyc.2021.08.004

Nijssen, S. R. R., Müller, B. C. N., Bosse, T., & Paulus, M. (2021). You, robot? The role of anthropomorphic emotion attributions in children's sharing with a robot. *International Journal of Child-Computer Interaction, 30*, 100319. https://doi.

org/10.1016/j.ijcci.2021.100319

Nomura, T., Kanda, T., Suzuki, T., & Kato, K. (2008). Prediction of human behavior in human-robot interaction using psychological scales for anxiety and negative attitudes toward robots. *IEEE Transactions on Robotics, 24*(2), 442–451. https://doi.org/10.1109/TRO.2007.914004

Nomura, T., Suzuki, T., Kanda, T., & Kato, K. (2006). Measurement of negative attitudes toward robots. *Interaction Studies. Social Behaviour and Communication in Biological and Artificial Systems, 7*(3), 437–454. https://doi.org/10.1075/is.7.3.14nom

Nonaka, S., Inoue, K., Arai, T., & Mae, Y. (2004). Evaluation of human sense of security for coexisting robots using virtual reality. 1st report: Evaluation of pick and place motion of humanoid robots. *IEEE International Conference on Robotics and Automation, 2004. Proceedings. ICRA' 04. 2004*, 2770–2775 Vol.3. https://doi.org/10.1109/ROBOT.2004.1307480

Nowak, M. A., & Sigmund, K. (2005). Evolution of indirect reciprocity. *Nature, 437*(7063), 1291–1298. https://doi.org/10.1038/nature04131

Oberman, L. M., McCleery, J. P., Ramachandran, V. S., & Pineda, J. A. (2007). EEG evidence for mirror neuron activity during the observation of human and robot actions: Toward an analysis of the human qualities of interactive robots. *Neurocomputing, 70*(13–15), 2194–2203. https://doi.org/10.1016/j.neucom.2006.02.024

Oliveira, R., Arriaga, P., Santos, F. P., Mascarenhas, S., & Paiva, A. (2021). Towards prosocial design: A scoping review of the use of robots and virtual agents to trigger prosocial behaviour. *Computers in Human Behavior, 114*, 106547. https://doi.org/10.1016/j.chb.2020.106547

O'Neill, T., McNeese, N., Barron, A., & Schelble, B. (2020). Human-autonomy teaming: A review and analysis of the empirical literature. *Human Factors: The Journal of the Human Factors and Ergonomics Society*. https://doi.org/10.1177/0018720820960865

O'Neill-Brown, P. (1997). Setting the stage for the culturally adaptive agent. *Proceedings of the 1997 AAAI Fall Symposium on Socially Intelligent Agents*.

Ormiston, M. E., Wong, E. M., & Haselhuhn, M. P. (2017). Facial-width-to-height ratio predicts perceptions of integrity in males. *Personality and Individual Differences, 105*, 40–42. https://doi.org/10.1016/j.paid.2016.09.017

Pak, R., Crumley-Branyon, J. J., de Visser, E. J., & Rovira, E. (2020). Factors that affect younger and older adults' causal attributions of robot behaviour. *Ergonomics, 63*(4), 421–439. https://doi.org/10.1080/00140139.2020.1734242

Pariser, E. (2011). *The filter bubble: What the Internet is hiding from you*. Penguin Group.

Park, E., Jin, D., & del Pobil, A. P. (2012). The law of attraction in human-robot interaction. *International Journal of Advanced Robotic Systems, 9*(2), 35. https://doi.org/10.5772/50228

Park, E., Kim, K. J., Kwak, S. S., & del Pobil, A. P. (2011). Robot as teammate vs. opponent in video gaming. *2011 11th IEEE-RAS International Conference on Humanoid Robots*, 47–52. https://doi.org/10.1109/Humanoids.2011.6100811

Perchik, J. D., Smith, A. D., Elkassem, A. A., Park, J. M., Rothenberg, S. A., Tanwar, M., Yi, P. H., Sturdivant, A., Tridandapani, S., & Sotoudeh, H. (2023). Artificial intelligence literacy: Developing a multi-institutional infrastructure for AI education. *Academic Radiology, 30*(7), 1472–1480. https://doi.org/10.1016/j.acra.2022.10.002

Peter, J., Kühne, R., & Barco, A. (2021). Can social robots affect children's prosocial behavior? An experimental study on prosocial robot models. *Computers in Human Behavior, 120*, 106712. https://doi.org/10.1016/j.chb.2021.106712

Plomin, J., Schweidler, P., & Oehme, A. (2023). Virtual reality check: A comparison of virtual reality, screen-based, and real world settings as research methods for HRI. *Frontiers in Robotics and AI, 10*, 1156715. https://doi.org/10.3389/frobt.2023.1156715

Posard, M. N., & Gordon Rinderknecht, R. (2015). Do people like working with computers more than human beings? *Computers in Human Behavior, 51*, 232–238. https://doi.org/10.1016/j.chb.2015.04.057

Powers, A., & Kiesler, S. (2006). The advisor robot: Tracing people's mental model from a robot's physical attributes. *Proceeding of the 1st ACM SIGCHI/SIGART Conference on Human-Robot Interaction*, 218. https://doi.org/10.1145/1121241.1121280

Pozharliev, R., Rossi, D., & De Angelis, M. (2021). Anxious attachment style and consumer physiological emotional responses to human-robot service interactions. *Journal of Neuroscience, Psychology, and Economics, 14*(2), 59–70. https://doi.org/10.1037/npe0000142

Qin, X., Chen, C., Yam, K. C., Cao, L., Li, W., Guan, J., Zhao, P., Dong, X., & Lin, Y. (2022). Adults still can't resist: A social robot can induce normative conformity. *Computers in Human Behavior, 127*, 107041. https://doi.org/10.1016/j.chb.2021.107041

Raffard, S., Bortolon, C., Khoramshahi, M., Salesse, R. N., Burca, M., Marin, L., Bardy, B. G., Billard, A., Macioce, V., & Capdevielle, D. (2016). Humanoid robots versus humans: How is emotional valence of facial expressions recognized by individuals with schizophrenia? An exploratory study. *Schizophrenia Research, 176*(2–3), 506–513. https://doi.org/10.1016/j.schres.2016.06.001

Rancati, G., & Maggioni, I. (2023). Neurophysiological responses to robot-human interactions in retail stores. *Journal of Services Marketing, 37*(3), 261–275. https://doi.org/10.1108/JSM-04-2021-0126

Rand, D. G. (2016). Cooperation, fast and slow: Meta-analytic evidence for a theory of social heuristics and self-interested deliberation. *Psychological Science, 27*(9), 1192–1206. https://doi.org/10.1177/0956797616654455

Rau, P. L. P., Li, Y., & Li, D. (2009). Effects of communication style and culture on ability to accept recommendations from robots. *Computers in Human Behavior, 25*(2), 587–595. https://doi.org/10.1016/j.chb.2008.12.025

Reeves, B., Hancock, J., & Liu, X. (2020). Social robots are like real people: First impressions, attributes, and stereotyping of social robots. *Technology, Mind, and Behavior, 1*(1). https://doi.org/10.1037/tmb0000018

Reeves, B., & Nass, C. I. (1996). *The media equation: How people treat computers, television, and new media like real people and places.* Cambridge University Press.

Reyes, M. E., Meza, I. V., & Pineda, L. A. (2019). Robotics facial expression of anger in collaborative human-robot interaction. *International Journal of Advanced Robotic Systems, 16*(1), 172988141881797. https://doi.org/10.1177/1729881418817972

Riedl, R., Mohr, P. N. C., Kenning, P. H., Davis, F. D., & Heekeren, H. R. (2014). Trusting humans and avatars: A brain imaging study based on evolution theory. *Journal of Management Information Systems, 30*(4), 83–114. https://doi.org/10.2753/MIS0742-1222300404

Riek, L. D., Paul, P. C., & Robinson, P. (2010). When my robot smiles at me: Enabling human-robot rapport via real-time head gesture mimicry. *Journal on Multimodal User Interfaces, 3*(1–2), 99–108. https://doi.org/10.1007/s12193-009-0028-2

Riek, L. D., Rabinowitch, T.-C., Chakrabarti, B., & Robinson, P. (2009). How anthropomorphism affects empathy toward robots. *Proceedings of the 4th ACM/IEEE International Conference on Human Robot Interaction*, 245. https://doi.org/10.1145/1514095.1514158

Rilling, J. K., King-Casas, B., & Sanfey, A. G. (2008). The neurobiology of social decision-making. *Current Opinion in Neurobiology, 18*(2), 159–165. https://doi.org/10.1016/j.conb.2008.06.003

Roselli, C., Ciardo, F., & Wykowska, A. (2021). Intentions with actions: The role of intentionality attribution on the vicarious sense of agency in human-robot interaction. *Quarterly Journal of Experimental Psychology, 174702182110420.* https://doi.org/10.1177/17470218211042003

Rosenthal-von der Pütten, A. M., & Krämer, N. C. (2014). How design characteristics of robots determine evaluation and uncanny valley related responses. *Computers in Human Behavior, 36*, 422–439. https://doi.org/10.1016/j.chb.2014.03.066

Rosenthal-von der Pütten, A. M., Schulte, F. P., Eimler, S. C., Sobieraj, S., Hoffmann, L., Maderwald, S., Brand, M., & Krämer, N. C. (2014). Investigations on empathy towards humans and robots using fMRI. *Computers in Human Behavior, 33*, 201–212. https://doi.org/10.1016/j.chb.2014.01.004

Rosenthal-von der Pütten, A. M., & Hoefinghoff, J. (2018). The more the merrier? Effects of humanlike learning abilities on humans' perception and evaluation of a robot. *International Journal of Social Robotics, 10*(4), 455–472. https://doi.org/10.1007/s12369-017-0445-4

Rosenthal-von der Pütten, A. M., Krämer, N. C., Hoffmann, L., Sobieraj, S., & Eimler, S. C. (2013). An experimental study on emotional reactions towards a robot. *International Journal of Social Robotics, 5*(1), 17–34. https://doi.org/10.1007/s12369-012-0173-8

Rushton, J. P. (1982). Social learning theory and the development of prosocial behavior. In *The development of prosocial behavior* (pp. 77–105). Elsevier. https://doi.org/10.1016/B978-0-12-234980-5.50009-2

Saerbeck, M., Schut, T., Bartneck, C., & Janse, M. D. (2010). Expressive robots in education: Varying the degree of social supportive behavior of a robotic tutor. *Proceedings of the 28th International Conference on Human Factors in Computing Systems*, 1613. https://doi.org/10.1145/1753326.1753567

Salem, M., Eyssel, F., Rohlfing, K., Kopp, S., & Joublin, F. (2013). To err is human(-like): Effects of robot gesture on perceived anthropomorphism and likability. *International Journal of Social Robotics, 5*(3), 313–323. https://doi.org/10.1007/s12369-013-0196-9

Salomons, N., Sebo, S. S., Qin, M., & Scassellati, B. (2021). A minority of one against a majority of robots: Robots cause normative and informational conformity. *ACM Transactions on Human-Robot Interaction, 10*(2), 1–22. https://doi.org/10.1145/3442627

Salvini, P., Ciaravella, G., Yu, W., Ferri, G., Manzi, A., Mazzolai, B., Laschi, C., Oh,

S. R., & Dario, P. (2010). How safe are service robots in urban environments? Bullying a robot. *19th International Symposium in Robot and Human Interactive Communication*, 1–7. https://doi.org/10.1109/ROMAN.2010.5654677

Samuelson, L. (2016). Game theory in economics and beyond. *Journal of Economic Perspectives, 30*(4), 107–130. https://doi.org/10.1257/jep.30.4.107

Sanders, T., Kaplan, A., Koch, R., Schwartz, M., & Hancock, P. A. (2019). The relationship between trust and use choice in human-robot interaction. *Human Factors: The Journal of the Human Factors and Ergonomics Society, 61*(4), 614–626. https://doi.org/10.1177/0018720818816838

Sandoval, E. B., Brandstetter, J., Obaid, M., & Bartneck, C. (2016). Reciprocity in human-robot interaction: A quantitative approach through the prisoner's dilemma and the ultimatum game. *International Journal of Social Robotics, 8*(2), 303–317. https://doi.org/10.1007/s12369-015-0323-x

Sanfey, A. G. (2003). The neural basis of economic decision-making in the ultimatum game. *Science, 300*(5626), 1755–1758. https://doi.org/10.1126/science.1082976

Saunderson, S., & Nejat, G. (2021). Robots asking for favors: The effects of directness and familiarity on persuasive HRI. *IEEE Robotics and Automation Letters, 6*(2), 1793–1800. https://doi.org/10.1109/LRA.2021.3060369

Saunderson, S., & Nejat, G. (2022). Investigating strategies for robot persuasion in social human-robot interaction. *IEEE Transactions on Cybernetics, 52*(1), 641–653. https://doi.org/10.1109/TCYB.2020.2987463

Savela, N., Turja, T., & Oksanen, A. (2018). Social acceptance of robots in different occupational fields: A systematic literature review. *International Journal of Social Robotics, 10*(4), 493–502. https://doi.org/10.1007/s12369-017-0452-5

Schniter, E., Shields, T. W., & Sznycer, D. (2020). Trust in humans and robots: Economically similar but emotionally different. *Journal of Economic Psychology, 78*, 102253. https://doi.org/10.1016/j.joep.2020.102253

Sherif, M. (1935). A study of some social factors in perception. *Archives of Psychology (Columbia University), 187*, 60–60.

Shimada, M., & Kanda, T. (2012). What is the appropriate speech rate for a communication robot? *Interaction Studies, 13*(3), 406–433. https://doi.org/10.1075/is.13.3.05kan

Shin, D.-H., & Choo, H. (2011). Modeling the acceptance of socially interactive robotics: Social presence in human-robot interaction. *Interaction Studies. Social Behaviour and Communication in Biological and Artificial Systems, 12*(3), 430–460. https://doi.org/10.1075/is.12.3.04shi

Shiomi, M., Nakata, A., Kanbara, M., & Hagita, N. (2021). Robot reciprocation of hugs increases both interacting times and self-disclosures. *International Journal of Social Robotics, 13*(2), 353–361. https://doi.org/10.1007/s12369-020-00644-x

Shiomi, M., Sumioka, H., Ishiguro, H. (2020). Survey of social touch interaction between humans and robots. *Journal of Robotics and Mechatronics, 32*(1), 128–135. https://doi.org/10.20965/jrm.2020.p0128

Siebert, F. W., Klein, J., Rötting, M., & Roesler, E. (2020). The influence of distance and lateral offset of follow me robots on user perception. *Frontiers in Robotics and AI, 7*, 74. https://doi.org/10.3389/frobt.2020.00074

Sindermann, C., Sha, P., Zhou, M., Wernicke, J., Schmitt, H. S., Li, M., Sariyska, R., Stavrou, M., Becker, B., & Montag, C. (2021). Assessing the attitude towards artificial intelligence: Introduction of a short measure in German, Chinese, and English language. *KI-Künstliche Intelligenz, 35*(1), 109–118. https://doi.org/10.1007/s13218-020-00689-0

Slater, M., Antley, A., Davison, A., Swapp, D., Guger, C., Barker, C., Pistrang, N., & Sanchez-Vives, M. V. (2006). A virtual reprise of the Stanley Milgram obedience experiments. *PLoS ONE, 1*(1), e39. https://doi.org/10.1371/journal.pone.0000039

Smith, E. R., Sherrin, S., Fraune, M. R., & Šabanović, S. (2020). Positive emotions, more than anxiety or other negative emotions, predict willingness to interact with robots. *Personality and Social Psychology Bulletin, 46*(8), 1270–1283. https://doi.org/10.1177/0146167219900439

Song, S. Y., & Kim, Y.-K. (2020). Factors influencing consumers' intention to adopt fashion robot advisors: Psychological network analysis. *Clothing and Textiles Research Journal, 0887302X2094126*. https://doi.org/10.1177/0887302X20941261

Song, Y., & Luximon, Y. (2021). The face of trust: The effect of robot face ratio on consumer preference. *Computers in Human Behavior, 116*, 106620. https://doi.org/10.1016/j.chb.2020.106620

Song, Y., Luximon, A., & Luximon, Y. (2021). The effect of facial features on facial anthropomorphic trustworthiness in social robots. *Applied Ergonomics, 94*, 103420. https://doi.org/10.1016/j.apergo.2021.103420

Sparrow, R. (2020). Do robots have race?: Race, social construction, and HRI. *IEEE Robotics & Automation Magazine, 27*(3), 144–150. https://doi.org/10.1109/MRA.2019.2927372

Spatola, N., Monceau, S., & Ferrand, L. (2020). Cognitive impact of social robots: How anthropomorphism boosts performances. *IEEE Robotics & Automation Magazine, 27*(3), 73–83. https://doi.org/10.1109/MRA.2019.2928823

Spatola, N., & Wudarczyk, O. A. (2021). Ascribing emotions to robots: Explicit and implicit attribution of emotions and perceived robot anthropomorphism. *Computers in Human Behavior, 124*, 106934. https://doi.org/10.1016/j.chb.2021.106934

Srivastava, S., Agrahari, S., & Singh, A. K. (2023). Spam community detection & influence minimization using NRIM algorithm. *Computers in Human Behavior, 147*, 107832. https://doi.org/10.1016/j.chb.2023.107832

Strait, M., Briggs, P., & Scheutz, M. (2015). Gender, more so than age, modulates positive perceptions of language-based human-robot interactions. *AISB Convention 2015.*

Strait, M. K., Aguillon, C., Contreras, V., & Garcia, N. (2017). The public's perception of humanlike robots: Online social commentary reflects an appearance-based uncanny valley, a general fear of a "technology takeover", and the unabashed sexualization of female-gendered robots. *2017 26th IEEE International Symposium on Robot and Human Interactive Communication*, 1418–1423. https://doi.org/10.1109/ROMAN.2017.8172490

Strait, M., Ramos, A. S., Contreras, V., & Garcia, N. (2018). Robots racialized in the likeness of marginalized social identities are subject to greater dehumanization than those racialized as white. *2018 27th IEEE International Symposium on Robot and Human Interactive Communication*, 452–457. https://doi.org/10.1109/ROMAN.2018.8525610

Strick, M., Holland, R. W., van Baaren, R. B., & van Knippenberg, A. (2012). Those who laugh are defenseless: How humor breaks resistance to influence. *Journal of Experimental Psychology: Applied, 18*(2), 213–223. https://doi.org/10.1037/a0028534

Stroessner, S. J. (2020). On the social perception of robots: Measurement, moderation, and implications. In *Living with Robots* (pp. 21–47). Elsevier. https://doi.org/10.1016/B978-0-12-815367-3.00002-5

Sundar, S. S., Jung, E. H., Waddell, T. F., & Kim, K. J. (2017). Cheery companions or serious assistants? Role and demeanor congruity as predictors of robot attraction and use intentions among senior citizens. *International Journal of Human-Computer Studies, 97*, 88–97. https://doi.org/10.1016/j.ijhcs.2016.08.006

Sunstein, C. R. (2006). *Infotopia: How many minds produce knowledge*. Oxford University Press. https://doi.org/10.1093/oso/9780195189285.001.0001

Suzuki, Y., Galli, L., Ikeda, A., Itakura, S., & Kitazaki, M. (2015). Measuring empathy for human and robot hand pain using electroencephalography. *Scientific Reports, 5*(1), 15924. https://doi.org/10.1038/srep15924

Swiderska, A., Krumhuber, E. G., & Kappas, A. (2019). Behavioral and physiological responses to computers in the ultimatum game. *International Journal of Technology and Human Interaction, 15*(1), 33–45. https://doi.org/10.4018/IJTHI.2019010103

Świdrak, J., Pochwatko, G., Navarro, X., Osęka, L., & Doli ń ski, D. (2020). The joint influence of social status and personal attitudes in a contact and open versus a noncontact and homophobic culture on the virtual Midas touch. *Virtual Reality, 24*(4), 619–633. https://doi.org/10.1007/s10055-019-00423-8

Tagiuri, R. (1969). Person perception. In *The Handbook of Social Psychology* (Vol. 3, pp. 395–449). Addison-Wesley.

Tajfel, H., Billig, M. G., Bundy, R. P., & Flament, C. (1971). Social categorization and intergroup behaviour. *European Journal of Social Psychology, 1*(2), 149–178. https://doi.org/10.1002/ejsp.2420010202

Takagi, H., & Terada, K. (2021). The effect of anime character's facial expressions and eye blinking on donation behavior. *Scientific Reports, 11*(1), 9146. https://doi.org/10.1038/s41598-021-87827-2

Takayama, L., Ju, W., & Nass, C. (2008). Beyond dirty, dangerous and dull: What everyday people think robots should do. In *Proceedings of the 3rd International Conference on Human Robot Interaction*(p. 25). https://doi.org/10.1145/1349822.1349827

Tamagawa, R., Watson, C. I., Kuo, I. H., MacDonald, B. A., & Broadbent, E. (2011). The effects of synthesized voice accents on user perceptions of robots. *International Journal of Social Robotics, 3*(3), 253–262. https://doi.org/10.1007/s12369-011-0100-4

Tay, B., Jung, Y., & Park, T. (2014). When stereotypes meet robots: The double-edge sword of robot gender and personality in human-robot interaction. *Computers in Human Behavior, 38*, 75–84. https://doi.org/10.1016/j.chb.2014.05.014

Tay, B. T. C., Low, S. C., Ko, K. H., & Park, T. (2016). Types of humor that robots can play. *Computers in Human Behavior, 60*, 19–28. https://doi.org/10.1016/j.chb.2016.01.042

Torre, I., Goslin, J., & White, L. (2020). If your device could smile: People trust happy-sounding artificial agents more. *Computers in Human Behavior, 105*, 106215. https://doi.org/10.1016/j.chb.2019.106215

Turja, T., & Oksanen, A. (2019). Robot acceptance at work: A multilevel analysis based on 27 EU countries. *International Journal of Social Robotics, 11*(4), 679–689. https://doi.org/10.1007/s12369-019-00526-x

Tzeng, J.-Y., & Chen, C.-T. (2012). Computer praise, attributional orientations, and games: A reexamination of the CASA theory relative to children. *Computers in Human Behavior, 28*(6), 2420–2430. https://doi.org/10.1016/j.chb.2012.07.013

Urakami, J. (2023). Do emotional robots get more help? How a robot's emotions affect collaborators' willingness to help. *International Journal of Social Robotics, 15*(9–10), 1457–1471. https://doi.org/10.1007/s12369-023-01058-1

Valle-Cruz, D., García-Contreras, R., & Gil-Garcia, J. R. (2023). Exploring the negative impacts of artificial intelligence in government: The dark side of intelligent algorithms and cognitive machines. *International Review of Administrative Sciences, 00208523231187051*. https://doi.org/10.1177/00208523231187051

van der Drift, E. J. G., Beun, R.-J., Looije, R., Blanson Henkemans, O. A., & Neerincx, M. A. (2014). A remote social robot to motivate and support diabetic children in keeping a diary. In *Proceedings of the 2014 ACM/IEEE International Conference on Human-Robot Interaction* (pp. 463–470). https://doi.org/10.1145/2559636.2559664

van Dijk, W., Ouwerkerk, J., Goslinga, S., & Nieweg, M. (2005). Deservingness and schadenfreude. *Cognition & Emotion, 19*(6), 933–939. https://doi.org/10.1080/02699930541000066

Vanman, E. J. (2016). The role of empathy in intergroup relations. *Current Opinion in Psychology, 11*, 59–63. https://doi.org/10.1016/j.copsyc.2016.06.007

Varnum, M. E. W., Grossmann, I., Kitayama, S., & Nisbett, R. E. (2010). The origin of cultural differences in cognition: The social orientation hypothesis. *Current Directions in Psychological Science, 19*(1), 9–13. https://doi.org/10.1177/0963721409359301

Veletsianos, G., Scharber, C., & Doering, A. (2008). When sex, drugs, and violence enter the classroom: Conversations between adolescents and a female pedagogical agent. *Interacting with Computers, 20*(3), 292–301. https://doi.org/10.1016/j.intcom.2008.02.007

Volante, W. G., Sosna, J., Kessler, T., Sanders, T., & Hancock, P. A. (2019). Social conformity effects on trust in simulation-based human-robot interaction. *Human Factors: The Journal of the Human Factors and Ergonomics Society, 61*(5), 805–815. https://doi.org/10.1177/0018720818811190

Vollmer, A.-L., Read, R., Trippas, D., & Belpaeme, T. (2018). Children conform, adults resist: A robot group induced peer pressure on normative social conformity. *Science Robotics, 3*(21), eaat7111. https://doi.org/10.1126/scirobotics.aat7111

von der Pütten, A. M., Krämer, N. C., Gratch, J., & Kang, S.-H. (2010). "It doesn't matter what you are!" Explaining social effects of agents and avatars. *Computers in Human Behavior, 26*(6), 1641–1650. https://doi.org/10.1016/j.chb.2010.06.012

Wach, K., Duong, C. D., Ejdys, J., Kazlauskaitė, R., Korzynski, P., Mazurek, G., Paliszkiewicz, J., & Ziemba, E. (2023). The dark side of generative artificial intelligence: A critical analysis of controversies and risks of ChatGPT. *Entrepreneurial Business and Economics Review, 11*(2), 7–30. https://doi.org/10.15678/EBER.2023.110201

Walliser, J. C., de Visser, E. J., Wiese, E., & Shaw, T. H. (2019). Team structure and team building improve human-machine teaming with autonomous agents. *Journal of Cognitive Engineering and Decision Making, 13*(4), 258–278. https://doi.org/10.1177/1555343419867563

Warner, R. M., & Sugarman, D. B. (1986). Attributions of personality based on physical appearance, speech, and handwriting. *Journal of Personality and Social Psychology, 50*(4), 792–799. https://doi.org/10.1037/0022-3514.50.4.792

Way, B. M., & Lieberman, M. D. (2010). Is there a genetic contribution to cultural differences? Collectivism, individualism and genetic markers of social sensitivity. *Social Cognitive and Affective Neuroscience, 5*(2–3), 203–211. https://doi.org/10.1093/scan/nsq059

Waytz, A., Cacioppo, J., & Epley, N. (2010). Who sees human?: The stability and importance of individual differences in anthropomorphism. *Perspectives on Psychological Science, 5*(3), 219–232. https://doi.org/10.1177/1745691610369336

Weinberger, M. G., & Gulas, C. S. (1992). The impact of humor in advertising: A review. *Journal of Advertising, 21*(4), 35–59. https://doi.org/10.1080/00913367.1992.10673384

Weiner, B. (1986). An attributional theory of motivation and emotion. *Springer US*. https://doi.org/10.1007/978-1-4612-4948-1

Weiss, A., & Bartneck, C. (2015). Meta analysis of the usage of the Godspeed Questionnaire Series. In *2015 24th IEEE International Symposium on Robot and Human Interactive Communication*(pp. 381–388). https://doi.org/10.1109/ROMAN.2015.7333568

Wilks, M., Caviola, L., Kahane, G., & Bloom, P. (2021). Children prioritize humans over animals less than adults do. *Psychological Science, 32*(1), 27–38. https://doi.org/10.1177/0956797620960398

Willemse, C. J. A. M., & van Erp, J. B. F. (2019). Social touch in human-robot interaction: Robot-initiated touches can induce positive responses without extensive prior bonding. *International Journal of Social Robotics, 11*(2), 285–304. https://doi.org/10.1007/s12369-018-0500-9

Williams, K. D. (2007). Ostracism: The kiss of social death. *Social and Personality Psychology Compass, 1*(1), 236–247. https://doi.org/10.1111/j.1751-9004.2007.00004.x

Williamson, R. A., Donohue, M. R., & Tully, E. C. (2013). Learning how to help others: Two-year-olds' social learning of a prosocial act. *Journal of Experimental Child Psychology, 114*(4), 543–550. https://doi.org/10.1016/j.jecp.2012.11.004

Wilson, B., Hoffman, J., & Morgenstern, J. (2019). Predictive inequity in object detection. *ArXiv, abs/1902.11097*. https://api.semanticscholar.org/CorpusID:67856078

Winograd, T., & Flores, F. (1987). On understanding computers and cognition: A new foundation for design. *Artificial Intelligence, 31*(2), 250–261. https://doi.org/10.1016/0004-3702(87)90026-9

Wirtz, B. W., Weyerer, J. C., & Sturm, B. J. (2020). The dark sides of artificial intelligence: An integrated AI governance framework for public administration. *International Journal of Public Administration, 43*(9), 818–829. https://doi.org/10.1080/01900692.2020.1749851

Wiseman, R. L., & Schenck-Hamlin, W. (1981). A multidimensional scaling validation of an inductively-derived set of compliance-gaining strategies. *Communication Monographs, 48*(4), 251–270. https://doi.org/10.1080/03637758109376062

Wohlschläger, A., Haggard, P., Gesierich, B., & Prinz, W. (2003). The perceived onset time of self- and other-generated actions. *Psychological Science, 14*(6), 586–591. https://doi.org/10.1046/j.0956-7976.2003.psci1469.x

Woods, S., Dautenhahn, K., Kaouri, C., Boekhorst, R. te, Koay, K. L., & Walters, M. L. (2007). Are robots like people?: Relationships between participant and robot personality traits in human-robot interaction studies. *Interaction Studies. Social Behaviour and Communication in Biological and Artificial Systems, 8*(2), 281–305. https://doi.org/10.1075/is.8.2.06woo

Wu, Y., Veerareddy, A., Lee, M. R., Bellucci, G., Camilleri, J. A., Eickhoff, S. B., & Krueger, F. (2021). Understanding identification-based trust in the light of affiliative bonding: Meta-analytic neuroimaging evidence. *Neuroscience & Biobehavioral Reviews, 131*, 627–641. https://doi.org/10.1016/j.neubiorev.2021.09.053

Wudarczyk, O. A., Kirtay, M., Kuhlen, A. K., Abdel Rahman, R., Haynes, J.-D., Hafner, V. V., & Pischedda, D. (2021). Bringing together robotics, neuroscience, and psychology: Lessons learned from an interdisciplinary project. *Frontiers in Human Neuroscience, 15*, 630789. https://doi.org/10.3389/fnhum.2021.630789

Wynne, K. T., & Lyons, J. B. (2018). An integrative model of autonomous agent teammate-likeness. *Theoretical Issues in Ergonomics Science, 19*(3), 353–374.

https://doi.org/10.1080/1463922X.2016.1260181

Xiao, C., Fan, Y., Zhang, J., & Zhou, R. (2021). People do not automatically take the level-1 visual perspective of humanoid robot avatars. *International Journal of Social Robotics*. https://doi.org/10.1007/s12369-021-00773-x

Yamaoka, F., Kanda, T., Ishiguro, H., & Hagita, N. (2007). How contingent should a lifelike robot be? The relationship between contingency and complexity. *Connection Science, 19*(2), 143–162. https://doi.org/10.1080/09540090701371519

Yamashita, Y., Ishihara, H., Ikeda, T., & Asada, M. (2019). Investigation of causal relationship between touch sensations of robots and personality impressions by path analysis. *International Journal of Social Robotics, 11*(1), 141–150. https://doi.org/10.1007/s12369-018-0483-6

Yang, G.-Z., Bellingham, J., Dupont, P. E., Fischer, P., Floridi, L., Full, R., Jacobstein, N., Kumar, V., McNutt, M., Merrifield, R., Nelson, B. J., Scassellati, B., Taddeo, M., Taylor, R., Veloso, M., Wang, Z. L., & Wood, R. (2018). The grand challenges of Science Robotics. *Science Robotics, 3*(14), eaar7650. https://doi.org/10.1126/scirobotics.aar7650

Ybarra, O., Chan, E., & Park, D. (2001). Young and old adults' concerns about morality and competence. *Motivation and Emotion, 25*(2), 85–100. https://doi.org/10.1023/A:1010633908298

Ye, T., Minato, T., Sakai, K., Sumioka, H., Hamilton, A., & Ishiguro, H. (2023). Human-like interactions prompt people to take a robot's perspective. *Frontiers in Psychology, 14*, 1190620. https://doi.org/10.3389/fpsyg.2023.1190620

Yin, J., Wang, S., Guo, W., & Shao, M. (2023). More than appearance: The uncanny valley effect changes with a robot's mental capacity. *Current Psychology, 42*(12), 9867–9878. https://doi.org/10.1007/s12144-021-02298-y

Yogeeswaran, K., Złotowski, J., Livingstone, M., Bartneck, C., Sumioka, H., & Ishiguro, H. (2016). The interactive effects of robot anthropomorphism and robot ability on perceived threat and support for robotics research. *Journal of Human-Robot Interaction, 5*(2), 29. https://doi.org/10.5898/JHRI.5.2.Yogeeswaran

Yokoi, R., Eguchi, Y., Fujita, T., & Nakayachi, K. (2021). Artificial intelligence is trusted less than a doctor in medical treatment decisions: Influence of perceived care and value similarity. *International Journal of Human-Computer Interaction, 37*(10), 981–990. https://doi.org/10.1080/10447318.2020.1861763

Yu, C.-E., & Ngan, H. F. B. (2019). The power of head tilts: Gender and cultural differences of perceived human vs human-like robot smile in service. *Tourism Review, 74*(3), 428–442. https://doi.org/10.1108/TR-07-2018-0097

Yu, F., & Xu, L. (2020). Factors that influence robot acceptance. *Chinese Science Bulletin, 65*(6), 496–510. https://doi.org/10.1360/TB-2019-0136

Yu, M., Liu, Y.-J., Zhang, Y., Zhao, G., Yu, C., & Shi, Y. (2020). Interactions with reconfigurable modular robots enhance spatial reasoning performance. *IEEE Transactions on Cognitive and Developmental Systems, 12*(2), 300–310. https://doi.org/10.1109/TCDS.2019.2914162

Zanatto, D., Patacchiola, M., Goslin, J., & Cangelosi, A. (2019). Investigating cooperation with robotic peers. *PLOS ONE, 14*(11), e0225028. https://doi.org/10.1371/journal.pone.0225028

Zhang, Z., Chen, Z., & Xu, L. (2022). Artificial intelligence and moral dilemmas: Perception of ethical decision-making in AI. *Journal of Experimental Social Psychology, 101,* 104327. https://doi.org/10.1016/j.jesp.2022.104327

Zheng, Y., Compton, B. J., Heyman, G. D., & Jiang, Z. (2020). Vocal attractiveness and voluntarily pitch-shifted voices. *Evolution and Human Behavior, 41*(2), 170–175. https://doi.org/10.1016/j.evolhumbehav.2020.01.002

Zhou, K., Lan, L., & Yan, Z. (2023). Human's moral judgements towards different social actors: A cross-sectional study. *British Journal of Developmental Psychology, 41*(4), 343–357. https://doi.org/10.1111/bjdp.12460

Zhu, D. H., & Chang, Y. P. (2020). Robot with humanoid hands cooks food better?: Effect of robotic chef anthropomorphism on food quality prediction. *International Journal of Contemporary Hospitality Management, 32*(3), 1367–1383. https://doi.org/10.1108/IJCHM-10-2019-0904

Złotowski, J., Sumioka, H., Eyssel, F., Nishio, S., Bartneck, C., & Ishiguro, H. (2018). Model of dual anthropomorphism: The relationship between the media equation effect and implicit anthropomorphism. *International Journal of Social Robotics, 10*(5), 701–714. https://doi.org/10.1007/s12369-018-0476-5

Zonca, J., Folsø, A., & Sciutti, A. (2021). The role of reciprocity in human-robot social influence. *iScience, 24*(12), 103424. https://doi.org/10.1016/j.isci.2021.103424

Zörner, S., Arts, E., Vasiljevic, B., Srivastava, A., Schmalzl, F., Mir, G., Bhatia, K., Strahl, E., Peters, A., Alpay, T., & Wermter, S. (2021). An immersive investment game to study human-robot trust. *Frontiers in Robotics and AI, 8,* 644529. https://doi.org/10.3389/frobt.2021.644529

刘强 & 赵茜 . (2021). 算法中选择的同化与异化——国外回音室效应研究 20 年述评与展望 . 新闻界 (06), 29–38. https://doi.org/10.15897/j.cnki.cn51-1046/g2.20210423.005

孙红杏 . (2020). 虚拟现实关键技术应用及研究 . 智库时代 (01), 244–245.

汪怀君 & 汝绪华 . (2020). 人工智能算法歧视及其治理 . 科学技术哲学研究 (02), 101–106.

赵沁平 . (2009). 虚拟现实综述 . 中国科学 (F 辑 : 信息科学) (01), 2–46.

后　记

这本书的第一稿完成于2022年2月，起草始于2021年7月，2024年初提交到出版社的已是第13稿。

本书写作缘起于我的博士导师周晓林教授到校参加研究生答辩。在讨论中，周晓林教授提到当前兴起的人工智能技术革新和研究热潮。恰巧我在之前的研究中一直有一个未解的疑惑：为什么人在明知道博弈对象是计算机时，仍会做出与博弈对象是人时类似的决策？例如，你与对方合作完成一个任务，获得了100元的报酬。当对方是一个人时，你可能会很乐意与其平分这笔奖励；当对方是一个计算机程序时，你会只拿50元，并将50元留给计算机吗？你可能会说，计算机不需要花钱，为什么要分给它呢？注意，我们用“它”来指代计算机，而不是“她”或“他”。然而，实证研究结果显示，人们确实会将钱分给计算机。人们并不会严格将计算机视为物体，与人进行区分。相反，人们会无意识地将人际交往规则应用于与计算机乃至人工智能的互动。这是为什么呢？人们的内心深处是否都埋藏着万物有灵的种子呢?

这本书并没有走向哲学、神学或玄学，而是基于心理学，完全建立在实证研究的科学基础上。博士毕业十余年后，我再次享受到周老师直接指导的待遇。由于主题涉及人与计算机及智能体的交互，属于社会性范畴，因此我们决定沿袭社会心理学的体系，来确定本书的框架。

整体上看，这次创作是一个边读边写的过程。该领域的研究既丰富又有趣，许多有趣的人进行了许多有趣的研究。我们每每都会感叹研究者的奇思妙想，不拘泥于书斋，也不刻板，只是源于好奇和探索。这是做研究最好的样子。很荣幸我们能够作为读者去欣赏，又作为作者去表达。因为美好，所以分享。

这个领域的发展可谓日新月异。由于个人阅读视野的有限，难免有所遗漏。然而，个人之不幸，却为时代之大幸，因为革新已然降临。本书不是对现状的总结，而是一份邀请。我们希望通过这本书激发更多人对人智交互心理学的兴趣，鼓励更多研究者投身于这一领域，共同探索人与智能体和谐共处的路径。我们的目标不仅仅是技术的进步，更是人类心灵的成长和智慧的延伸，最终助益于人类的高质量生活。

在此，衷心感谢所有在研究与写作过程中给予我无私支持与宝贵帮助的每一位朋友。特别要向周晓林教授表达我最深的谢意，感谢他一直以来对我悉心指导、坚定鼓励与持续支持。非常感谢丛书主编林崇德教授，他在深入阅读的基础上给予了积极评价和宝贵修改建议，为本书的质量提升提供了重要思路。

我要感谢杭州师范大学提供优越的工作环境，感谢家人的全方位支持。正是家人的理解与照顾，使我能够全身心地投入到这本书的写作中。我要感谢浙江教育出版社学术出版分社编辑江雷，他一直负责跟进并协助出版事宜。同时，特别感谢责任编辑王荟捷和冯岩，他们高度负责且细致专业，使这本书能够以最佳的面貌呈现给读者。

最后，愿这本书能播下种子，开出一片花海。

致敬所有探索未知、致力于人智和谐共处的先行者。

吴 燕

2024 年 10 月于杭师大诚园